MATLAB 机器学习

[意] 朱塞佩·恰布罗（Giuseppe Ciaburro）著

张雅仁 李洋 译　李畅 审校

MATLAB Machine Learning

人民邮电出版社

北京

图书在版编目（CIP）数据

MATLAB机器学习 /（意）朱塞佩·恰布罗
(Giuseppe Ciaburro) 著；张雅仁，李洋译. -- 北京：
人民邮电出版社，2020.5（2021.1重印）
ISBN 978-7-115-53203-9

Ⅰ. ①M⋯ Ⅱ. ①朱⋯ ②张⋯ ③李⋯ Ⅲ. ①
Matlab软件－应用－机器学习 Ⅳ. ①TP181

中国版本图书馆CIP数据核字（2020）第005390号

版权声明

◆ 著　　　[意] 朱塞佩·恰布罗（Giuseppe Ciaburro）
　　译　　　张雅仁　李 洋
　　审　　校　李 畅
　　责任编辑　吴晋瑜
　　责任印制　王 郁　焦志炜
◆ 人民邮电出版社出版发行　　北京市丰台区成寿寺路 11 号
　　邮编　100164　电子邮件　315@ptpress.com.cn
　　网址　http://www.ptpress.com.cn
　　固安县铭成印刷有限公司印刷
◆ 开本：787×1092　1/16
　　印张：15.5
　　字数：390 千字　　　　　　　　　2020 年 5 月第 1 版
　　印数：2 801－3 400 册　　　　　　2021 年 1 月河北第 4 次印刷
　　著作权合同登记号　图字：01-2017-7980 号

定价：69.00 元
读者服务热线：（010）81055410　印装质量热线：（010）81055316
反盗版热线：（010）81055315
广告经营许可证：京东市监广登字20170147号

内容提要

MATLAB 为机器学习领域提供了必要的工具。用户可以借助 MATLAB 环境提供的强大交互式图形界面，非常轻松地解决机器学习问题。

本书在介绍每个主题前，会简要概述其理论基础，然后辅以实际案例进行阐释。通过阅读本书，读者能够应用机器学习方法，并能充分利用 MATLAB 的功能解决实际问题。

本书前 3 章主要介绍 MATLAB 机器学习的基础知识、使用 MATLAB 导入数据和组织数据的方法以及从数据到知识发掘的方法，中间 3 章主要介绍回归分析、分类分析以及无监督学习，最后 3 章介绍人工神经网络、降维变换的方法以及机器学习实战的相关知识。

本书可供数据分析员、数据科学家以及任何希望学习机器学习算法以及构建数据处理、预测应用的读者阅读。

作者简介

　　朱塞佩·恰布罗（Giuseppe Ciaburro），获有意大利那不勒斯腓特烈二世大学（Università degli Studi di Napoli Federico Ⅱ）的化学工程硕士学位和那不勒斯第二大学（Seconda Università degli Studi di Napoli）的声学和噪声控制硕士学位。他目前在意大利坎帕尼亚的一所大学（Università degli Studi della Campania "Luigi Vanvitelli"）的建成环境控制实验室工作。

　　他在燃烧领域以及声学和噪声控制领域方面有 15 年以上的编程工作经验。他使用的核心编程语言是 Python 和 R，并且在使用 MATLAB 上也有丰富的经验。朱塞佩虽为声学和噪声控制领域的专家，但他在专业计算机课程的教学以及在线课程方面也有丰富的经验。他出版过专著，也在科学期刊、主题会议上发表过文章。近期他的研究方向是将机器学习应用到声学和噪声控制理论中。

技术审稿人简介

安基特·迪克西特（Ankit Dixit）是来自印度孟买的数据科学家和计算机视觉工程师。他拥有生物医学工程技术专业的学士学位和计算机视觉专业的硕士学位，在计算机视觉和机器学习领域有超过 6 年的工作经验。他一直在使用各类软硬件平台设计和开发计算机视觉的算法，并在决策树、随机森林、支持向量机和人工神经网络等机器学习算法方面有丰富的经验。目前他在孟买的阿迪亚（Aditya）图像和信息技术中心（印度 Sun Pharmaceutical Advance Research Center 的一部分）为医学图像数据设计计算机视觉和机器学习算法。同时，他也会使用一些集成算法和深度学习模型来工作。

鲁本·奥利瓦·拉莫斯（Ruben Oliva Ramos）是一位计算机系统工程师，拥有墨西哥拉萨尔大学巴西欧分校计算机和电子系统工程专业的硕士学位——细分专业是电信技术和网络连接（teleinformatics and networking）。他在开发网络应用方面有超过 5 年的经验，他所开发的这些网络应用用来控制和监控与树莓派、Arduino 软件相连接的设备。此外，他在使用网络框架和云服务搭建物联网应用上也有超过 5 年的经验。

鲁本目前是墨西哥拉萨尔大学巴西欧分校机器电子学专业的老师，教授"设计和制造机器电子学系统"这门课的硕士课程。他在墨西哥的 Centro de Bachillerato Tecnologico Industrial 225 工作，教授电子学、机器人学、控制、自动化和微控制学的课程。

鲁本还是技术人员、顾问和开发者，主要领域为各式各样的系统监控和数据记录器，包括 Android、iOS 系统、Windows 电话、HTML5、PHP、CSS、Ajax、JavaScript、Angular、ASP.NET 数据库（SQlite、MongoDB 和 MySQL）、Web Servers、Node.js、IIS、硬件编程（Arduino、树莓派、Ethernet Shield、GPS 和 GSM/GPRS）以及 ESP8266。

鲁本还著有《使用 JavaScript 进行物联网编程》（*Internet of Things Programming with JavaScript*）一书。

感谢我的妻子 Mayte，和我们两个可爱的儿子 Ruben 和 Dario。感谢我的爸爸（Ruben）、我亲爱的妈妈（Rosalia）和我所深爱的哥哥（Juan Tomas），我的姐姐（Rosalia）。感谢他们在我审阅这本书的时候所给予的全部支持，感谢他们支持我追逐自己的梦想，感谢他们能够原谅我因每日的忙碌而没有时间陪伴他们。

胡安·托马斯·奥利瓦·拉莫斯（Juan Tomás Oliva Ramos）是墨西哥瓜纳华托大学环境学专业的工程师，拥有管理工程和质量的硕士学位。他在专利管理和开发、技术创新方面以及基于项目的统计控制制订解决方案方面拥有超过 5 年的经验。

自 2011 年起，他就是一个统计学、创业、科技项目发展的老师，主要关注通过技术实现各类项目进程中的创新和进步。他是一名创业导师、科技管理顾问，并且在 Instituto Tecnologico Superior de Purisima del Rincon 创立了一个新的科技管理和创业部门。

胡安著有 *Wearable Designs for Smart Watches, Smart TV's and Android Mobile Devices* 一书。他已经开发了一系列通过编程和自动化技术用来加速工作流的产品原型，并且注册了专利。

非常有幸能有机会审阅这本书，感谢鲁本的邀约。感谢我的妻子 Brenda、我们两个童话般的小公主 Regina 和 Renata 以及我尚未出世的孩子 Tadeo。是他们给了我力量，给了我快乐，还给了为他们追求幸福的强大动力。

普拉桑特·维尔马（Prashant Verma） 于 2011 年开始了他的 IT 职业生涯，当时他是爱立信公司（Ericsson）的 Java 开发人员。在从事几年的 Java EE 工作后，他转行到了大数据领域，并且一直在使用最流行的大数据工具（如 Hadoop、Spark、Flume、Mongo 和 Cassandra），也会用到 Scala。普拉桑特是 qa infotech 公司的首席数据工程师，主要从事用机器学习技术解决在线学习问题的工作。

普拉桑特在电信和在线学习领域为多家公司工作过，闲暇之余还担任自由顾问。他还担任了 *Spark For Java Developer* 一书的顾问。

感谢 Packt 出版社给我机会去审阅这本书，也感谢我的上司和家人在此期间给予我莫大的理解和支持！

译者简介

张雅仁，华中科技大学人工智能与自动化学院博士生，主要研究领域为机器学习和深度学习，目前主要研究代数几何和代数拓扑在机器学习中的扩展应用。曾作为小组负责人率队获得美国大学生数学建模比赛特等奖提名奖（Finalist），世界排名前 20（20/7636）。

李洋，北京师范大学应用数学学士、硕士。拥有十年量化投资从业经验，先后就职于期货公司、保险资管、公募基金、国有大行资管、国有大行理财子公司，从事量化投资以及资产配置相关工作。担任中国量化投资学会专家委员会成员、中国量化投资学会 MATLAB 技术分会会长，是 MATLAB 技术论坛联合创始人，有 15 年 MATLAB 编程经验，是 Libsvm-MAT 支持向量机加强版工具箱开发者、FQuantToolBox 股票期货数据获取&量化回测工具箱开发者，对量化对冲类策略、CTA 类策略、套利类策略以及 FOF/MOM 投资等有深入研究，且有多年投资实战经验，已出版《量化投资：以 MATLAB 为工具》《MATLAB 神经网络 30 个案例分析》和《MATLAB 神经网络 43 个案例分析》等著作，以及译著《金融与经济中的数值方法——基于 MATLAB 编程》。

邮箱：farutoliyang@foxmail.com　微信公众号：FQuantStudio。

前言

从犯错和经验中学习是人类的一项基本能力，机器能有这样的能力吗？机器学习（machine learning）算法赋予了机器从经验中学习的能力。机器学习赋予了计算机无须显示编程即可自主学习的能力。机器学习算法通过学习原始数据，从原始数据集中提取规律，发现模式，构建模型，然后用这个模型对新的数据进行预测。

MATLAB 为机器学习领域提供了必要的工具。用户可以借助 MATLAB 环境提供的强大的交互式图形界面，非常轻松地解决机器学习问题。

本书在陈述每个主题前，都会对这个主题的理论基础进行精炼的概述，然后用实际案例举例。通过阅读本书，读者能够应用机器学习方法并充分利用 MATLAB 的功能解决实际问题。

本书内容

第 1 章：MATLAB 机器学习初体验。本章先对机器学习的基础概念进行概述，然后快速介绍几种不同类型的机器学习算法。除此之外，本章还会涉及 MATLAB 环境的部分介绍、背景和基础概念。最后，我们还会探索 MATLAB 为机器学习领域提供的必要工具。

第 2 章：使用 MATLAB 导入数据和组织数据。本章主要使用 MATLAB 导入数据和组织数据。我们会介绍存储数据的几种不同形式以及将数据集导入/导出 MATLAB 的方法，最后还会分析如何以正确的形式组织数据，以便用于之后的数据分析。

第 3 章：从数据到知识发掘。从这一章开始，我们从数据中提取有用信息。我们从对基本的变量类别进行分析和逐步清洗数据入手，介绍了为分析和建模准备最合适数据的几种方法，最后以数据可视化结尾——这对理解数据起着至关重要的作用。

第 4 章：找到变量之间的关系——回归方法。本章介绍了 MATLAB 用于回归分析的工具箱。我们从工具箱的用户界面开始学习，继而深入到如何使用内置函数进行回归分析（包括拟合、预测和结果可视化）。

第 5 章：模式识别之分类算法。之前的章节一直在介绍频率视角下的监督学习，从本章开始增加了概率论、贝叶斯视角下的机器学习算法以及非监督学习的内容。除了基于决策树的频率视角下的分类器，我们还将介绍如何使用 k 近邻算法进行无监督分类，以及基于贝叶斯理论的后验概率分类器。

第 6 章：无监督学习。本章着重介绍无监督学习和聚类分析。在这一章中，我们将介绍如何把数据集归类到群、如何对相似的事物分簇。我们先介绍基于层次的聚类算法，接着将扩展到基于原型（prototype-based clustering）的聚类方法，如 k 均值和 k 中心点聚类算法。

第 7 章：人工神经网络——模拟人脑的思考方式。本章讲述如何使用人工神经网络对数据进行拟合、分类以及聚类，其中介绍了一系列帮助提高训练效率、评估网络性能的预处理方法、参数调优方法及网络结构可视化方法。

第 8 章：降维——改进机器学习模型的性能。本章讲述如何构建最能够表示数据集的特征矩阵，其中介绍了对数据集的降维变换的方法，以及对数据集进行特征提取的方法。

第 9 章：机器学习实战。本章着重讲述机器学习方法在实际生活中的应用。我们首先会完成一个真实的拟合任务，接着介绍如何使用神经网络进行分类，最后以一个聚类任务结尾。通过学习本章的内容，读者将了解如何在实际应用中分析、使用监督学习和非监督学习算法。

MATLAB 环境要求

为了能运行本书中的 MATLAB 机器学习代码，读者需要安装 MATLAB（推荐使用最新版本，写作本书时使用了 R2017a）以及如下工具箱：统计机器学习工具箱（statistics and machine learning toolbox）、神经网络工具箱（neural network toolbox）和模糊逻辑工具箱（fuzzy logic toolbox）。

读者对象

本书的目标人群包括数据分析员、数据科学家、学生或任何希望学习机器学习算法以及构建数据处理、预测应用的人群。良好的数学和统计学（大学工科水平）背景非常有助于本书的学习。

本书约定

在本书中，我们用各种不同的文本格式来区分不同种类的信息。下面列举了这些文本格式的例子并对它们的含义做出解释。

下面是一个代码段的例子：

```
PC1 = 0.8852* Area + 0.3958 * Perimeter + 0.0043 * Compactness +
  0.1286 * LengthK + 0.1110 * WidthK - 0.1195 * AsymCoef + 0.1290 *
  LengthKG
```

任何命令行的输入或者输出采用如下形式：

```
>>10+90
ans =
    100
```

新的术语和重要的词汇以黑体表示。在诸如 MATLAB 的界面、菜单、对话框中显示的词汇在本书正文中以这种形式出现："在**帮助**页面中的一个引用页"。

 警告和重要的提示以这种图形出现。

 小技巧以这种图形出现。

资源与支持

本书由异步社区出品，社区（**https://www.epubit.com/**）为您提供相关资源和后续服务。

配套资源

本书为读者提供源代码。要获得以上配套资源，请在异步社区本书页面中单击 配套资源 ，跳转到下载界面，按提示进行操作即可。注意：为保证购书读者的权益，该操作会给出相关提示，要求输入提取码进行验证。

提交勘误

作者和编辑尽最大努力来确保书中内容的准确性，但难免会存在疏漏。欢迎读者将发现的问题反馈给我们，帮助我们提升图书的质量。

如果读者发现错误时，请登录异步社区，按书名搜索，进入本书页面，单击"提交勘误"，输入勘误信息，单击"提交"按钮即可。本书的作者和编辑会对读者提交的勘误进行审核，确认并接受后，将赠予读者异步社区的 100 积分（积分可用于在异步社区兑换优惠券、样书或奖品）。

扫码关注本书

扫描下方二维码，读者会在异步社区微信服务号中看到本书信息及相关的服务提示。

与我们联系

我们的联系邮箱是 contact@epubit.com.cn。

如果读者对本书有任何疑问或建议，请发邮件给我们，并请在邮件标题中注明本书书名，以便我们更高效地做出反馈。

如果读者有兴趣出版图书、录制教学视频，或者参与图书翻译、技术审校等工作，可以发邮件给我们；有意出版图书的作者也可以到异步社区在线提交投稿（直接访问 www.epubit.com/selfpublish/submission 即可）。

如果读者来自学校、培训机构或企业，想批量购买本书或异步社区出版的其他图书，也可以发邮件给我们。

如果读者在网上发现有针对异步社区出品图书的各种形式的盗版行为，包括对图书全部或部分内容的非授权传播，请将怀疑有侵权行为的链接发邮件给我们。这一举动是对作者权益的保护，也是我们持续为读者提供有价值的内容的动力之源。

关于异步社区和异步图书

"异步社区" 是人民邮电出版社旗下 IT 专业图书社区，致力于出版精品 IT 技术图书和相关学习产品，为作译者提供优质出版服务。异步社区创办于 2015 年 8 月，提供大量精品 IT 技术图书和电子书，以及高品质技术文章和视频课程。更多详情请访问异步社区官网 https://www.epubit.com。

"异步图书" 是由异步社区编辑团队策划出版的精品 IT 专业图书的品牌，依托于人民邮电出版社近 30 年的计算机图书出版积累和专业编辑团队，相关图书在封面上印有异步图书的 LOGO。异步图书的出版领域包括软件开发、大数据、AI、测试、前端、网络技术等。

异步社区

微信服务号

目录

第1章

MATLAB 机器学习初体验

本章主要内容

- 展示 MATLAB 在分类、回归、聚类和深度学习这些领域的功能，其中包括用于自动化的模型训练和代码生成的 App
- 简单介绍一些非常流行的机器学习算法，并说明各个算法的适用场景
- 理解统计学和线性代数在机器学习中的作用

"为什么你这台机器听不懂我的命令呢？""什么叫'你这台机器'？你当我是只猴子吗？"这是电影《机械纪元》中主演与机器人的一段对话。在这部电影中，机器人被设定遵守两条不可更改的原则：不可以伤害人类；不可以自我修复。为什么人类要限制机器人的自我修复能力呢？因为，有强大自我学习能力的机器人也许终将统治这个世界。

至少，这是电影中所发生的。

那么，当我们提到"自我学习能力"的时候，它到底指的是什么呢？暂且将其定义为，机器[1]能够通过自身已有的行为活动，改善自身表现的能力。这种能力能够帮助人类解决某些特定问题，例如从大量的数据中提取知识。本章将对机器学习的基本概念进行介绍，接着将快速浏览不同种类的算法。除此之外，本章也会简要介绍 MATLAB 环境的基础知识。最后，我们将介绍 MATLAB 提供的几个核心的机器学习工具箱。

学完本章的内容，读者可以了解不同的机器学习算法以及 MATLAB 提供的实现这些算法的工具。

1.1 机器学习基础

定义机器学习不是一件简单的事情。我们先来看看机器学习领域的大牛们（见图1.1）是如何定义的。

亚瑟·L.塞缪尔
（Arthur L. Samuel）

赫伯特·亚历山大·西蒙
（Herbert Alexander Simon）

汤姆·M.米切尔
（Tom M. Mitchell）

图 1.1　机器学习历史

---

1 译者注：算法。

机器学习：研究如何让计算机在未被明确编写指令的情形下能够自主学习的领域。

——亚瑟·L. 塞缪尔（Arthur L. Samuel），1959

另一个定义为：

"机器学习"是指使系统能够在下一次更有效地执行同一任务（或采样于同一总体的任务）的自我适应和自我调整的能力。

——赫伯特·亚历山大·西蒙（Herbert Alexander Simon），1984

还有一种定义为：

假设对于任务 T，有相对应的经验 E 以及评价指标 P，那么机器学习指的是能够在执行任务 T 时通过学习经验 E 可以提高评价指标 P 的一种程序。

——汤姆·M. 米切尔（Tom M. Mitchell），1998

这些定义的共同点是，它们都指向了一种在没有任何外界帮助的情况下，从经验中学习的能力。这正是许多情况下人类学习的方式，那为何我们不能让机器[1]也具有同样的能力呢？

机器学习是一门由计算机科学、统计学、神经生物学和控制理论衍生出的交叉学科。它在一些领域中扮演了至关重要的角色，并且已经彻底地改变了人们对编程的理解。如果之前我们要解决的问题是"如何给计算机编写程序"，那么现在我们的问题是"如何让计算机自己给自己编写程序"？

因此，机器学习可以被视为赋予计算机"智能"的基础理论。

与大多数人的直觉一致，机器学习的发展与对人类学习方式的研究紧密相关。人类直觉、智能的基础是大脑及其中的神经元，相应地，计算机进行决策的基础可以是**人工神经网络**（Artificial Neural Network，ANN）。

机器学习使我们能够从数据集中找到描述此数据集的模型。例如，给定一个系统，我们可以从中自动建立输入变量到输出变量的对应关系。其中一种方法是首先假设数据的产生是遵循某种由参数指定的机制的，只是参数的具体值是未知的。[2]

这一过程参考的统计学方法有**归纳**（induction）、**演绎**（deduction）和**回溯**（abduction），它们的关系如图 1.2 所示。

从已观测到的数据集中抽象出通用的法则称为**归纳**；与之相反，**演绎**是指应用通用的法则预测一组变量[3]的值。归纳是科学研究中的基本方法，它能够从观测到的现象中总结出通用的法则（这些法则通常用数学语言来描述）。

观测结果包含一组变量值，这组数据能够描述观测到的现象[4]。总结出的模型[5]可以继续对新观察到的数据进行预测。从一组观测结果到总结模型，再到使用模型对

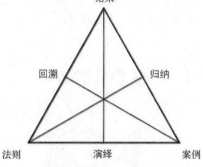

图 1.2 皮尔斯三角，关于 3 种推理方法的推理模式关系

---

1 译者注：算法。

2 译者注：机器学习方法能够自动从数据集中拟合出描述此数据集的模型。例如，给定数据集，然后从中自动建立输入数据到输出数据的映射关系，一大类方法是参数估计方法。参数估计是指首先假设输入数据到输出数据间存在某种形式的映射关系（如高斯分布），然而我们并不知道这种映射关系的具体参数，因此需要通过学习数据集中的信息对参数进行拟合。

3 译者注：未知变量。

4 译者注：根据这组数据。

5 译者注：估计出的模型。

新观察到的数据进行预测的过程，称为**推断**[1]。

因此，归纳学习的精髓在于从已观测数据中寻找可被泛化（generalization）到未观测数据集（新加入的数据），以预测模型。例如，基于过往股票价格数据以及涨跌情况，我们可以对一个线性分类方程进行参数优化，并将优化后的模型用于预测未来股票的涨跌情况。泛化性能的好坏取决于从历史数据中得到的模型，并在新数据上预测结果的优劣。这种预测并非总能奏效，但至少有希望得到好的结果。

归纳学习可被简单地分为如下两类。

（1）**基于样本学习**：例如，通过学习正样本（positive sample）——即属于某分类的样本，以及负样本（negative sample），能够获得关于这个二分类问题的知识（即模型或参数）。

（2）**学习规律**：此类方法的目标是在给定数据集中寻找样本间的"规律"（即共同特征）。

图 1.3 展示了归纳学习的分类。

读者可能会有这个疑问：为什么机器学习算法要优于传统算法和模型[2]呢？传统算法和模型失败的原因有很多，其中代表性的原因如下所示。

（1）**人类对许多问题的本身已很难描述**：例如，我们很容易识别出自己熟悉的人的声音，但是应该没人能够描述出识别这些声音所经过的一系列的运算步骤。

（2）**实践中大量的未知变量（参数）**：例如，当你面临从文档中识别字符这一任务时，为模型指定所有相关的参数是特别复杂的。除此之外，同样的参数表达在同样的上下文环境中是成立的，但是在不同的方言中，仅用一个参数来表达是不够的。（因此需要更多的参数。）

（3）**缺乏理论**：例如，当你面临需要准确预测金融市场表现这一任务时，就会有这个问题，而这类问题是缺乏对应的数学理论支撑的。

（4）**个性化定制的需求**：在实际应用中，能否选取数据中有用的特征[3]在很大程度上取决于个人对问题的理解程度。

图 1.4 展示了归纳学习和演绎学习的异同。

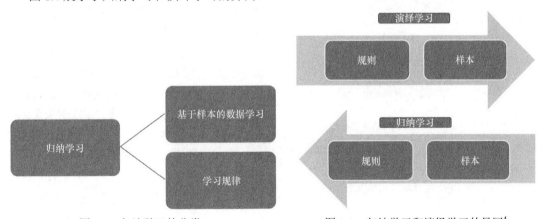

图 1.3　归纳学习的分类　　　　　　　图 1.4　归纳学习和演绎学习的异同[4]

---

1 译者注：对于这部分，作者写得过于晦涩且并非机器学习的经典分类方法，因此在翻译时我加入了一些例子以说明和其他经典教材上的解释，翻译参考中文教材《机器学习》（周志华版）。

2 译者注：如基于规则的方法。

3 译者注：特征工程。

4 译者注：本节所介绍的归纳与演绎是科学推理的两大基本手段。发展到目前的机器学习是更偏向于归纳学习的，即通过样本学习规律。

1.2　机器学习算法的分类

机器学习算法的能力来源于算法的质量[1]，这正是过去这些年科学家着力更新、改进的内容。这些算法根据使用的输入数据、训练方式以及学习到的模型的输出结果，可分为如下 3 类。

（1）**监督学习**：这类算法根据一系列样本（每个样本的输入有对应的输出）的观测结果建立从输入到输出的映射关系，最终构建一个预测模型。

（2）**非监督学习**：这类算法只需一系列样本点的输入，不需要样本事先标注出对应的输出。算法学习的信息能够构建一个描述性模型[2]，一个经典的例子是搜索引擎[3]。

（3）**强化学习**：这种算法能够通过多次迭代并观察每次迭代后环境产生的反馈进行学习。事实上，每次迭代后的输出结果和模型采取的行动都会对环境产生影响，而环境也会针对这些影响进行反馈。这类算法多用于语音识别和文本识别[4]。

图 1.5 描述了不同机器学习算法间的关系。

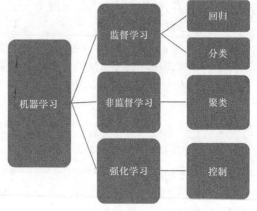

图 1.5　机器学习算法分类

1.2.1　监督学习

监督学习同时用样本的输入集合 I 和每个样本对应的标签集合 O 作为输入数据，能够建立从

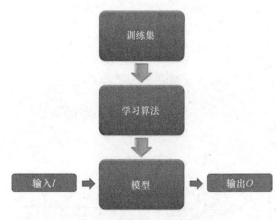

图 1.6　监督学习训练流程

输入 I 到标签 O 的映射关系 f，即模型与参数间的关系。用于求解模型、参数的数据集称为**训练集**（training set）。监督学习的训练流程如图 1.6 所示。

所有监督学习算法的训练都基于以下这个论断：如果一个算法拥有足够大的训练集，那么经过训练后，它能够建立一个映射关系 B —— 这个映射关系能够无限逼近于潜在的真实映射关系 A。[5]

在用于预测问题时，监督学习假设相似的输入有相似的输出。也就是说，当 B 足够接近 A 时，在新数据上应用时，给 B 和 A 同一输入，应该产生相似的输出结果。[6]

1　译者注：泛化（generalization）能力。

2　译者注：描述这个数据集样本间某种关系的模型。

3　译者注：可以通过网页间的相互引用关系、文本内容等，自动将不同网站进行归类。

4　译者注：还有游戏角色的开发。

5　译者注：从概率论的角度来说，如果数据集中的所有样本都是从同一分布 $P(A)$ 中抽样得到的，那么通过向监督学习算法输入足够的样本，算法优化后得到的分布 $P(B)$ 能够无限逼近真实分布 $P(A)$。

6　译者注：从概率论的角度来说，将模型 $P(B)$ 应用在新数据上时，其输出结果应当与真实分布 $P(A)$ 的输出结果相似。

　　总体来说，在实际应用中这两个假设并不总是成立的。显然，这种算法的最终表现在很大程度上取决于输入数据集的质量。如果输入数据集只包含少量样本，那么训练得到的模型就没有学习到足够经验以进行正确预测。相反，过多的冗余样本将导致优化的模型过于复杂，会降低模型的执行速度。

　　此外，在实际开发中我们发现，监督学习算法对数据集中的噪声、奇异值非常敏感。即使很小比例的奇异值，也将导致整个系统产生极大偏误，并给出错误预测。[1]

　　在监督学习中，我们可以根据输入数据的特点、学习任务的不同，将其分成两类。当需要输出离散类型的数据和对数据集中的样本进行归类时，此类问题称为分类问题；当需要输出连续的结果时，这类问题称为回归问题。

1.2.2　非监督学习

　　非监督学习的目标是自动从数据集中提取信息，整个过程中没有事先对数据集给出任何先验假设。与监督学习不同，训练数据集只包含样本的输入，不包含对应的输出。非监督学习的目标是能够自动在数据集中发现有用的信息，例如聚类（根据样本间的相似特点将样本组合在一起），典型的应用是搜索引擎。[2]

　　非监督学习算法的有效性在很大程度上取决于从数据集中抽取到的信息质量。这些算法通过比较数据集中样本间的相似和不同之处来进行学习。图 1.7 展示了监督学习和非监督学习的例子。

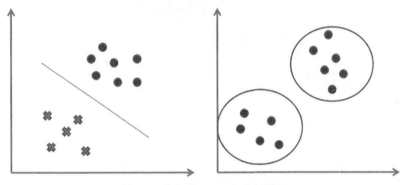

图 1.7　监督学习 vs. 非监督学习

　　非监督学习在处理数值型数据集时具有很好的表现，但当处理非数值型数据集时，精确度会下降一些。总体来说，非监督学习适合处理含有顺序的，或者能够被明显划分成组并被明确辨识的数据集。

1.2.3　强化学习

　　强化学习的目标是构建一种算法，这类算法通过多次迭代和观察每次迭代后环境产生的反馈进行学习。这类算法借助模型输出决策所引起的外部环境反馈进行交互式学习。当模型给出正确决策时，

1　译者注：这段话太片面，在频率视角下和概率视角下的最大似然估计方法、贝叶斯方法中的高斯分布（单极值点）的确存在这个问题。但是对于多数模型，添加先验概率后的后验概率分布在很大程度上解决了这个问题。对于多极值点的模型，高斯混合分布的鲁棒性是非常高的。因为这段话我不太认同，所以在这里专门添加了译者注。
2　译者注：搜索引擎的学习算法能够通过网页间的相互引用关系、文本内容等，自动将不同网站分类。当用户输入搜索关键词时，算法同样可以将用户输入的指令进行归类，并将属于同一类别的网页返回给用户。在整个过程中，算法都没有得到任何有关类别的信息，但通过计算样本间的相似度，算法能够自动建立样本间的联系。

外部环境会给予正向奖励；当出错时，外部环境会给予负向惩罚。算法的学习目标是最大化奖励。

监督学习好比一位"老师"[1]，通过标注数据来教学生（算法）学习。然而，不是对于所有问题都可以有这种"老师"。很多情况下，即使人类也只能给出定性的信息（好/坏、成功/失败等）。

这类定性信息称为"增强信号"（reinforcement signal）。在这种情况下，模型只能得到每次学习结果的增强信号，无法获取任何关于如何优化智能体（agent）表现（模型参数）的信息。因为我们无法针对结果定义损失函数（cost function），所以也就无法计算出梯度（gradient）以供模型优化参数。强化学习的解决办法是创建聪明的智能体并在外部环境中不断试错，来从经验中学习。

图 1.8 展示了强化学习的流程。

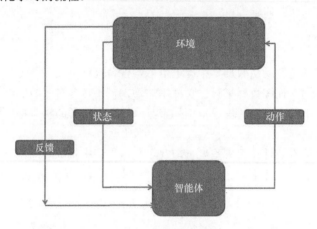

图 1.8 强化学习与环境间的交互

1.3 选择正确的算法

前面我们了解了 3 类机器学习算法的异同。现在是时候回答这个问题了：如何根据具体需求选择相应算法呢？

然而，这个问题没有针对所有情形都普遍适用的答案，最好的答案可能是：看情况。对于不同情况都需要考虑哪些因素呢？需要考虑的主要因素来源于数据集，包括数据集的大小、质量高低以及数据间隐含的联系。同时，也需要考虑任务的目的、算法是如何编写的、有多长时间去训练这些算法等。总之，没有统一的标准，确定一个算法选取是否合理的唯一办法就是通过使用一下试试效果。

不过，为了弄明白最适合需求的算法是什么，我们可以进行一些预备分析。通过分析数据集、现有的工具（算法）、任务目标（输出结果）的基础性质，我们能够得到许多挑选算法的有用信息。

从分析数据集这个方法出发。我们可以从两个不同的角度挑选算法——输入和输出。[2]

（1）根据算法的输入进行挑选。

- 监督学习：接收的训练数据集中样本既有输入值，也有对应的标签。
- 无监督学习：接收的训练数据集中没有标签集，我们希望得到数据集中样本间的某种关系。

---

1 译者注：是指数据集中含有标注。

2 译者注：这两个角度虽然都属于数据集的性质范围，但不是同一层次上的问题。这里的"输入"指的是算法接收的训练数据集的性质，比如数据集中的样本点是否都有对应的标签。输出是指对于给定算法的数据集（如训练数据集）中的输入值，对应的输出值的性质，是连续、离散抑或是组成的簇（见下文）。

- 强化学习：接收的训练数据是通过与外界进行互动迭代式积累的，我们希望在迭代、与环境交互中优化目标函数。

（2）**根据输出进行挑选。**

- 回归问题：输出是连续数值。
- 分类问题：输出是离散类型。
- 聚类问题：输出结果是输入样本组成的一些簇。

图 1.9 展示了基于已有的数据在挑选算法时可以参考的两个角度。

在了解了数据集的基本性质的基础上，我们可以进一步根据已有算法分析哪些算法适合我们的输入数据集，能够给出想要的输出结果，从而缩小目标算法的挑选范围。

在了解了数据集和有了明确的算法范围后，我们需要训练这些算法，评估各个算法的表现。我们把选择的算法应用到手头的数据集上。接下来，通过一系列精心选择的衡量算法表现的指标，我们能够对这些算法的表现进行比较，最终选出最合适的算法。

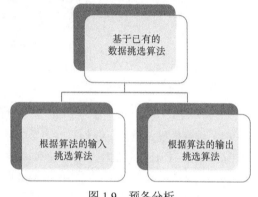

图 1.9　预备分析

1.4　构建机器学习模型的流程

我们已经了解了挑选算法的标准和步骤，现在应该学习如何构建机器学习模型了。构建一个机器学习模型的流程可以分为以下几步，读者应该重视这一流程。[1]

（1）**收集数据。**毫无疑问，一切都源自数据[2]，问题在于如何获取如此多的数据。实践中，获取这些数据可能需要经过冗长的步骤，例如有的数据是通过一系列实地测量得到的，有的是通过一对一的面谈得到的。无论如何，在收集数据的过程中，一定要注意选取合适的形式保存记录（如数据库），以利于接下来的分析。

如果没有特别需求，互联网上现存的大量公开数据就够用了，如加州大学尔湾分校机器学习数据集（UCI Machine Learning Repository）这一非常大的机器学习数据集，这使我们可以节省收集数据的精力和时间。

图 1.10 展示了构建机器学习模型的步骤。

（2）**准备数据。**在收集数据后，我们需要对原始数据进行一些处理。例如，很可能为了使数据集对于模型可用，调整数据集的数据格式。模型可能要求数据格式为整型、字符型或其他特殊格式[3]。接下来我们会专门介绍这些技巧，其中预处理数据一般要比收集数据简单。[4]

---

1 译者注：在下面的步骤中，除了构建机器学习模型的部分（主要是步骤 4 和步骤 5），对数据集的预处理、执行结果的评估和模型改进同样至关重要。

2 译者注：切记，在机器学习领域，数据集质量的高低直接决定结果的好坏。

3 译者注：数据去量纲化等。

4 译者注：一般而言，有固定的模式可循。

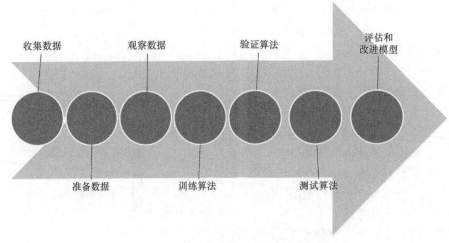

图 1.10　构建机器学习模型的流程

（3）**观察数据**。至此，我们需要对数据集进行观察，例如确保数据可用（大致准确、没有大量的缺失值）。各种类型的图表可以辅助观察。我们能够辨别样本间所包含的模式、联系以及是否存在一些奇异值。绘制出不同维度的图表同样有助于观察数据。[1]

（4）**训练（train）算法**。现在，我们真正开始介绍如何构建机器学习模型。在这一步中，我们需要对模型[2]进行定义和训练[3]，以使模型能够逐渐从训练数据集中抽取信息。我们将在后面的章节具体阐述这些概念。需要指出的是，训练阶段仅存在于监督学习中，对于非监督学习而言，是不存在训练阶段的。因为在非监督学习的输入数据中没有标签，所以无从训练。

（5）**验证（validate）算法**。在这一步骤中，我们使用上一步训练得到的模型进行验证[4]，看模型是否真正有效。验证目标是评估训练得到的模型在多大程度上逼近了真实系统[5]。对于监督学习，有样本标签来帮助我们衡量结果。对于非监督学习，可能需要借助其他指标来衡量。无论属于哪种情况，如果模型没有达到预期效果，那么将返回步骤 4，更改、重新训练新模型，并执行步骤 5。

（6）**测试（test）算法**。在这一步骤中，我们将模型应用到真实数据集[6]上，以此评估整个算法流程的逼近效果。

（7）**评估和改进模型**：至此，我们验证了模型确实有效，同时了解了模型的表现。现在需要更新我们对模型、问题的理解，并尝试基于已有信息作进一步改进。

1.5　MATLAB 中的机器学习支持简介

我们对机器学习已经有了基本的了解：机器学习的任务是什么、都有哪些算法、如何选择算法以及构建机器学习模型的流程。我们现在终于可以开始学习使用 MATLAB 实现这些功能的方法了。

---

1 译者注：步骤 5、步骤 6、步骤 7 并不是经典方法。理论上应该分为训练、验证和测试这 3 个步骤。原书中步骤 6 和步骤 7 的解释几乎混淆了，因此对步骤 5、步骤 6、步骤 7 进行了适当调整，把书中的训练、测试和验证对应改成了训练、验证和测试，然后进行了翻译。

2 译者注：目标函数、限制条件。

3 译者注：采取某种优化算法对模型参数在训练数据集中进行求解。

4 译者注：应用在外部的、新添加的、模型没有见过的数据集上。在机器学习领域中，这一步的数据集特指验证集。

5 译者注：从概率角度而言，是指数据的真实分布。

6 译者注：在机器学习领域中特指这一步的数据集为测试集。

使用 MATLAB 提供的工具构建机器学习模型来解决问题是极其方便的。MATLAB 提供了非常强大的交互式界面、丰富的函数算法库、各种封装完善的 App，这些可以帮助我们应用机器学习算法。

（1）聚类（clustering）、分类（classification）和回归（regression）算法。

（2）神经网络（neural network）App、曲线拟合 App（curve fitting App）和分类器 App（classification learner App）。

MATLAB 是专为解决科学问题和进行科学计算而编写的软件平台，其中计算、可视化、编程等步骤都被精心集成在易于使用的开发环境中。这些科学问题和 MALTAB 提供的解决方案在 MATLAB 开发环境下都被表示为与问题相关的数学符号和公式。[1]

"MATLAB"这一名称由**矩阵实验室**（matrix laboratory）的首字母缩写得来。MATLAB 最初的编写目标是为了方便线性代数和矩阵的操作，近年来快速增加了科学计算各个领域的丰富内容。MATLAB 语言、开发环境设计本身都是基于矩阵运算的，而矩阵是表达数学计算最自然的方式。MATLAB 的桌面环境非常利于快速编写、验证模型和可视化数据等工作。集成在其中的与图像相关的工具有利于我们加深对数据集的理解。

MATLAB 的开发环境如图 1.11 所示。

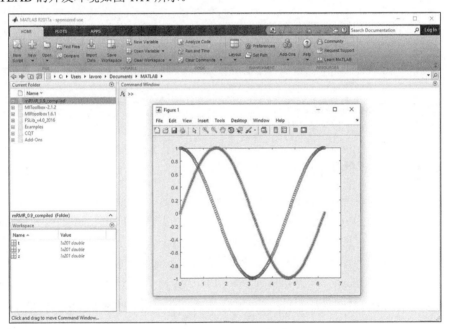

图 1.11　MATLAB 桌面

MATLAB 以丰富、强大、精确、高质量的工具箱（toolbox）而著称。这些工具箱是由 MATLAB 函数（M 文件）组成的，涵盖了诸多领域。对于很多领域的很多模型、算法，它都封装了专门的函数以供用户方便地调用并解决对应领域的问题，如图 1.12 所示。

MATLAB 有两个专门为解决机器学习问题而编写的工具箱，它们是统计机器学习工具箱和神经网络工具箱。前者更专注于机器学习领域广泛应用的统计学[2]方法[3]和算法，后者是专门为

---

1 译者注：MATLAB 语言设计得非常贴近数学公式本身，便于快速实现科学计算。MATLAB 帮助文档同样含有丰富的数学概念。

2 译者注：还有概率论。

3 译者注：统计机器学习方法。

人工神经网络（Artifical Neural Network，ANN）而编写的。在后续章节中，我们会逐一介绍这些工具箱的强大功能。

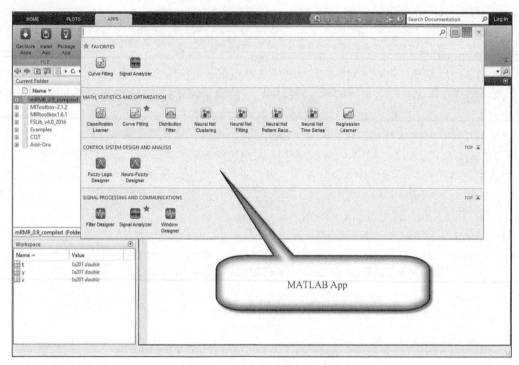

图 1.12　MATLAB 中封装的部分 App

1.5.1　操作系统、硬件平台要求

为了能够高效执行，包括 MATLAB 在内的所有软件都对计算机的软件和硬件有一些要求。MATLAB 专业版和学生版可以运行在各个主流操作系统上，例如 Linux、MacOS 和 Windows。绝大多数近年的计算机都可足够支持运行 MATLAB。

在 Windows 平台上安装 MATLAB 的要求如下所示。

（1）**操作系统**：Windows 10、Windows 8.1、Windows 8、Windows 7 Service Pack1、Windows Server 2016、Windows Server 2012 R2、Windows Server 2012 和 Windows Server 2008 R2 Service Pack 1。

（2）**处理器**：任何 Intel 或者 AMD 的 x86-64 架构的处理器；支持 AVX2 指令集的处理器；Polyspace 用户，推荐使用四核及以上处理器。

（3）**磁盘空间**：仅包含 MATLAB 的基本环境，需要 2GB，若还安装常用的工具箱（典型安装），则需要 4～6GB。

（4）**内存**：最低要求为 2GB。如果使用 Simulink，则需要 4GB；Polyspace 用户推荐每核拥有 4GB 可用内存。

（5）**显卡**：对显卡没有明确要求。推荐使用支持 OpenGL 3.3、拥有 1GB 显存的 GPU 硬件加速显卡。

Windows 平台的安装要求如图 1.13 所示。

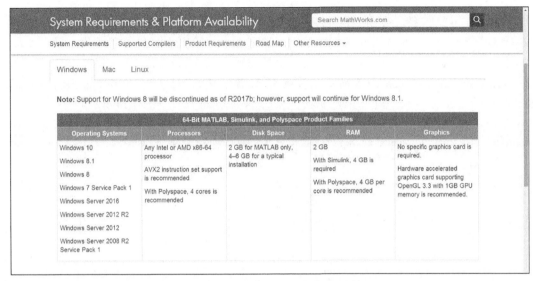

图 1.13 Windows 平台的安装要求

1.5.2 MATLAB 安装要求

在安装 MathWorks 公司[1]的产品时，要求有一个通过购买产品或申请试用后下载获得的有效软件版权许可证[2]。为了从官网下载 MathWorks 公司的产品，我们必须有一个 MathWorks 公司的账户或者注册一个账户。

一旦下载了 MathWorks 安装向导，我们就可以运行安装向导并安装想要使用的产品。运行安装向导的要求如下所示。

（1）MathWorks 账号的邮箱地址和密码（安装时需要登录账户）。

（2）安装相关产品的许可证。如果对许可证有任何疑问，请咨询系统管理员。

（3）安装过程中可能需要关闭杀毒软件和网络防火墙。这些软件可能造成安装失败或降低安装速度。

安装过程中要遵循安装向导的指示，安装结束后，我们就有一个能够运行的 MATLAB 了。

1.6 统计机器学习工具箱

统计机器学习工具箱几乎包含了所有常用算法，其中的函数、App 集成了对数据进行分析、描述、建模等功能。在开始分析数据集时，统计机器学习工具箱提供了丰富的统计指标和图表以帮助用户了解数据集。更进一步，拟合数据的概率分布、生成随机数据、假设检验等功能也得到了强大的支持。最后，借助回归、分类算法，我们能够对数据集进行拟合并构建预测模型。

对于数据挖掘任务，这个工具箱提供了特征选择（feature selection）、逐步回归、**主成分分析**（Principal Component Analysis，PCA）、正则化（regularization）和其他降维方法[3]。这些方法可以用于重要变量和重要数据关系的挖掘。

---

1 译者注：开发 MATLAB 的公司。

2 译者注：很多大学都已经为学生购买了教育版的许可证。

3 译者注：这里的 PCA 属于降维方法之一。

　　这个工具箱同时支持成熟的监督学习、非监督学习算法，包括支持向量机（Support Vector Machine，SVM）、决策树（decision tree）、k 近邻算法（k-Nearest Neighbor，kNN）、k 近邻样本中心算法（k-medoids）、层次聚类法（hierarchi calclustering）、高斯混合模型（Gaussian Mixture Model，GMM）和隐马尔可夫模型（Hidden Markov Model，HMM）。许多统计和机器学习算法可以用于大到无法在内存中存储的数据集的计算。Math Works 官网对统计机器学习工具箱的功能展示，如图 1.14 所示。

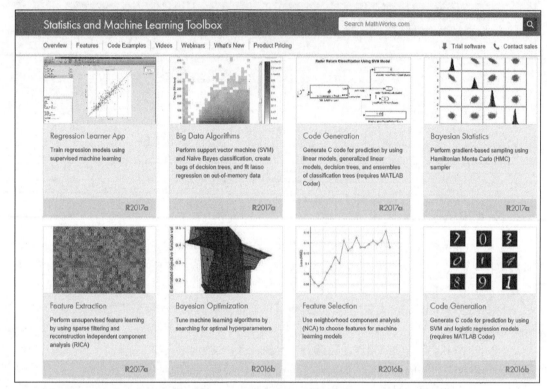

图 1.14　统计机器学习工具箱

以下是对这个工具箱中关键功能的简介，其中包含机器学习领域的几个主要方向。

　　（1）回归问题：包括对线性、广义线性、非线性、鲁棒性、正则化等回归问题，以及方差分析（analysis of variance，ANOVA）、重复测量分析（repeated measures analysis）、混合效应模型（mixed-effectsmodels）。

　　（2）处理大数据相关的算法：包括降维算法、描述性统计指标、k 均值聚类、线性回归、逻辑回归（logistic regression）和判别分析（discriminant analysis）。

　　（3）多变量、单变量概率分布，随机和准随机（quasi-random）数据的生成，马尔可夫链抽样。

　　（4）多种假设检验：分布、弥散度（dispersion）、位置，实验设计方法包括优化、阶乘、响应曲面的设计。

　　（5）分类学习器 App 和监督学习的算法：包括支持向量机、促进式（boosted）决策树、袋装（bagged）决策树、k 近邻算法、朴素贝叶斯（naive bayes）、判别分析、高斯过程回归。

　　（6）非监督学习：包括 k 均值聚类算法（k-means）、k 近邻样本中心算法（k-medoids）、层次聚类法、高斯混合模型和隐马尔可夫模型。

　　（7）基于贝叶斯方法的机器学习模型超参数（hyper parameter）优化。

关于**统计机器学习工具箱**可用的一些参考资料如图 1.15 所示。

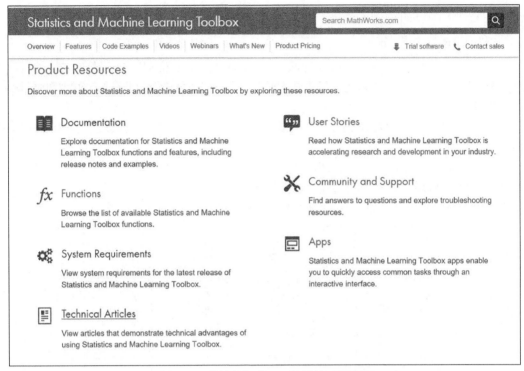

图 1.15 统计机器学习工具箱的可用资料

1.6.1 数据类型

在讨论统计机器学习工具箱之前，我们首先应该了解如何先格式化数据再将其输入至 MATLAB 处理。统计机器学习工具箱只支持某些特定的数据类型作为输入变量。如果选用了不支持的数据类型，那么 MATLAB 可能会报错或者返回错误结果。

1. 支持的数据类型

（1）单精度（single precision）或者双精度（double precision）的数值型标量、向量、矩阵或数组。

（2）包含字符向量的 cell 数组（cellstr）、字符数组（char）、逻辑值数组（logical）、分类数组（categorical），以及数值型数组，比如含有分组信息的类型变量的数值型数组 single/double。

（3）一些函数支持表格类数组；table 数据类型可以存储上面介绍的任意数据类型。

（4）一些添加了 GPU 加速支持的函数可以支持 GPU 数组（gpuArray）。

2. 不支持的数据类型

（1）复数。

（2）自定义数据类型，比如，一个变量既是一个对象，也是双精度型的。

（3）用于非分组数据的有符号（signed）或者无符号（unsigned）整型数，例如 unint8 和 int16。

（4）稀疏矩阵（sparse matrix）。应用时，稀疏矩阵需要使用 full 函数转化为 matrix 类型。

1.6.2 统计机器学习工具箱功能简介

在之前的章节中，我们分析了统计机器学习工具箱的主要功能以及支持的数据类型。现在，我们可以理所应当地问：对于 MATLAB 提供的这些函数，我们真正能做什么？在本节中，我们将着重讲述这个工具箱中重要的函数，并以实际应用场景进行举例。下面来看一些应用程序。

1. 数据挖掘与数据可视化

数据挖掘是指使用几个领域[1]的交叉方法，从大量的数据集中发现隐含关系的过程。通过这个过程，我们能够从多种角度分析数据集并提取有用信息。这些信息能帮助我们更好地理解目标问题和挑选模型算法。

MATLAB 提供了许多数据挖掘工具。尤其是统计机器学习工具箱，它集成了多种从数据集中提取有用信息的工具。

（1）绘制统计数据图表的交互式图形界面。

（2）针对大型数据优化的和计算统计指标的函数。

图 1.16 是一个多元（multivariate）数据集可视化的例子。

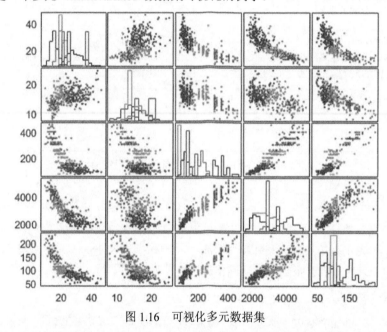

图 1.16　可视化多元数据集

举个例子，我们能够使用交互性图表，通过统计绘图，从数据可视化探索开始我们的分析。MATLAB 提供了大量的图表工具，尤其是统计机器学习工具箱提供了概率分布图（probability plot）、箱形图（boxplot）、柱状图（histogram）、散点柱状图（scatter histogram）、三维柱状图（3D histogram）、控制图（control chart）、分位图/QQ 图（quantile-quantile plot）等。对于多元变量的绘制，MATLAB 还提供了额外的树状聚类图（dendrogram）、双标图（biplot）、并行坐标图（parallel coordinate chart）和安德烈图（Andrews plot）。

在一些情形中，我们必须对多元变量进行可视化。许多统计分析算法都要求有**自变量**（predictor variable, independent variable）和**因变量**（dependent variable，response variable）两个输入变量。它们之间的关系很容易用二维散点图、柱状图、箱形图等表示。含有 3 个变量的时候，相似的图表也很容易扩展到三维。然而，对于许多包含多个变量的数据集而言，可视化会变得更困难。MATLAB 中添加了许多对多变量进行可视化的支持，如图 1.16 所示。

完成上述步骤后，我们需要从描述性统计指标中提取有用的信息。描述性统计功能囊括了一

---

1 译者注：如人工智能、机器学习、统计学和数据库。

系列的方法和工具，可以帮助我们描述、展示、总结数据集统计特性，并获取最重要的统计指标。统计机器学习工具箱中包含以下函数用于计算统计指标。

（1）集中趋势（central tendency）：平均数（mean）、中位数（median）、众数（mode）等。

（2）度量（dispertion）、极差（range）、方差（variance）、标准差（standard deviation）、平均绝对离差（mean absolute deviation）、绝对中位差（median absolute deviation）。

（3）线性相关（linear correlation）系数和等级相关或秩相关（rank correlation）系数。

（4）缺失值处理。

（5）分位数（quantile）、百分位数（percentile）估计。

（6）使用核光滑（kernel-smoothing）方法进行密度估计（density estimation）。

2. 回归分析

回归分析常用于分析变量间的关系，其目的是建立由一个或多个自变量到因变量的函数映射关系。统计机器学习工具箱中包含如下模型支持。

（1）线性回归（Linear regression）。

（2）非线性回归（Nonlinear regression）。

（3）广义线性回归（Generalized linear model）。

（4）混合效应模型（mixed-effects model）。

图 1.17 所示的是线性回归模型的散点图（scatter plot）。

散点图有助于理解变量间的联系。在图 1.17 中，横坐标显示的是自变量 X，纵坐标显示的是因变量 Y。通过回归模型，我们能够拟合两个变量间的变化关系。如图 1.17 所示，简单的线性方程足以拟合线性关系明显的样本集。

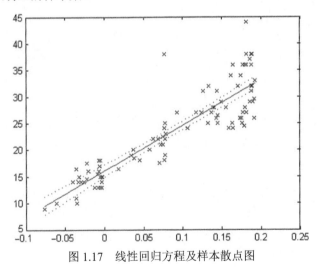

图 1.17　线性回归方程及样本散点图

3. 分类模型

分类模型属于监督学习中的一大类模型，它们的任务是预测给定样本的类别信息。

统计机器学习工具箱提供了大量的 App 和函数来实现含参数、不含参数的分类模型。

（1）逻辑回归（logistic regression）。

（2）促进式决策树和袋装决策树（包括 AdaBoost、LogitBoost、GentleBoost 和 RobustBoost）。

（3）朴素贝叶斯分类。

（4）k 近邻算法分类。

（5）判别分析（包括线性和二次型）。

（6）支持向量机（SVM）（二分类和多分类）。

使用分类学习应用程序能够交互式地浏览数据集、选取特征、配置交叉验证（cross-validation）参数、训练模型参数、评估结果，其包含如下功能。

（1）导入数据，设定交叉验证参数。

（2）浏览数据，选择特征值。

（3）选用各类分类算法来训练模型。

（4）比较和评估模型。

（5）共享已训练好的模型（兼容计算地机视觉应用和信号处理应用的格式）。

通过使用分类学习应用程序，我们能够非常方便地挑选算法、训练和验证模型。训练完成后，比较不同模型的验证误差，以供用户挑选表现最好的模型和参数组合。

图 1.18 所示的就是分类学习应用程序。

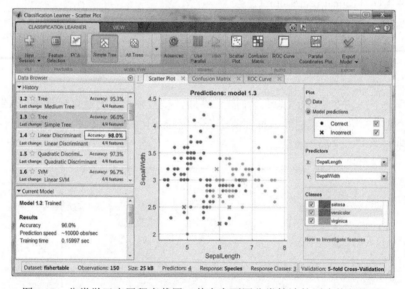

图 1.18 分类学习应用程序截屏，其中有不同分类算法的历史执行记录

4. 聚类分析

聚类分析是无监督学习中的一大类方法。笼统地说，聚类学习的目标是通过观察数据集中的统计特征，计算以某种形式定义的距离概念，最小化簇内距离和最大化簇间距离，从而实现对数据集的自动聚类。聚类分析中的距离常使用一些定义好的统计学指标[1]的相似度进行计量。

统计机器学习工具箱包含以下聚类算法的支持。

（1）k 均值聚类算法。

（2）k 近邻样本中心算法。

（3）层次聚类法。

（4）高斯混合模型。

（5）隐马尔可夫模型。

---

1 译者注：离散度、信息熵。

当不知道聚类的数量时，我们可以使用聚类评估技术[1]根据特定指标来确定数据中存在的聚类数量。

图 1.19 展示了一些聚类分析的结果。

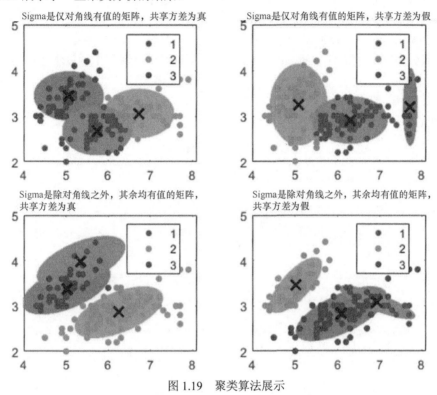

图 1.19　聚类算法展示

除此之外，统计机器学习工具箱提供了用来展示层次二分类聚类树的树状聚类图。我们可以很方便地通过优化叶节点顺序来改善聚类效果。最后，对于每一簇，我们可以基于多元方差分析计算的均值，来绘制树状聚类图。

5. 降维

降维分析是将含有多个变量的高维数据转化为较低维数据[2]，同时尽量保留原有信息的过程。降维方法[3]能够改进模型预测结果，提高模型可解释程度（降低模型复杂度），还能够避免过拟合（over-fitting）。统计机器学习工具箱集成了多种降维算法，这些算法可以分为特征提取（feature extraction）和特征选择（feature selection）两类。特征选择方法试图选取原特征矩阵中最能代表整体数据集的子集，特征提取方法则试图通过降维把原有数据转化为新的特征[4]。

该工具箱对特征选择提供如下支持。

（1）**逐步回归**（stepwise regression）：依次增加或删除特征，直到预测精度没有改进为止。这种方法尤其适合线性回归和广义线性回归算法。

（2）**顺序化特征选择**（sequential feature selection）：等价于逐步回归算法，适用于任何监督学

---

1 译者注：MATLAB 提供了专门的 evalclusters 函数。
2 译者注：将高维矩阵变化为低维矩阵。
3 译者注：减少数据中的冗余信息。
4 译者注：矩阵变换等方法会将原有特征矩阵去除冗余信息并生成新的特征矩阵。

习算法。[1]

（3）**促进式决策树和袋装决策树**：利用袋外（out-of-bag）误差计算变量的重要性。

（4）**正则化**：通过将冗余特征权重（系数）减至 0 来消除冗余特征。

此外，该工具箱还添加了对特征提取算法的支持。

（1）**主成分分析**：通过投影到独特的正交基底上来汇总维度较少的数据。

（2）**非负矩阵因式分解**（non-negative matrix factorization）：当模型术语必须代表非负数量（如物理量）时使用。

（3）**因子分析**（factor analysis）：用于构建数据关联的解释模型。

图 1.20 展示了逐步回归的例子。

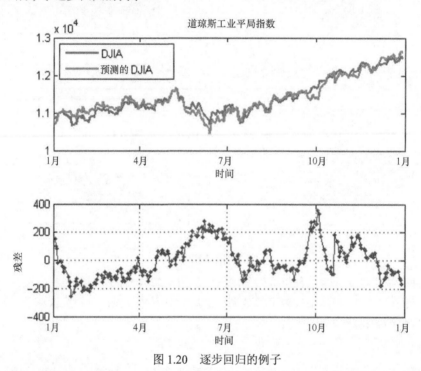

图 1.20　逐步回归的例子

1.7　神经网络工具箱

人工神经网络是受人脑启发，以多层或每层多个**人工神经元**（artificial neuron）构成的网络模型。每个神经元与相邻层的神经元都有多个输入和输出链接，单个神经元将相邻输入神经元的输出加总后对激活函数（activate function）执行运算。人工神经网络通过训练，能够自我学习数据集的特征，对复杂问题进行有效拟合，非常适合应用于传统计算机算法无法明确表述的复杂的问题。

神经网络工具箱提供了各类相关的算法、预训练（pre-trained）网络模型，以及用于构建、训练、可视化和仿真神经网络的 App。通过应用这些工具，我们能够方便地解决分类、回归、聚类、降维、时间序列预测、动态系统建模以及控制问题。

拥有少数几层隐含层（hidden layer）的神经网络称为浅层神经网络（shallow neural network），拥

---

1 译者注：相当于专为普遍适用监督学习而改进的逐步回归算法。

有多层隐含层的神经网络称为深度神经网络（deep neural network）[1]。深度神经网络包括**卷积神经网络**（Convolutional Neural Network，CNN）、自编码网络（auto-encoder）等，适用于分类、回归及特征学习。对于中等规模的数据集，我们可以通过迁移学习的方式，使用 MATLAB 自带的预训练网络，快速应用深度神经网络，节省训练时间和改善预测结果。对于大规模数据，我们可以使用 MATLAB 提供的**并行计算工具箱**借助 GPU 来加速网络训练。通过 **MATLAB 分布式计算服务器**（MATLAB Distributed Computing Server），我们可以将计算任务分配到集群中的各个节点以进一步加速。

神经网络工具箱主要涵盖了以下功能。

（1）基于卷积神经网络（用于分类和回归）、自编码网络（用于特征值学习）的深度学习模型。

（2）基于预训练卷积神经网络和 Caffe model zoo[2]的迁移学习。

（3）基于单节点、集群、云的多 CPU、GPU 模型训练和推断。

（4）非监督学习算法包括自组织映射网络（self-organizing map）和竞争层（competitive layer）。

（5）监督学习算法包括多层前馈（multilayer feedforward）神经网络、径向基函数（Radial Basis Function，RBF）神经网络、学习向量量化（Learning Vector Quantization，LVQ）神经网络、延时神经网络、非线性自回归神经网络、循环神经网络（Recurrent Neural Network，RNN）。

（6）用于数据拟合、模式识别和聚类的 App。

（7）预处理、后处理、神经网络的可视化、训练和评估神经网络。

MATLAB 官网对神经网络工具箱的功能展示如图 1.21 所示。

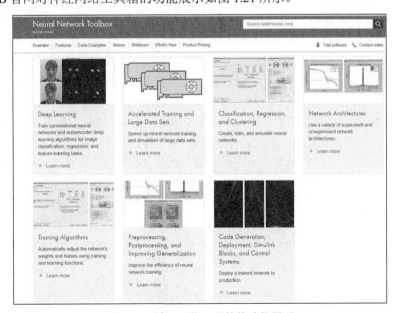

图 1.21　神经网络工具箱的功能展示

1.8　MATLAB 中的统计学和线性代数

机器学习是由统计学、概率论、代数、计算机科学等诸多学科组成的交叉学科。这些学科交叉在一起，赋予机器学习算法从原始数据集中进行迭代式学习、寻找样本间的隐藏模式以及构建

1　译者注：现在也普遍称为深度学习模型（deep learning model）。

2　译者注：Caffe 是深度学习领域最流行的框架之一，model zoo 是 Caffe 的模型库。

智能应用的能力。尽管机器学习算法直接提供了强大的学习能力，但是了解这些算法背后其他学科的理论支撑和数学含义，能够极大加深我们对算法的理解和应用。

在机器学习中，统计学、概率论和代数知识非常重要，主要体现在以下几点。

（1）根据特征数量、训练时间、参数个数、模型复杂度以及任务要求的精度选取适当算法。

（2）配置验证算法参数，设置模型的超参数。

（3）发现过拟合及拟合不足问题。

（4）设置合理的置信区间。

MATLAB 为统计分析、线性代数的运算提供了很多函数，例如，使用 MATLAB 计算描述性统计指标非常简单。用户可以度量集中趋势、分散度、弥散度、分布形状、相关性、协方差、分位数、百分位数等诸多统计指标，还可以建立表单（tabulate）数据和跨表单（cross-tabulate）数据，并且对分组后的数据计算描述性统计指标。

值得注意的是，MATLAB 语法规定，任何对 NaN（MATLAB 中表示空值的关键字）执行的数值运算都将返回 NaN。统计机器学习工具箱中的函数对 NaN 进行了特殊优化。当输入数据中包含 NaN 时，这些函数将忽略 NaN，直接使用非空值数据进行计算。

更强大的是，MATLAB 提供了非常方便的可视化工具以帮助我们可视化数据集的统计特征、分布特征，并能够与其他数据集、概率分布进行比较。不仅可以对单个变量的分布问题绘制散点图、箱形图、柱状图，对双变量问题同样也可以绘制这些图表。对于多变量的问题，我们可以通过绘制多元图表（安德烈图、字符图等方法）进行可视化。最后，我们还可以定制化图表，其中包括内嵌最小二乘线、辅助线和注释等信息。

对于线性代数，MATLAB 同样提供了非常多的函数支持。线性代数是研究数值矩阵和进行线性运算（线性方程组）的学科。MATLAB 提供了丰富且极易使用和理解的向量、矩阵操作运算支持。

MATLAB 对如下功能提供函数支持：矩阵操作和矩阵变换、线性方程组、矩阵分解、特征值和特征向量、矩阵分析和向量微积分、标准形和特殊矩阵以及矩阵函数。

有了这些支持，在 MATLAB 中进行线性代数的运算会变得极为简单，如图 1.22 所示。

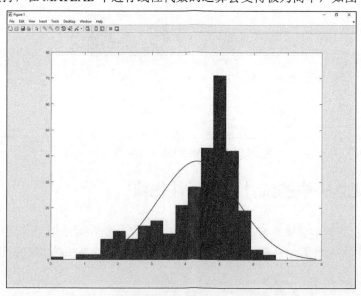

图 1.22　使用柱状图进行概率密度函数估计

1.9 总结

在本章中，我们领略了机器学习世界的强大功能，并了解了几种主流算法及其适用情景；学习了如何对数据集进行预分析以及如何选择算法，并了解了构建机器学习模型的详细步骤。

接着，我们将视线转移到了 MATLAB 上，介绍了 MATLAB 的安装须知，强调了 MATLAB 在机器学习领域（如分类、回归、聚类和深度学习）中的诸多支持，还包括自动化模型训练和由代码生成的 App。

最后，我们着重介绍了统计机器学习工具箱和神经网络工具箱，展示了其中包含的工具以及这些工具的适用场景，也展示了统计学和线性代数在机器学习中的重要作用以及 MATLAB 对这些学科的相关支持。

在下一章中，我们将学习如何使用 MATLAB 的工作区（workspace）、如何导入/导出数据、如何组织数据以及如何根据使用需求将数据整理为特定格式。

第 2 章
使用 MATLAB 导入数据和组织数据

本章主要内容

- 如何使用 MATLAB 工作区
- 如何使用 MATLAB 导入工具交互式地选择和导入数据
- MATLAB 支持的不同数据类型
- 如何从 MATLAB 中导出文本、图像、音频、视频和科学数据
- 转化数据的各种方式
- 探索 MATLAB 丰富的数据类型
- 如何组织数据

如今，每天都有大量的数据产生。智能手机、信用卡、电视机、计算机、传感器、公共与私人交通等设备都在不间断地产生数据，而这些只是冰山一角。这些数据被存储起来，用于各种目的，比如使用机器学习算法进行数据分析。

在第 1 章中，我们分析了构建机器学习模型的流程。流程最开始的部分便是收集数据、组织数据（导入数据和预处理数据）。这一步对所构建模型的正常运行和得到正确结果是至关重要的。

在本章中，我们会介绍如何使用 MATLAB 导入数据和预处理数据。读者首先应该熟悉 MATLAB 的工作区，因为它可以让这些操作变得尽可能简单。然后，我们将介绍数据的不同格式和如何把这些数据导入/导出 MATLAB。除此之外，我们还会介绍专门处理分组变量和类别数据的数据类型，如何把各类数据（元胞数组、结构体数组、表单数据）从 MATLAB 工作区中导出并以 MATLAB 兼容的数据类型进行存储。最后，我们介绍了如何以正确的格式组织数据，以用于下一步的数据分析。

学完本章后，读者应该可以正确导入、格式化和组织数据，并能顺利过渡到流程的下一步，即通过数据分析观察和探索数据。

2.1 熟悉 MATLAB 桌面

MATLAB 是一个基于矩阵的交互式工作环境，而矩阵是表达数学计算最自然的方式。更重要的是，MATLAB 是专为各学科的技术、数学问题和系统仿真而设计的编程语言，其中集成的图像工具有助于用户方便地从数据中观察和获取有用的信息，各类工具箱包含的丰富函数库则有助于用户我们迅速上手。

安装成功后，双击 MATLAB 图标或者在系统命令行下输入 matlab 并按 Enter 键，可启动 MATLAB。第一次启动时，MATLAB 会以默认的布局向用户展示一系列子面板，其中包含各种组件，以便用户操作。MATLAB R2017a 在 Windows 10 系统上的桌面如图 2.1 所示。

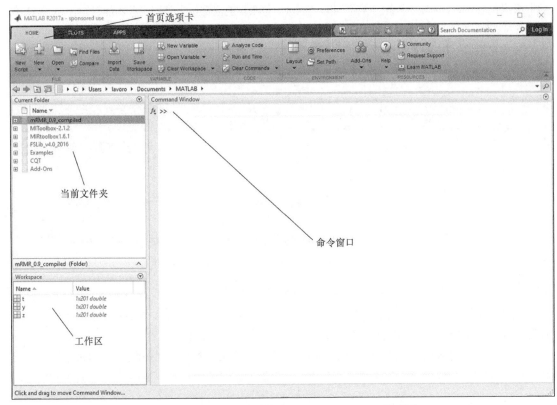

图 2.1 Windows 10 系统上 MATLAB R2017a 的桌面

MATLAB 桌面包含以下面板。

（1）**当前文件夹**（current folder）：展示了当前路径下所存储的文件和文件夹（用户可以改变当前路径）。

（2）**命令窗口**（command window）：在这个面板中，在命令提示符（>>）处可以输入任何 MATLAB 命令或者表达式，方便用户交互式地输入命令。

（3）**工作区**（workspace）：展示已经创建或者通过从数据文件、其他程序中导入而得到的变量。

（4）**命令历史记录**（command history）：展示已经输入命令的历史记录，用以直接快速调用展示的命令。[1]

想要对 MATLAB 桌面有一个全面的了解，我们可以使用如下命令。

（1）`help`：在命令窗口中展示所有主要的帮助信息。

（2）`lookfor`：在所有帮助条目中搜索一个关键词。

（3）`demo`：打开 MATLAB **帮助**页面，其中包含产品的使用例子。

（4）`doc`：打开 MATLAB **帮助**页面，其中包含各类文档的索引。

在命令提示符处输入 `quit` 或者 `exit`，或者用鼠标单击桌面右上角红色的"关闭"按钮，即可关闭 MATLAB。**MATLAB 工具栏**如图 2.2 所示。

MATLAB 现在使用经典的功能分区界面（ribbon interface）是 Windows 系统中一些应用所带的 GUI 界面。如图 2.2 所示，位于桌面的顶端是 MATLAB 工具栏。这个工具栏将 MATLAB 的功能用一系列选

---

1 译者注：使用鼠标选择命令，即可以直接执行。

项卡组织起来。每个选项卡被划分到不同的功能区，每个功能区都包含类似相关功能的控件。这些控件包含各种按钮、下拉菜单等用户界面接口，使用这些控件在 MATLAB 中可以进行相关操作。[1]

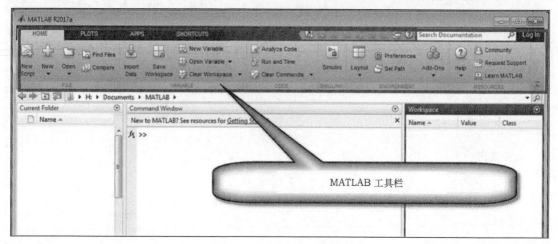

图 2.2　MATLAB 工具栏

比如，**HOME** 选项卡中包含对文件、变量、代码进行操作的控件，**PLOTS** 选项卡包含一些画图的控件，**APPS** 选项卡中包含调用 MATLAB 应用的一些控件。

使用 MATLAB 最初步最简单的方式是把它当作一个计算器。比如，想要得到 10 和 90 两个数字之和，则只需将光标放置于命令提示符（>>）的右方，输入 10+90 然后按下 Enter 键，即可得到结果。

```
>>10+90
ans =
    100
>>
```

在 MATLAB 桌面中完成数学运算的过程如图 2.3 所示。

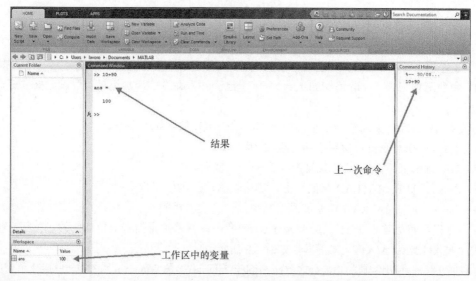

图 2.3　在 MATLAB 桌面中完成数学运算

---

1 译者注：在 MATLAB 界面中，这些控件一般都有对应的图标。

MATLAB 完成数学运算并把结果赋值给变量 ans。虽然我们没有指定将运算结果赋值给某一个变量，但是 MATLAB 会使用默认变量 ans——它是 "answer" 这个单词的简写。

接下来，每执行一次这样的运算命令而又没有指定赋值变量时，MATLAB 都会执行一次这样的默认赋值操作，因此上一次 ans 变量中的值会被这一次的运算结果所覆盖。

> 为了避免失去之前的运算结果，每一次运算后，我们都会定义新的赋值变量。

运算完成后，MATLAB 会在**工作区窗口**中显示 ans 变量，会在**命令历史记录窗口**中显示这一次命令的历史记录（见图 2.3）。

为了定义一个能够存储数据内容的变量，我们使用赋值语句。比如，创建两个变量 FIRST 和 SECOND 的语句如下：

```
>> FIRST = 10
FIRST =
        10
>> SECOND = 90
SECOND =
        90
>>
```

现在将两个变量相加，并且结果存入第三个变量 THIRD 中：

```
>> THIRD = FIRST + SECOND
THIRD =
      100
>>
```

我们已经知道，由于 MATLAB 中的基本元素是矩阵，因此所有输入信息都以矩阵形式进行存储。因此，变量 FIRST、SECOND、THIRD 都只包含一个元素的矩阵。创建一个只有 1 行并包含 10 个元素的矩阵（行向量），将元素以中括号括住，以空格或者逗号分隔：

```
>> vector = [10 20 30 40 50 60 70 80 90 100]
vector =
        10 20 30 40 50 60 70 80 90 100
>>
```

类似地，为了创建一个有多行的矩阵，我们用分号来分隔行：

```
>> matrix = [10 20 30; 40 50 60 ;70 80 90]
matrix =
        10 20 30
        40 50 60
        70 80 90
>>
```

为了访问矩阵中的元素，我们可以使用索引（indexing）。就像下面所示的代码，通过指定行和列的下标，选择矩阵中第一行和第二列的元素：

```
>> matrix (1,2)
ans =
    20
>>
```

为了选择矩阵中的多个元素，我们应使用冒号（:）运算符，使用 start:end 这种形式指定一个区间。比如选定矩阵中的前三行中第三列的所有元素：

```
>> matrix (1:3,3)
ans =
    30
    60
    90
>>
```

省略 start 和 end，我们会得到这个维度的所有元素。因此，上面例子的结果也可以用如下这种方式来获得：

```
>> matrix (:,3)
ans =
    30
    60
    90
>>
```

冒号运算符也能够创建一个由等差数列组成的向量，形式为 start:step:end。如下代码创建了一个包含 0~20 的所有偶数的矩阵：

```
>> vector_even = 0:2:20
 vector_even =
              0 2 4 6 8 10 12 14 16 18 20
>>
```

为了管理工作区中的数据，who、whos、clear 这 3 个命令非常有用。who 和 whos 能够以不同的详细程度列出工作区中的内容；clear 可以删除所有变量，清空工作区，使用命令查看已经创建的变量。

```
>> who
Your variables are:
FIRST           SECOND          THIRD          matrix          vector
vector_even
>> whos
  Name            Size            Bytes  Class       Attributes
  FIRST           1x1                 8  double
  SECOND          1x1                 8  double
  THIRD           1x1                 8  double
  matrix          3x3                72  double
  vector          1x10               80  double
  vector_even     1x11               88  double
>>
```

whos 的返回结果实际上就是 MATLAB 工作区中变量的详细信息，如图 2.4 所示。

想要清空工作区，可以使用 clear 命令：

```
>> clear
>> who
>>
```

在上面的例子中，我们用 who 来确定工作区被清空了。请谨慎使用 clear，因为所清除的变量可能无法恢复。如果之后还会使用变量，则在退出 MATLAB 前，一定要记得使用 save 命令保存工作区中的变量，如图 2.4 所示。

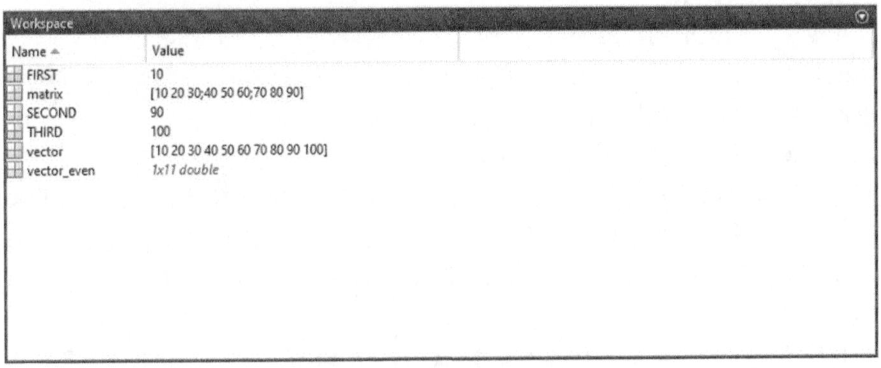

图 2.4　工作区变量列表

```
>> save filename.mat
```

使用 save 命令，将工作区中的所有内容压缩到一个文件中，文件扩展名是 .mat，这称作 MAT-文件。想要将一个 MAT-文件中的内容恢复到工作区中，可以使用 load 命令：

```
>> load filename.mat
```

MATLAB 提供了大量的函数来执行特定的运算任务。比如，可以调用函数 mean() 来计算矩阵中元素的平均值，注意将该函数的输入参数放入圆括号中：

```
>> vector
vector =
    10    20    30    40    50    60    70    80    90   100
>> mean(vector)
ans =
    55
>>
```

2.2　将数据导入 MATLAB

在外部存储设备和数据分析环境之间交换数据，这在数据分析中扮演着重要的角色。数据分析的第一步是将收集的数据导入 MATLAB 中进行分析，数据分析的最后一步是将结果导出。根据数据的不同格式，有相对应的不同方法在 MATLAB 环境中导入和导出数据。在本节中，我们将介绍数据导入。

2.2.1　导入向导[1]

我们既可以交互式地向 MATLAB 中导入数据，也可以通过程序语句导入数据。[2] 交互式地导入数据时，数据可以来源于硬盘上的文件或者系统剪贴板。

从硬盘的文件中导入数据可以是如下方式的任意一种。

---

1 译者注：这里作者将 MATLAB 的导入向导（Import Wizard）和导入工具（Import Tool）混用了。更严格的区分是：导入向导专门导入图片、音频、视频；导入工具专门导入文本数据。但是调用两者的方式完全相同，只是适应的场景不同。更多信息请查阅 MATLAB 帮助文档。
2 译者注：本节中的导入向导就是交互式地导入数据。

（1）在 **HOME** 选项卡的 **Variable** 功能区中，单击 **Import Data**。

（2）在当前文件夹面板中双击文件名。

（3）在命令窗口面板中调用函数 uiimport()。

从剪切板导入数据可以是如下方式的任意一种：

（1）单击**工作区**面板标题栏上的三角形图标并且选择 **Paste**。

（2）在命令窗口面板中调用函数 uiimport()。

上述两种方法都可以打开**导入向导**。对初学者而言，导入向导非常有用，它能根据数据的性质提供不同的导入方式，在数据导入过程中给予各种帮助。我们能够从多种的类型文件（包括图片、音频、视频数据等）中进行导入。导入向导能够显示文件内容，可供用户选择导入的数据，去掉不需要的数据。

在**导入向导**中使用的命令可以被存入一个 MATLAB 函数或者脚本文件中。用户可以保存这个文件，在导入相似的文件时，可以重复使用它。这里用一个实际例子来说明**导入向导**是如何工作的。比如想要导入一个电子表格到 MATLAB 工作区中（表格中每一个字段对应一个变量），使用**导入向导**完成这项工作的步骤如下。

下面的步骤说明了通过导入工具导入文本数据（电子表格）的过程。

（1）打开**导入向导**。

（2）通过单击 **Import Data** 按钮，打开 **Import Data** 的对话框。

（3）选择想要导入的文件（在这里，选择 IrisData.csv），然后打开 MATLAB 的 **IMPORT** 工具，如图 2.5 所示。[1]

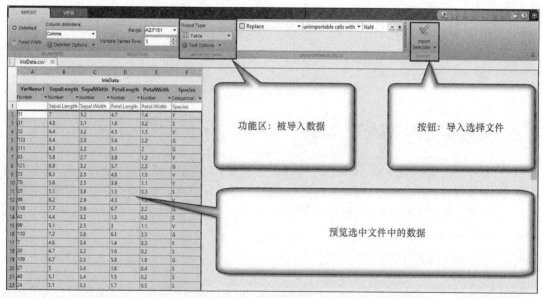

图 2.5　导入工具窗口

（4）**IMPORT** 工具（见图 2.5）中包含对所选择文件中数据的预览：用户可以只选择需要的数据，或者直接导入整个文件。

（5）在功能区中 **Imported Data**（见图 2.5）的 **Output Type** 这个标签下，用户可以选择导出

---

1 译者注：这里的图中没有给出这个文件，MATLAB 也不包含这个数据文件，因此这里的例子是有问题的。

数据的方式。

- **表格**：将选中的数据以表格形式导入。
- **列向量**：将选中数据的每一列分别导入成一个独立的 m 行 1 列的向量。
- **数值矩阵**：将选中数据导入成一个 m 行 n 列的数值矩阵。
- **字符串矩阵**：将选中数据导入成一个字符串矩阵，矩阵中的每一个元素都是一个 $1 \times N$ 的字符向量（character vector）。
- **元胞数组**：将选中数据导入成一个元胞数组。该数组能够包含多种数据类型，如数值型和文本型。

（6）这里选择下拉菜单中的 **Column vectors** 这个选项。

（7）现在单击 **Import selection** 按钮（见图 2.5），**IMPORT** 会在工作区中创建相应的变量。

检查工作区中是否出现了相应的变量，可以确认操作是否成功，如图 2.6 所示。在上面的步骤中，我们得到了 6 个新的变量：PetalLength、PetalWidth、SepalLength、SepalWidth、Species 和 VarName1。它们分别对应着选中文件的 6 列。为了分析每一个变量中的内容，我们可以在命令窗口的命令提示符（>>）下直接输入变量名进行调用，也可以直接在工作区中双击这个变量名。它会打开变量窗口（variables window），显示变量的值。

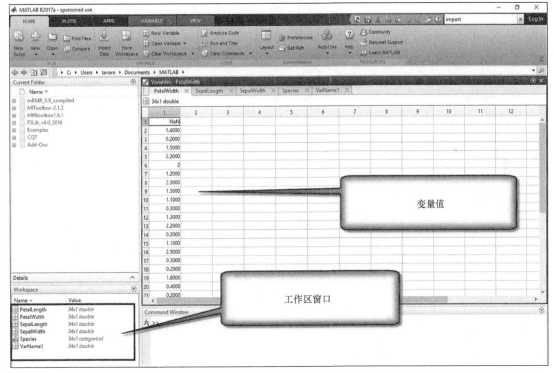

图 2.6　变量的检查

确保变量被正确导入 MATLAB 后，用户就能够使用这些变量进行运算或者操作了。

2.2.2　通过程序语句导入数据

如前所述，通过程序语句可以向 MATLAB 中导入数据。这种数据导入方式非常重要，因为这可以把这些程序插入到脚本中，然后通过调用脚本来快速运行，而使用导入向导需要用户一步步地进行操作。通过程序语句来导入数据需要借助 MATLAB 提供的导入函数。每个导入函数都有其适用的数据类型，因此选择合适的导入函数非常关键。

1. 从文件中加载变量

本书之前已经出现过相关的例子。使用函数 load() 和 save() 加载和存储工作区中的数据，代码如下：[1]

```
>> save filename.mat
>> load filename.mat
```

 注意，这两个函数可以对.mat 文件进行操作，也可以对 ASCII 文本文件进行操作。

上面的代码展示了如何加载一个.mat 文件。这是一个特定文件格式，可以存储工作区中的内容。现在我们简单介绍一下如何加载 ASCII 文本文件。对于这个任务，根据文件分隔符（将文本文件中的值进行分隔的符号）的不同，可以选用不同的函数。如果文件中包含一些以空格、逗号、分号或者制表符（Tab）相分隔的数值，就可以使用函数 load()。比如一个文本文件 matrix.txt 的内容如下：

```
10 20 30
40 50 60
70 80 90
```

通过以下语句将 matrix.txt 中的内容读取到一个 MATLAB 矩阵：

```
>> load matrix.txt
>> matrix
matrix =
    10    20    30
    40    50    60
    70    80    90
>>
```

2. 读取 ASCII 分隔的文件

上面的例子中，加载文件只需要使用函数 load()，不需要进行额外的操作。MATLAB 加载文件后，自动将数据内容读取到一个与文件名相同的变量中。我们还可以使用更加灵活的 dlmread() 函数，使用户能够指定文件中的分隔符并且指定导入哪部分数据。函数要求加载的文件必须是数值型的，以 matrix.txt 文件为例：

```
10;20;30
40;50;60
70;80;90
```

使用函数 dlmread() 读取这样的 ASCII 分隔的文件（ASCII-delimitedfile）：

```
>> MatrixTxt=dlmread('matrix.txt',';')
MatrixTxt =
    10    20    30
    40    50    60
    70    80    90
```

---

1 译者注：这里 load 和 load()是同一个函数，save 和 save()是同一个函数，loadfilename.txt 是函数的命令形式。load（'filename.txt'）是函数的调用形式。关于 load、save 函数的更多信息参见 MATLAB 帮助文档。

>>

只导入文件中的前两行前两列：

```
>> MatrixTxt2=dlmread('matrix.txt',',','A1..B2')
MatrixTxt2 =
    10    20
    40    50
>>
```

 函数 dlmread() 可以对含有非数值型数据的文件进行操作，只要指定导
入的行和列中所包含的数据仅有数值型数据即可。

3. 读取逗号分隔值文件

假设有如下 matrix.csv 文件：

```
10,20,30
40,50,60
70,80,90
```

这是一种特殊的文件类型，数值都以逗号隔开，这称为**逗号分隔值**（Comma Separated Value，CSV）文件。MATLAB 提供函数 csvread() 来读取这种文件类型，可以指定只导入文件中的部分数据，只要保证指定部分只包含数值即可。使用的例子如下：

```
>> MatrixCsv=csvread('matrix.csv')
MatrixCsv =
    10    20    30
    40    50    60
    70    80    90
>>
```

用户通过这个函数可以选定导入哪些行哪些列。如下命令只导入文件 matrix.csv 中一定范围内的数据：

```
>> MatrixCsv2=csvread('matrix.csv',0,0,[0,0,1,2])
MatrixCsv2 =
    10    20    30
    40    50    60
>>
```

现在对上面例子中函数调用的参数进行解析，从而理解如何指定导入数据的范围：

```
csvread('matrix.csv',0,0,[0,0,1,2])
```

第一个参数是文件名，第二个参数指定从哪一行开始读取，第三个参数指定从哪一列开始读取[1]。第四个参数是一个矩阵，它指定了读取哪些范围内的值。现在对这个矩阵的含义进行分析。

```
[0,0,1,2]
```

矩阵中第一个数和第二个数代表指定范围左上角的数的偏移量，第三个数和第四个数代表指定范围右下角的数的偏移量。在这个例子中，0、0 表示左上角这个数的行、列偏移量都为 0，即选中的是文件中第一行第一列的元素；1、2 表示右下角这个数的行、列偏移量分别为 1、2，即

---

1 译者注：第二个参数指定行的偏移量，第三个参数指定列的偏移量。两个参数为 0 表示行列偏移量均为 0，即从文件的
　第一行第一列开始读取。

选中的是文件中第二行和第三列的元素。[1]

4. 读取电子表格

另一种常见的文件格式是电子表格，这里特指由 Excel 创建的表格。MATLAB 用函数 xlsread() 来导入这类文件中的数据。这个函数能够将文件中混合在一起的数值型数据和文本型数据导入到不同的矩阵中。以表格文件 capri.xlsx 为例，其中包含着卡普里岛（一个那不勒斯湾的迷人小岛）2016 年 8 月份的温度数据（以℃为单位）。Temp 工作表中有如下数据（为了节省空间只列出前 5 天的数据）。

Day	TMean	Tmax	Tmin
1	26	24	29
2	26	24	29
3	26	24	30
4	27	24	30
5	26	23	28

使用函数 xlsread() 来导入数据。第一个参数是文件名，第二个参数是工作表名：

```
>>values = xlsread('capri.xlsx','Temp')
values =
1    26    24    29
2    26    24    29
3    26    24    30
4    27    24    30
5    26    23    28
>>
```

在上面的例子中，MATLAB 会去掉工作表中第一行的表头文本数据，只保留数值型数据并将其存储到结果中。为了获取完整的信息，我们将数值数据和表头的文本数据都导入——这需要在调用 xlsread() 的时候指定两个输出参数：

```
>>[values,headertxt ]= xlsread('capri.xlsx','Temp')
values =
1    26    24    29
2    26    24    29
3    26    24    30
4    27    24    30
5    26    23    28
>> headertxt=
'Day' 'TMean' 'Tmin' 'Tmax'
>>
```

上面的例子中得到了两个变量，其中一个矩阵（values）包含所有数值型数据，另一个元胞数组（headertxt）包含表头的文本型数据。用户也可以指定导入部分数据，在下面的例子中，xlsread() 函数只读取了这个电子表格中前两行的数值型数据：

```
>>row1_2 = xlsread('capri.xlsx','Temp', 'A2:D3')
row1_2 =
1    26    24    29
```

---

1 译者注：左上角和右下角的含义是这两个数的位置，它们刚好界定了一个矩形，这个矩形包含的数就是选中的数。

```
2      26      24       29
>>
```

类似地，可以只读取指定列的数值型数据：

```
>>column_C = xlsread('capri.xlsx','Temp', 'C2:C6')
column_C =
24
24
24
24
23
>>
```

5. 读取字符串和数值混合的文件

生活中除了数字，还有很多东西是不可或缺的。通常用户需要处理的文件既包含数值型数据又包含文本型数据。在 MATLAB 中，只有一部分导入函数能够同时处理字符串和数字，如 readtable()。这个函数将文件读取到一个 table 中。为了理解这个函数是如何工作的，我们分析了一个包含近两年参观意大利博物馆的游客人数的数据文件，如图 2.7 所示。

	A	B	C	D	E	F
1	N	Museum	City	Visitors2016	Visitors2015	
2	1	Colosseo e Foro Romano	ROMA	6408852	6551046	
3	2	Scavi di Pompei	POMPEI	3283740	2934010	
4	3	Galleria degli Uffizi	FIRENZE	2010631	1971758	
5	4	Galleria dell'Accademia di Firenze	FIRENZE	1461185	1415397	
6	5	Castel Sant'Angelo	ROMA	1234443	1047326	
7	6	Venaria Reale	VENARIA R.	1012033	580786	
8	7	Museo Egizio di Torino	TORINO	881463	863535	
9	8	Circuito Museale Boboli …	FIRENZE	852095	772934	
10	9	Reggia di Caserta	CASERTA	683070	497197	
11	10	Galleria Borghese	ROMA	527937	506442	
12						

图 2.7 参观意大利博物馆的游客人数

函数 readtable() 通过从文件中读取面向列的数据来创建 table。支持的文件类型包含以下内容。

（1）带分隔符的文本文件：.txt、.dat 或.csv。

（2）电子表格文件：.xls、.xlsb、.xlsm、.xlsx、.xltm、.xltx 或.ods。

readtable() 为该文件中的每列在返回的 table 中创建一个变量，并从文件的第一行中读取变量名称。默认情况下，如果整列均为数值，则已创建的变量为双精度型，如果列中的任意元素不是数值，则为包含字符向量的元胞数组。

本例的数据文件包含在 museum.xls 中，代码如下：

```
>> TableMuseum = readtable('museum.xls')
TableMuseum =
  10×5 table
N      Museum                       City        Visitors_2016 Visitors_2015

__

1    'Colosseo e Foro Romano'      'ROMA'       6.4089e+06      6.551e+06
2    'Scavi di Pompei'             'POMPEI'     3.2837e+06      2.934e+06
3    'Galleria degli Uffizi'       'FIRENZE'    2.0106e+06      1.9718e+06
4    'Galleria dell'Accademia…''   'FIRENZE'    1.4612e+06      1.4154e+06
5    'Castel Sant'Angelo'          'ROMA'       1.2344e+06      1.0473e+06
6    'Venaria Reale'               'VENARIA'    1.012e+06       5.8079e+05
```

```
7  'Museo Egizio di Torino'    'TORINO'  8.8146e+05   8.6354e+05
8  'Circuito Museale Boboli …''FIRENZE' 8.521e+05    7.7293e+05
9  'Reggia di Caserta'          'CASERTA' 6.8307e+05   4.972e+05
10 'Galleria Borghese'          'ROMA'    5.2794e+05   5.0644e+05
```

也可以创建一个 table，并且不将列标题作为变量名称：

```
>> TableMuseum = readtable('museum.xls','ReadVariableNames',false)
TableMuseum =
  10×5 table
Var1  Var2                       Var3      Var4       Var5
__    _____    _____    _____     _____

1    'Colosseo e Foro Romano'    'ROMA'    6.4089e+06  6.551e+06
2    'Scavi di Pompei'           'POMPEI'  3.2837e+06  2.934e+06
3    'Galleria degli Uffizi'     'FIRENZE' 2.0106e+06  1.9718e+06
4    'Galleria dell'Accademia…'  'FIRENZE' 1.4612e+06  1.4154e+06
5    'Castel Sant'Angelo'        'ROMA'    1.2344e+06  1.0473e+06
6    'Venaria Reale'             'VENARIA' 1.012e+06   5.8079e+05
7    'Museo Egizio di Torino'    'TORINO'  8.8146e+05  8.6354e+05
8    'Circuito Museale Boboli …''FIRENZE' 8.521e+05   7.7293e+05
9    'Reggia di Caserta'         'CASERTA' 6.8307e+05  4.972e+05
10   'Galleria Borghese'         'ROMA'    5.2794e+05  5.0644e+05
```

能够同时处理既包含数值型数据又包含文本型数据的文件的函数还有 textscan()。这个函数将已打开的文本文件中的数据读取到 cell 数组，该文件由文件标识符（如 fileID）来指示。用户需要使用 fopen() 打开文件并获取 fileID，而不能打开文件直接对其操作。读取完文件后，请调用 fclose(fileID) 来关闭文件。

元胞数组是一种包含名为 **cell** 的索引数据容器的数据类型，其中每个元胞都可以包含任意类型的数据。元胞数组通常包含文本字符串列表（文本和数字的组合）、不同大小的数值数组等。

使用这个函数需要定义一个数据字段的格式（formatspecification，formatSpec）。每一个转换设定符（conversionspecifier）对应一个匹配的数据，比如：%s 对应字符向量，%d 对应整数，%f 对应浮点数。

这里我们以 Ferrari.txt 文件作为例子，其中包含着 5 个最新的法拉利车型，文件内容如图 2.8 所示。

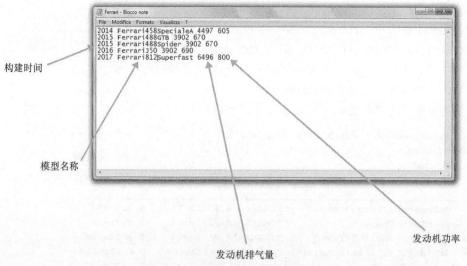

图 2.8　5 个最新的法拉利车型的信息

先指定数据字段的格式：

```
>> formatSpec = '%u%s%d%d';
```

然后以只读模式打开这个文件，并将文件标识符赋值给变量 fileID：

```
>> fileID = fopen('Ferrari.txt');
```

应用 textscan() 函数并且把结果赋值给变量 Ferrari：

```
>> Ferrari = textscan(fileID,formatSpec);
```

使用完毕后关闭文件：

```
>> fclose(fileID)
```

至此，已经成功地导入了文件中的数据，让我们检查一下：

```
>>whos Ferrari
  Name          Size        Bytes Class      Attributes
  Ferrari       1x4         635   cell
```

查看每个 cell 中的数据类型：

```
>> Ferrari
Ferrari = 1×4 cell array
    [5×1 uint32] {5×1 cell} [5×1 uint32] [5×1 uint32]
```

最后，检查其中的每一个条目：

```
>> celldisp(Ferrari)
Ferrari{1} =
2014
2015
2015
2016
2017
Ferrari{2}{1} =
Ferrari458SpecialeA
Ferrari{2}{2} =
Ferrari488GTB
Ferrari{2}{3} =
Ferrari488Spider
Ferrari{2}{4} =
FerrariJ50
Ferrari{2}{5} =
Ferrari812Superfast
Ferrari{3} =
4497
3902
3902
3902
6496
Ferrari{4} =
605
670
670
690
800
```

2.3　从 MATLAB 导出数据

在 MATLAB 中，许多导入数据的函数都有对应的函数帮助用户导出数据。在本章的开头，我们已经看到了使用 save 命令可存储供日后使用的数据：

```
>> save filename.mat
```

 上面的命令将工作区中的所有内容压缩后存储到一个带有 .mat 扩展名的文件中。这一文件称作 MAT-文件。

函数 dlmwrite() 让用户能够处理由指定分隔符分隔的文本文件。用户使用这个函数能把矩阵写入一个 ASCII 分隔的文件中。这里使用由随机数字组成的矩阵来体验一下这个函数：

```
>> MyMatrix = rand(5)
MyMatrix =
     0.7577    0.7060    0.8235    0.4387    0.4898
     0.7431    0.0318    0.6948    0.3816    0.4456
     0.3922    0.2769    0.3171    0.7655    0.6463
     0.6555    0.0462    0.9502    0.7952    0.7094
     0.1712    0.0971    0.0344    0.1869    0.7547
```

现在把矩阵 MyMatrix 写入一个名为 MyMatrix.txt 的文件中，使用默认的分隔符（ , ）：

```
>> dlmwrite('MyMatrix.txt', MyMatrix)
```

显示文件中的数据内容：

```
>> type('MyMatrix.txt')
0.75774,0.70605,0.82346,0.43874,0.48976
0.74313,0.031833,0.69483,0.38156,0.44559
0.39223,0.27692,0.3171,0.76552,0.64631
0.65548,0.046171,0.95022,0.7952,0.70936
0.17119,0.097132,0.034446,0.18687,0.75469
```

使用函数 xlswrite() 可把数据导入一个电子表格文件中。这个函数把矩阵写入 Excel 电子表格中。可以新生成一个随机矩阵来体验一下这个函数，注意，新的随机矩阵中的数字是不同的，因为函数 rand() 每次调用都会随机的数值：

```
>> MyMatrix = rand(5)
MyMatrix =
     0.2760    0.4984    0.7513    0.9593    0.8407
     0.6797    0.9597    0.2551    0.5472    0.2543
     0.6551    0.3404    0.5060    0.1386    0.8143
     0.1626    0.5853    0.6991    0.1493    0.2435
     0.1190    0.2238    0.8909    0.2575    0.9293
```

将 MyMatrix 写入一个名为 MyMatrix.xls 的文件中：

```
>> xlswrite('MyMatrix.xls', MyMatrix)
```

想要将 MATLAB 中的数据导出到 .csv 文件中，可使用函数 csvwrite()。下面仍然会使用一个随机矩阵的例子：

```
>> MyMatrix = rand(5)
MyMatrix =
```

0.3500	0.3517	0.2858	0.0759	0.1299
0.1966	0.8308	0.7572	0.0540	0.5688
0.2511	0.5853	0.7537	0.5308	0.4694
0.6160	0.5497	0.3804	0.7792	0.0119
0.4733	0.9172	0.5678	0.9340	0.3371

将 MyMatrix 写入一个名为 MyMatrix.csv 的文件中：

```
>> csvwrite('MyMatrix.csv', MyMatrix)
```

以上例子执行完毕后，可以查看当前文件夹来检查是否 3 种文件都已经正确创建了（见图 2.9）。

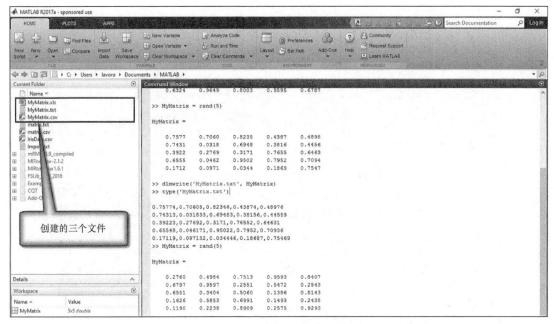

图 2.9　从 MATLAB 中导出数据

2.4　处理媒体文件

图像、视频、音频文件现在是人们生活中不可分割的一部分。基于现在的先进技术和设备，我们能够获取、存储和操作这些数据。在机器学习应用中，它们通常也被作为输入数据。机器学习算法能够从中提取很多不易察觉的信息。在本节中，我们学习如何在 MATLAB 环境下处理这些文件。

2.4.1　处理图像数据

光栅图[1]由带颜色的像素点网格组成。在 MATLAB 中，图像能够被表示成为一个二维矩阵，矩阵中的每一个元素对应图像中的一个像素点。比如，一个 800 像素×600 像素的图像（包含 600 行和 800 列各类颜色的像素点）会被 MATLAB 存储为一个 600×800 的矩阵。在某些情况下，我们需要第三维来存储颜色的深度。比如，对于 RGB 图像，需要指定红、绿、蓝 3 个颜色通道值以构建一个彩色图像。

MATLAB 提供了几种函数来处理和展示图像，下面给出了图像处理中几个最常见函数的描述。

（1）imread：从图形文件中读取图像。

---

1 译者注：也称作像素图、位图和点阵图。

（2）imwrite：将图像写入图形文件。

（3）image：显示图像（创建图像对象）。

（4）imfinfo：从图形文件中获取图像信息。

（5）imagesc：归一化数据然后显示图像[1]。

（6）ind2rgb：将索引图像转化为 RGB 图像。

用户可以使用函数 imread() 将图像导入 MATLAB 中。这个函数接收图形文件的文件名作为函数参数，然后获取这个图形文件的图像内容：

```
>> Coliseum = imread('coliseum.jpg');
```

这是一张罗马斗兽场的美丽图片，也被称作**福雷维安圆形剧场**（Flavian Amphi theatre），它是意大利罗马的一个椭圆形露天剧场。这个文件的分辨率是 1650 像素×1042 像素（见图 2.10），因此得到的矩阵的大小是 1650×1042×3。

图 2.10   把图像导入 MATLAB

使用函数 imwrite() 可将图像导出 MATLAB。这个函数可以将变量中的图像数据写入用户指定的文件。导出文件的格式由用户指定的文件扩展名来决定。这个导出的新文件会被放在用户指定的文件存储路径中。导出图像的色深（bit-depth）由图像数据的数据类型和导出文件的格式共同决定。导出图像的代码如下：[2]

```
>>imwrite(Coliseum,'coliseum.jpg');
```

执行上述代码，导出的是一张罗马斗兽场的美丽图片，作为一个样例图形文件，可读取图像到 MATLAB。

在接下来的章节中，我们会在实际例子中使用这里所给出的部分函数。如果读者需要全面掌握这些操作，那么一定要参考 MATLAB 的帮助手册。

---

1 译者注：显示经过标度映射的颜色图像。

2 译者注：色深是指使用多少位来定义一个像素点。色深越大，可以表示的色彩就越多。通常情况下，图像的像素值范围为 0～255，其色深就是 8。RGB 图像的色深为 24，8 位表示 R、8 位表示 G、8 位表示 B。

2.4.2 音频的导入/导出

音频数据能够用几种文件格式来存储。不同文件格式之间的区别取决于数据压缩的程度——压缩程度会对音频质量有影响。MATLAB 提供了一些用于处理音频文件的函数,把数据写入音频文件,获取有关音频文件的信息,从音频文件中读取数据,借助音频输入设备录制音频数据,播放音频文件。下面给出了最常用的音频操作的函数。

(1) audioread:读取音频文件。

(2) audioinfo:获取有关音频文件的信息。

(3) audiowrite:将数据写入音频文件。

(4) audiodevino:获取音频设备的相关信息。

(5) audioplayer:创建播放音频的对象。

(6) auidorecorder:创建录制音频的对象。

(7) sound:将信号数据矩阵转换为声音。

(8) soundsc:缩放数据并作为声音播放。

(9) beep:产生操作系统蜂鸣声。

函数 audioread() 能够读取音频文件。这个函数支持 WAVE、OCG、FLAC、AU、MP3 和 MPEG-4AAC 文件格式。这里将导入一个简短的音频文件,这是 NASA 记录的阿波罗 13 号的原始录音,其中有航天史上那句著名的话:**"休斯敦,我们有麻烦了。"** (Hoston,we have a problem):

```
>>[apollo13,Fs] = audioread('apollo13.wav');
```

上面的例子生成了两个变量:一个是音频数据的矩阵 apollo13;另一个是采样率 Fs。我们同样能够交互式地读取音频文件:单击 **HOME** 选项卡下的 **Import Data**,或者双击当前文件夹的文件名就可读取文件。可以利用上面的两个变量,使用 MATLAB 的播放器播放这个音频文件:

```
>> sound(apollo13,Fs)
```

可以使用 audioplayer() 函数对播放过程进行更多的控制。这个函数允许用户暂停、恢复播放、定义回调函数。为了使用这些特性,我们需要创建一个 audioplayer 对象,然后调用这个对象的方法去播放音频:

```
>> Apollo13Obj = audioplayer(apollo13,Fs);
>> play(Apollo13Obj);
```

现在我们在 MATLAB 工作区中有了音频文件的数据——以矩阵 apollo13 的形式存在——我们可以使用函数 audiowrite() 导出它:

```
>> audiowrite('apollo13.wav',apollo13,Fs)
```

这个命令把数据写入名为 apollo13.wav 的 WAVE 文件中,文件放置于**当前文件夹**下。这个函数同样也能以其他文件格式写入音频文件,如 OCG、FLAC 和 MPEG-4 AAC。最后我们可以使用函数 audioinfo() 获取有关文件 apollo13.wav 的信息:

```
>> InfoAudio = audioinfo('apollo13.wav')
```

2.5 数据组织

到目前为止,我们在组织数据时大多使用标准矩阵。这些矩阵是能有效存储大量数据对象的数据结构，如数值矩阵和字符矩阵。然而，这样的矩阵不适用于数据对象中既有数字也有字符串的情况。MATLAB 编程环境提供的许多数据结构（如元胞数组和结构体数组）能够解决这个问题。

2.5.1 元胞数组

元胞数组是一种包含名为 cell 的索引数据容器的数据类型，其中每个 cell 都可以包含任意类型的数据。元胞数组通常包含文本字符串列表、文本和数字的组合或不同大小的数值数组。

创建一个元胞数组后，能够使用元胞数组构造运算符{}，下面例子中的元胞数组包含了家庭成员的姓名和年龄：

```
>> MyFamily = {'Luigi', 'Simone', 'Tiziana'; 13, 11, 43}
MyFamily =
  2×3 cell array
    'Luigi'    'Simone'    'Tiziana'
    [   13]    [   11]    [     43]
```

如所有 MATLAB 中的矩阵一样，元胞数组同样是长方形的，即每一行都含有相同数量的 cell。比如，在上面的例子中我们创建的 MyFamily 元胞数组是一个 2×3 的矩阵。

为了对元胞数组中的数据执行数学运算，我们必须访问它的内容。有两种方式可以访问元胞数组中的元素。

（1）将索引括在圆括号()中以引用元胞的集合，例如定义这个元胞数组的一个子集。

（2）将索引括在大括号{}中以引用各个元胞中的文本、数字或其他数据。

如下代码获取了一个元胞的集合：

```
>> MyFamily2= MyFamily(1:2,1:2)
MyFamily2 =
  2×2 cell array
    'Luigi'    'Simone'
    [   13]    [   11]
```

上面的代码创建了一个新的元胞数组，它包含 MyFamily 这个初始元胞数组的前两行。现在我们展示如何通过大括号{}访问单个元胞中的内容。继续使用之前创建的元胞数组，抽取出最后一个元胞中的内容：

```
>> LastCell= MyFamily{2,3}
LastCell =
    43
>> class(LastCell)
ans =
double
```

通过这种方式，我们创建了一个双精度类型的数值变量。我们可以使用相同的语法去更改一个 cell 中的内容：

```
>> MyFamily2{2,2}=110
MyFamily2 =
  2×2 cell array
    'Luigi'    'Simone'
    [   13]    [  110]
```

如果想要访问多个元胞中的内容，那么请使用大括号。MATLAB 会以逗号分隔的列表（commaseparatedlist）形式返回这些元胞的内容：[1]

---

1 译者注：在上面的代码中，元胞的内容是按列产生的，即先顺序执行完第一列，再执行之后的列，依此类推。

```
>> MyFamily{1:2,1:3}
ans =
    'Luigi'
ans =
    13
ans =
    'Simone'
ans =
    11
ans =
    'Tiziana'
ans =
   430
```

可以使用如下命令把上面产生的列表分配给与元胞数量相同的变量：

```
>> [r1c1, r2c1, r1c2, r2c2, r1c3, r2c3]= MyFamily{1:2,1:3}
r1c1 =
    'Luigi'
r2c1 =
    13
r1c2 =
    'Simone'
r2c2 =
    11
r1c3 =
    'Tiziana'
r2c3 =
   430
```

在上面的例子中，每个变量都对应着各个元胞中的数据内容，它们有着相同的数据类型。因此，对应着第一行元胞的变量是 char 类型，对应着第二行元胞的会是双精度类型。可以进行如下检查：

```
>> class(r1c1)
ans =
    'char'
>> class(r2c1)
ans =
    'double'
```

如果每个元胞包含相同类型的数据，则可以通过将数组串联运算符 [] 应用于这个逗号分隔的列表来创建单个变量：

```
>> Age = [MyFamily{2,:}]
Age =
   13   11   43
```

可以使用数组串联运算符 [] 串联元胞数组。在下面的例子中，我们用分号分隔符将第一个元胞数组（MyFamily）和另一个包含成员性别的元胞数组垂直串联起来：

```
>> MyFamily=[MyFamily;{'M','M','F'}]
MyFamily =
  3×3 cell array

    'Luigi'     'Simone'     'Tiziana'
    [   13]     [   11]      [    43]
    'M'         'M'          'F'
```

2.5.2　结构体数组

结构体数组（structure array）和元胞数组非常类似，因为它们都能将不同数据类型的数据组织在单一变量中。和元胞数组的不同之处在于，结构体数组的数据是由称作**字段**（field）的名称指定的，而不是由数字索引指定的（每一个字段都能包含任意类型和大小的数据）。它使用原点表示法而不是用大括号 {} 索引来访问其中的数据。下面举例说明如何创建一个包含零售商客户数据的结构体数组，数据中包含如下字段：`name`、`amount`、`data`（包含不同类型物品的购买数量）。这是一个多字段的结构体数组。先定义字段和其对应的值，然后创建结构体数组（见图 2.11）：

```
>> field1 = 'Name';
>> value1 = {'Luigi','Simone','Tiziana'}
>> field2 = 'Amount';
>> value2 = {150000,250000,50000};
>> field3 = 'Data';
>> value3 = {[25, 65, 43; 150, 168, 127.5; 280, 110, 170],[5, 5, 23; 120,
118, 107.5; 200, 100, 140],[15, 45, 23; 160, 158, 12; 230, 140, 160]};

>> customers = struct(field1,value1,field2,value2,field3,value3)
customers =
  1×3 struct array with fields:
    Name
    Amount
    Data
```

如图 2.11 所示，我们能够看到由之前代码创建的结构体数组。

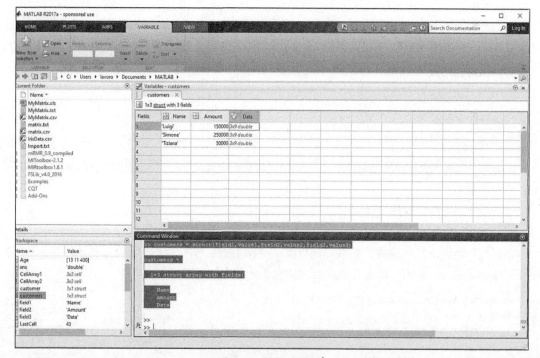

图 2.11　结构体数组[1]

---

1 译者注：这里图中的显示和代码的执行结果不同，按书中的代码，Data 字段应该是 3×3 的 double 而不是 3×9 的 double。

如前所述，用户可以使用原点表示法来访问结构体数组中的数据：

```
>> customers(1).Name
ans =
    'Luigi'

>> customers(1).Amount
ans =
     150000

>> customers(1).Data
ans =
   25.0000   65.0000   43.0000
  150.0000  168.0000  127.5000
  280.0000  110.0000  170.0000
```

在上面的例子中，圆括号内的数字是行记录的索引结构体数组。customers 数组中的每一行记录都是一个 struct 类的结构体[1]。与其他 MATLAB 数组类似，结构体数组可以为任意大小：

```
>> class(customers)
ans =
    'struct'
```

结构体数组具有下列属性。

（1）数组中的所有记录都具有相同数目的字段。

（2）所有记录具有相同的字段名称。

（3）不同记录中的同名字段可包含不同类型或大小的数据。

当插入一条新记录时，在数组中新记录的任何未指定字段均包含空数组：

```
>> customers(4).Name='Giuseppe';
>> customers(4)
ans =
  struct with fields:
      Name: 'Giuseppe'
    Amount: []
      Data: []
```

现在看一下如何根据第一个顾客的数据创建一个条形图（见图 2.12）：

```
>> bar(customers(1).Data)
>> title(['Data of first customer: ', customers(1).Name])
```

要想访问字段的一部分内容，则请根据字段中数据的大小和类型添加合适的索引。比如只访问前两个客户的 Data 字段：

```
>> customers(1:2).Data
ans =
   25.0000   65.0000   43.0000
  150.0000  168.0000  127.5000
  280.0000  110.0000  170.0000

ans =
    5.0000    5.0000   23.0000
```

---

1 译者注：由结构体（structure）构成的数组通常称为结构体数组。

```
120.0000 118.0000 107.5000
200.0000 100.0000 140.0000
```

图 2.12 所示为第一个客户的 Data 字段的条形图。

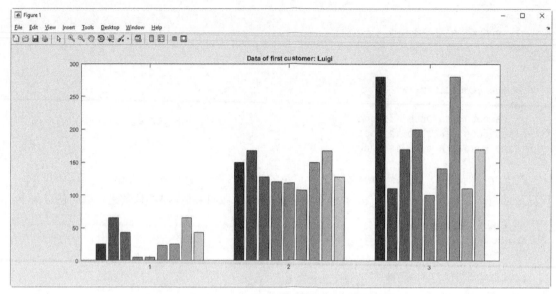

图 2.12　第一个客户的 Data 字段的条形图[1]

进一步来讲，如果只想访问 Data 字段中第一个客户的前两行和前两列的数据，那么使用以下方式：

```
>> customers(1).Data(1:2,1:2)
ans =
    25    65
   150   168
```

2.5.3　table 类型

MATLAB 中的 table 数据类型用来将混合类型的数据和元数据属性（如变量名称、行名称、说明和变量单位）收集到单个容器中。table 数据类型适合表达表格数据，这些数据通常以列形式存储在文本文件或电子表格中。表中的每个变量可以具有不同的数据类型和大小，但每个变量必须具有相同的行数。table 数据类型的一个典型用法是存储试验数据，使用行表示不同的观测结果，使用列表示不同的测量变量。

图 2.13 所示的是一个数据集例子。

现在让我们看一下如何利用 MATLAB 工作区中的变量创建一个表，并且如何对这个表进行可视化。我们还可以使用导入工具或者使用函数 readtable() 从已经存在的电子表格或者文本文件中创建一个 table。当使用这些工具从外部文件中导入数据时，外部文件中的每一列对应着表中的表变量[2]。这里为了快速和方便地把数据导入表中，我们使用了 MATLAB 软件自带的数据例子。下面会直接把 MATLAB 软件自带的 MAT-文件 hospital.mat 导入到工作区中，其中包含

---

1 译者注：这里显示的和实际代码的运行结果不符合，原因和图 2.11 相同。

2 译者注：即每列中的测量变量。

100 个病人的医院数据。导入后能够在工作区中看到这些变量（见图 2.13）。

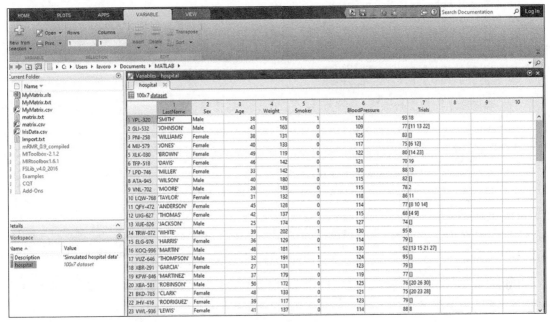

图 2.13 仿真的医院数据

```
>> load hospital
>> whos
  Name          Size                    Bytes    Class       Attributes
  Description   1x23                       46    char
  Hospital      100x7                   46480    dataset
```

可以访问每个 table 变量中的数据，或者通过使用 **table** 变量名配合原点表示法只选择 **table** 变量中的一部分数据。在这个例子中，我们选择将原始表中每个字段的数据抽取为离散变量：

```
>> LastName=hospital.LastName;
>> Sex=hospital.Sex;
>> Age=hospital.Age;
>> Weight=hospital.Weight;
```

现在创建一个表格，并向它里面填充之前已经在工作区字段（列）中提取的数据 LastName、Sex、Age 和 Weight。为了节省空间，这里只展示前 5 行的数据：

```
>> TablePatients = table(LastName,Sex,Age,Weight);
>> TablePatients(1:5,:)
ans =
  10×4 table
    LastName      Sex       Age     Weight

    'SMITH'       Male       38      176
    'JOHNSON'     Male       43      163
    'WILLIAMS'    Female     38      131
    'JONES'       Female     40      133
    'BROWN'       Female     49      119
```

可以使用原点表示法添加新的字段。先从最开始的数据集中抽取血压（blood pressure）数据，然后把它拆分成为两个变量：

```
>> BlPrMax=hospital.BloodPressure(:,1);
>> BlPrMin=hospital.BloodPressure(:,2);
```

然后把这两个变量加入到 table 中：

```
>> TablePatients.BlPrMax=BlPrMax;
>> TablePatients.BlPrMin=BlPrMin;
```

为了确认刚才操作的正确性，我们打印 3 行数据进行检查：

```
>> TablePatients(1:5,[1 5:6])
ans =
  5×3 table
     LastName      BlPrMax     BlPrMin
    _____    _____     _____

    'SMITH'          124          93
    'JOHNSON'        109          77
    'WILLIAMS'       125          83
    'JONES'          117          75
    'BROWN'          122          80
```

使用函数 summary() 能够创建一个汇总表来查看 table 变量的数据类型、说明、单位和其他描述性统计指标：

```
>> summary(TablePatients)
Variables:
    LastName: 100×1 cell array of character vectors
    Sex: 100×1 categorical
        Values:
            Female    53
            Male      47
    Age: 100×1 double
        Values:
            Min       25
            Median    39
            Max       50
    Weight: 100×1 double
        Values:
            Min        111
            Median     142.5
            Max        202
    BlPrMax: 100×1 double
        Values:
            Min        109
            Median     122
            Max        138
    BlPrMin: 100×1 double
        Values:
            Min         68
            Median      81.5
            Max         99
```

2.5.4 分类数组

分类数组（categorical array）旨在存储具有以下特征的数据：此类数据的值只能来自一个包

含离散类别的有限集合。这些类别可以采用自然排序，也可以是非自然排序。如果分类数组中记录的属性是离散的，有不能排序的值，就说它是**无序分类的**（categorical unordered）。这些属性被赋值，除了能够区分类别，没有其他意义（如男人、女人这两个类别）。相应地，如果分类数组中记录的属性是离散的，能够进行排序，就说它是**有序分类的**（categorical ordered）。这些属性被赋值且能够比较它们之间的大小关系（如 1、2、3、4）。

可以使用函数 categorical() 从一个数值数组、逻辑数组、元胞数组、字符数组或是一个已经存在的分类数组中创建分类数组。这里使用之前数据中的 Sex 和 Age 变量，它们包含医院中病人的性别和年龄。这些变量通过以下代码转化成一个分类数组：

```
>> SexC=categorical(Sex);
>> categories(SexC)
ans =
  2×1 cell array
    'Female'
    'Male'
>> AgeC=categorical(Age);
>> categories(AgeC)
ans =
    25×1 cell array
      '25''27''28''29''30''31''32''33''34''35''36''37''38''39'
'40''41''42''43''44''45''46''47''48''49'50'
```

我们注意到，SexC 矩阵的类别是按字母顺序显示出来的（它是无序分类的），然而 AgeC 矩阵的类别是按升序显示出来的（它是有序分类的）。

在接下来的例子中。我们展示了如何从分箱（binning）后的数值型数据中创建一个有序分类数组。数据分箱是一种数据预处理方法，可以用来降低观测结果的误差。原始数据的值经过分箱后会分别落入给定的区间，这些值会转化为这个区间的代表值，这个值通常是区间的中心值。我们使用函数 discretize() 对 Age 变量进行分箱，创建出一个分类数组。把 [25, 50] 这个区间分为 3 个小区间（25～33,33～41,41～50），每个小区间都包含左边的端点不包含右边的端点。我们也会为每个小区间提供一个名字进行区分：

```
>> NameBin = {'FirstBin', 'SecondBin', 'ThirdBin'};
>> AgeBin = discretize(Age,[25 33 41 50],'categorical',NameBin);
```

这样，我们就创建了一个 100×1 的分类数组。这个数组有 3 个类别：

FirstBin < SecondBin < ThirdBin

最后使用函数 summary() 打印每个类别中数据点的数量：

```
>> summary(AgeBin)
     FirstBin      27
     SecondBin     33
     ThirdBin      40
```

2.6 总结

在本章中，我们首先探索了 MATLAB 桌面，并且介绍了如何轻松地和它交互；其次简要介绍了 MATLAB 工具栏，并且说明了它是如何由一系列选项卡组织起来的，然后我们把 MATLAB

当作一个简单的计算器并且学习了如何操作矩阵。

之后我们探索了 MATLAB 的导入功能——能够读取数据源中的不同输入类型，还介绍了如何交互式地或者通过程序语句将数据导入 MATLAB，以及如何从工作区中导出数据以及处理媒体文件。

最后，我们介绍了数据组织的内容，以及如何使用元胞数组、结构体数组、table 和分类数组。

在下一章中，我们会介绍机器学习领域中的不同数据类型，以及如何清洗数据和辨识丢失的数据。除此之外，我们还会讲述如何处理异常值和派生数据，以及最常见的描述性统计方法和某些数据分析方法。

第3章

从数据到知识挖掘

本章主要内容

- 基本的变量类别
- 如何处理缺失数据、异常值，如何清洗数据
- 度量集中趋势、分散度、分布形状、相关性
- 知识挖掘方法：计算极差、百分位数、分位数和协方差
- 如何画箱形图、柱状图、散点图和散点图矩阵

现代的计算机技术加上越来越强大的传感器，产生了令人惊叹的大量信息和数据。拥有大量数据，的确是一个优势，但也造成了一些问题——因为这产生了明显的管理问题：人们需要更复杂的工具去从中寻找相关知识。

这些散落的数据实际上都是散落的基础信息，这些信息能分别描述一种观测现象的某些特定方面，但是却无法准确地表达它们。为了从一种观测现象中挖掘出更多知识，我们需要一种分析范式，让我们能够将数据和这个观测现象的某些重要方面联系起来。因此遵循一种能将数据转化为知识的正确方法是非常有必要的。

这种方法包含两个重要步骤：第一，数据分析，从原始数据中抽取信息；第二，模型，将抽取到的信息组织在一个可解释的环境中。这个环境定义了每个信息的含义，并建立了各个散落信息之间的联系，以这种方式帮助我们发掘出观测现象中的知识。

从本章开始，我们会通过分析数据从中抽取有用信息，从对基本的变量类别进行分析和逐步清洗数据入手。我们会分析可用的方法（如缺失数据的插补、移除异常值、添加派生数据）——这些方法能够为分析和建模准备最合适的数据。通过描述性统计方法（descriptive statistical technique），我们可以更加精确地解释数据。我们将主要介绍一些数据分析方法，还会介绍数据可视化——这对理解数据起着重要的作用。[1]

学完本章的内容，读者应该能够具备如下能力：区分机器学习领域中不同变量的类别，清洗数据和辨别缺失数据；使用最常见的描述性统计方法来处理异常值和缺失数据；理解一些数据分析方法并且能够可视化数据。

---

1 译者注：这里绘出的几个基本变量类别都是统计学和 MATLAB 相应的统计机器学习工具箱里面的重要变量类型，而不是元胞数组这样的 MATLAB 编程方面的数据类型。MATLAB 统计机器学习工具箱的文档里面专门说明了 nominal 这类变量是统计机器学习工具箱专门提供的：Statistics and Machine Learning Toolbox™ provides two additional datatypes. Work with ordered and unordered discrete, nonnumeric data using the nominal and ordinal datatypes 文章这里已经开始讲统计机器学习工具箱的内容了。

3.1　区分变量类别

可以用来收集数据的方法非常多,但是数据收集的结果可以用一种简单方法轻松地分为两类。如果不得不量化某一种观测现象,那么我们会收集用作定量变量(quantitative variable)的数据。如果不得不描述一种观测现象的性质,那么我们不但要用数字量化它而且要收集定性变量(qualitative variable)的数据。接下来,我们来详细介绍这两种变量类别。

3.1.1　定量变量

定量变量(也称为**连续变量**)表达了一种计量方式,它以数值数据的形式呈现出来。一个地区的温度、压强、湿度就是定量变量的例子。定量变量能够进一步被分为两类:定距变量(interval variable)和定比变量(ratio variable)。

定距变量是拥有的数值可以通过差的方式比较大小的变量。由此可知,可以基于差的结果,对这两个变量进行排序和测量出变量对应数值上的差异。定距尺度(interval scale)可以自由地指定一个点作为零值,但这个零值只作为一个惯例,并不代表着变量在零这个点上不存在(比如,以℃为单位计量的温度在 0℃时,并不是没有温度)。在使用定距变量时,我们能比较任意温度之间的差,但是不能以比值的形式比较大小。

- 纽约 10℃
- 迈阿密 20℃
- 墨西哥 30℃

虽然墨西哥与迈阿密之间的温度之差以及纽约与迈阿密之间的温度之差都是 10℃,但是这两组数据之间的比值是不一样的。

定比变量是这样一类变量:变量拥有的数值在指定计量单位后既可以通过差的方式比较大小和排序,也可以通过比值的方式比较大小。由此可知,通过指定不同的计量单位,既可以对变量之差的方式进行比较,也可以通过比值的方式比较。定比尺度(ratio scale)指定了一个基准零值,表示当变量值为 0 时,它不存在。"定比"这个词的含义就是指能够使用这些变量之间的比值进行比较。举例来说,质量 100kg 是质量 50kg 的 2 倍,因此,质量是一个定比变量。[1]

3.1.2　定性变量

定性变量也被称作**分类变量**,它是非数值型变量。它没有计量单位,也不能进行定量变量中含单位的四则运算,但是能够进行分类和比较运算,比如,把变量划分为不同的类别。分类变量可进一步划分为定类变量、二分变量和定序变量。

定类变量是可以被分为两类或者更多类别,但是没有顺序关系。以血型变量为例,在 ABO 血型制中,假定变量的值为 A、B、AB 和 O 这 4 种。如果尝试去对这 4 个值排序(如从小到大的顺序),我们会立刻意识到这是不可能的。这些变量不能进行数学运算,但是能够作为样本数据的类别。这些类别之间不存在顺序或者层级关系。

二分变量是定类变量(nominal variable)只有两类的特殊情况,比如"性别"。我们将人区分为

---

1 译者注:定比变量和定距变量的唯一区别即是否存在基准零值。定距变量取值为"0",不表示"没有",仅表示取值为 0。定比变量取值为"0",则表示"没有"。

男性或者女性。性别变量既是二分变量也是定类变量。

和定类变量一样，**定序变量**可以被划分为两类或者更多类别，但是能够被排序或者分级。以尿液中的含血量为例，它可能取如下值：不存在、微量、+、++和+++。在这个例子中，含血量这个变量能够取的值已经按照一个准确的顺序列举出来，即血液含量从不存在逐步递进到最大值。在定序尺度（ordinal scale）中，每个可能的位置不仅可以确定两个值是否不同，还可以定义大小关系。使用定序变量的时候，也不能定义两个变量的具体差距是多少。

3.2 数据准备[1]

新手可能会想：一旦收集好数据集，MATLAB 就可以开始分析过程了。恰恰相反，我们必须首先进行数据的准备工作，这也称作数据整理（data wrangling）。这是一个艰巨的过程，会耗费很长的时间，有时候甚至直接占据整个数据分析时间的 80%。然而，这是进行接下来的数据分析过程的一个基本的前提条件，因此，掌握数据整理方法的最佳实践是非常有必要的。

在将数据传给任何机器学习算法之前，我们必须能够评估观测结果的质量和精确性。如果不能正确地访问存储在 MATLAB 中的数据，或者不能知道如何将原始数据转化为能够分析的数据，就不能进行下一步工作。

3.2.1 初步查看数据

在将数据传给任何机器学习算法之前，我们需要大致查看一下将什么样的数据导入到了 MATLAB 中，是否存在一些问题。通常，原始数据是很杂乱的，并且格式也很不规范。有时候，原始数据甚至不包含研究所需的合适信息。规范这些数据可能会是破坏性的，因为数据可能会被覆盖，然后无法恢复到最开始的样子。

 刚开始时，保存原始数据是非常好的习惯。这样可以确保对数据进行的每一次修改都是作用在数据集的副本上。

第一步是将数据排序，这会让数据清洗更加容易。但是，我们可以先提一个问题：什么时候可以说数据是干净的？根据埃德加·F. 科德（Edgar F. Codd）的建议，如果一个数据集满足以下条件，那么就说它是干净的。

- 每行是观测结果。
- 每列是观测变量。
- 数据是在单一的数据集中。

除此之外，我们还能够从原始数据中发现什么？在收集数据过程中，可能会出现如下所示的问题。

- 一个表格中拥有不合理的且观测现象中并不存在的数据类型。
- 单个观测现象被存储在多张表中。
- 列标题不包含变量名。
- 某一列中包含多个变量的内容。
- 变量的观测值有的是按行存储的，但有的是按列存储的。

看一个实际例子。我们使用一个专门设计好的文件，其中包含一场测试中的成绩数据。使用

---

1 译者注：这里作者参考了统计机器学习工具箱文档中的 Clean Messy and Missing Data 部分。

CleaningData.xlsx 这个电子表格，其中包含了刚才列出的这些数据中可能存在的问题。为了将这个文件导入 MATLAB，我们先将当前文件夹切换到存储这个文件的文件夹（在笔者的计算机上，这个文件夹是 MatlabForML）。使用了如下命令（这是在笔者计算机上的文件夹路径，请替换为自己计算机上的路径）。

```
>> cd('C:\Users\lavoro\Documents\MATLAB\MatlabForML')
```

以上命令将当前文件夹切换到包含这个电子表格的文件夹。现在可以使用如下命令导入数据：

```
>> SampleData = readtable('CleaningData.xlsx');
```

现在我们将数据导入 MATLAB 工作区的一个表中。首先使用以下命令打印出数据的主要特征：

```
>> summary(SampleData)
Variables:
    name: 12×1 cell array of character vectors
    gender: 12×1 cell array of character vectors
    age: 12×1 cell array of character vectors
    right: 12×1 cell array of character vectors
    wrong: 12×1 double
        Values:
            Min         2
            Median      43
            Max         95
```

图 3.1 是 MATLAB 桌面的屏幕截图，可以看到，新导入的电子表格处于很明显的地方。

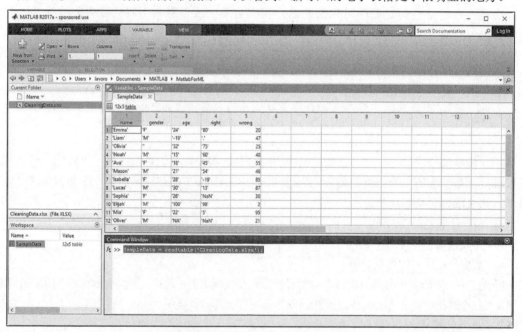

图 3.1　导入 MATLAB 的电子表格

可以注意到，age 变量有一个缺失值。任意类型变量的缺失值都以 NA[1]来表示，它表示数据为空、不存在。NaN[2]表示一个无效的数值数据，比如一个数除以 0。如果一个变量包含缺失值，

那么不能对其使用一部分函数。因此，预先处理好缺失值是非常有必要的。观察一下这个表格包含的数据：

```
>> SampleData
SampleData =
  12×5 table
      name          gender      age        right      wrong

      'Emma'         'F'        '24'        '80'        20
      'Liam'         'M'        '-19'       '.'         47
      'Olivia'       ''         '32'        '75'        25
      'Noah'         'M'        '15'        '60'        40
      'Ava'          'F'        '18'        '45'        55
      'Mason'        'M'        '21'        '54'        46
      'Isabella'     'F'        '28'        '-19'       85
      'Lucas'        'M'        '30'        '13'        87
      'Sophia'       'F'        '26'        'NaN'       30
      'Elijah'       'M'        '100'       '98'         2
      'Mia'          'F'        '22'        '5'         95
      'Oliver'       'M'        'NA'        'NaN'       21
```

可以看到数据中存在如下一些问题。

- 空的元胞。
- 包含一个点符号（.）的元胞。
- 包含 NA 字符串的元胞。
- 包含 NaN 字符串的元胞。
- 包含负数的元胞（−19）。

在这个例子中，我们可以很快找到问题，因为这个文件很小，只有 12 行。但是当文件很大时，我们不可能这么快完成检查工作。

3.2.2 找到缺失值

使用函数 ismissing() 可以快速找到包含缺失值的观测结果。这个函数展示了所有观测结果中包含缺失值的那部分观测结果：

```
>> id = {'NA' '' '-19' -19 NaN '.'};
>> WrongPos = ismissing(SampleData,id);
>> SampleData(any(WrongPos,2),:)
ans =
  4×5 table
      name          gender      age        right      wrong

      'Liam'         'M'        '-19'       '.'         47
      'Olivia'       ''         '32'        '75'        25
      'Isabella'     'F'        '28'        '-19'       85
      'Oliver'       'M'        'NA'        'NaN'       21
```

仔细分析上面的代码，可以发现如下所示的内容。

- 第一行代码指定了表格中哪些数据会被视为想要定位的缺失数据。
- 第二行返回一个逻辑数组，指示表中缺失数据出现的位置。
- 最后一行打印出了包含缺失数据的记录。

注意，函数 ismissing() 对不同的数据类型有默认的缺失值指示符。

- 数值矩阵为 NaN。
- 字符数组（character array）为"。
- 分类数组（categorical array）为 <undefined>[1]。

除此之外，我们能够使用 NumericTreatAsMissing 和 StringTreatAsMissing[2]选项来指定哪些值会被视为缺失值。

3.2.3 改变数据类型

观察函数 summary() 返回的摘要报告和 SampleData[2] 表中的内容，值得注意的是，age 这个变量被存储为包含字符向量的元胞数组。我们能够通过函数 str2double() 把字符型变量转化为正确的数值变量：

```
>> SampleData.age = str2double(SampleData.age);
>> summary(SampleData(:,3))
Variables:
 age: 12×1 double
 Values:
 Min -19
 Median 24
 Max 100
 NumMissing 1
```

现在 age 变量是一个数值矩阵了。在这个转化过程中，函数 str2double() 将 age 变量中的非数字元素转变为 NaN，然而，对于缺失值指示符，-19 是没有任何改变的。我们对 right 变量也执行同样的操作：

```
>> SampleData.right = str2double(SampleData.right);
>> summary(SampleData(:,4))
Variables:
    right: 12×1 double
        Values:
            Min         -19
            Median      54
            Max         98
            NumMissing  3
```

这两个例子均将包含字符向量的元胞数组转化为包含数值矩阵的元胞数组。函数 summary() 展示了简单的统计性数据（Min、Median、Max）以及缺失值的个数。

3.2.4 替换缺失值

下一步，我们会把这些缺失值指示符替换掉，然后清洗数据，让-19 这个数字指代的缺失值被由

---

1 译者注：这里作者没有列全。他参考的是统计机器学习工具箱文档中的 Clean Messy and Missing Data 部分，那个工具箱的文档没有及时更新（对比 ismissing() 函数的文档而言）。

2 译者注：在这里的例子中，作者说的这两个选项的用法如下。
```
ix=ismissing(sampleData,'NumericTreatAsMissing',{-19,NaN},...'StringTreatAsMissing',
{'NaN','.','NA','-19'});
```
参见 MATLAB 统计机器学习工具箱的 Clean Messy and Missing Data 这一帮助内容。

MATLAB 提供的数值矩阵默认的缺失值指示符 NaN 替换掉。我们使用函数 standardizeMissing()，将数组或表中由某个其他指示符指示的缺失值替换为标准缺失值：

```
>> SampleData = standardizeMissing(SampleData,-19);
>> summary(SampleData(:,3))
Variables:
    age: 12×1 double
        Values:
            Min         15
            Median      25
            Max         100
            NumMissing  2
```

然后注意到，–19 这个数字不存在了，缺失值的数量也从 1 变成 2。此时，创建一个新的表 SampleDataNew，然后借助函数 fillmissing() 将这些缺失值使用正确的值来填充。这个函数使用指定的值填充缺失的数组或表条目。然后提供了大量的方法填充缺失值，在这里，使用表中缺失值前一行的值来填充缺失值：

```
>> SampleDataNew = fillmissing(SampleData,'previous')
SampleDataNew =
  12×5 table
```

name	gender	age	right	wrong
'Emma'	'F'	24	80	20
'Liam'	'M'	24	80	47
'Olivia'	'M'	32	75	25
'Noah'	'M'	15	60	40
'Ava'	'F'	18	45	55
'Mason'	'M'	21	54	46
'Isabella'	'F'	28	54	85
'Lucas'	'M'	30	13	87
'Sophia'	'F'	26	13	30
'Elijah'	'M'	100	98	2
'Mia'	'F'	22	5	95
'Oliver'	'M'	22	5	21

可以看到，现在没有缺失值了。实际上，每一个缺失值已经被这列数据中这个缺失值的上一行数据所替代了。

3.2.5 移除缺失值

为了给接下来的探索准备数据，我们可以认为移除包含缺失值的那一行数据是有必要的。基于最开始的包含原始数据的表格，创建一个新的表格 SampleDataMinor，其中仅包含没有任何缺失值的记录。我们可以使用函数 rmmissing()，可将矩阵中或者表中包含缺失值的记录整个移除：

```
>> SampleDataMinor = rmmissing(SampleData)
SampleDataMinor =
  7×5 table
```

name	gender	age	right	wrong
'Emma'	'F'	24	80	20
'Noah'	'M'	15	60	40

```
  'Ava'        'F'        18     45     55
  'Mason'      'M'        21     54     46
  'Lucas'      'M'        30     13     87
  'Elijah'     'M'       100     98      2
  'Mia'        'F'        22      5     95
```

这时，这个 12 行的表最终只含有 7 行，这 7 行只包含所有正确的数据。

3.2.6　为表格排序

现在我们已经完成了数据清洗的工作，是时候根据数据结构重新整理表格了。在这里，我们将对新创建的 SampleDataMinor 中的行进行排序，让 age 变量能够以降序排列。我们使用函数 sortrows()，根据指定的排序方式基于指定的列元素对行进行排序：

```
>> SampleDataOrdered = sortrows(SampleDataMinor,{'age'},{'descend'})
SampleDataOrdered =
  7×5 table
     name        gender     age     right     wrong
     _____      _____     ___     _____     _____

    'Elijah'     'M'        100      98         2
    'Lucas'      'M'         30      13        87
    'Emma'       'F'         24      80        20
    'Mia'        'F'         22       5        95
    'Mason'      'M'         21      54        46
    'Ava'        'F'         18      45        55
    'Noah'       'M'         15      60        40
```

上面展示了按年龄降序排序的记录，年龄大的人会排在前面的行。

3.2.7　找到数据中的异常值

异常值是与其他值相比特别极端的值。异常值的存在会扭曲数据分析的结果，尤其是在描述性统计和相关性的分析中。异常值的识别可以放在之前的数据清洗阶段进行，也可以放在数据清洗之后的步骤中来进行。当只研究一个变量的极端值时，异常值是一元（univariate）异常值；当研究几个变量值的组合时，出现的异常组合被称作多元异常值。[1]

在 MATLAB 中，异常值能够被很轻松有效地识别出来——使用函数 isoutlier() 可以找到数据中的异常值。把这个函数应用到之前表中的 SampleDataNew 上：

```
>> SampleDataOutlier = isoutlier(SampleDataNew(2:end,3:5))
SampleDataOutlier =
  11×3 logical array
   0   0   0
   0   0   0
   0   0   0
   0   0   0
   0   0   0
   0   0   0
   0   0   0
   0   0   0
   1   0   0
```

---

1 译者注：比如，一个人身高 175cm 和一个人年龄 6 岁，单个看来都是正常的，但是一个人 6 岁身高为 175cm，那么这就是一个异常值，而且是多元的。

```
0   0   0
0   0   0
```

这个函数返回了一个逻辑矩阵，当检测到表中有异常值时，那个异常值在逻辑矩阵对应位置上的元素值就会变为 true。默认情况下，MATLAB 找到的离群值是指与中位数相差超过 3 倍经过换算的绝对中位差（median absolute deviation）的值。在我们的例子中，把这个函数仅应用在 3 列数值数据上，并且去掉了第一行的变量名。图 3.2 显示了函数 isoutlier() 运算的结果对比原始数据，可以很清楚地定位异常值。

这个函数是分别作用于每一列的。通过比较 SampleDataOutlier 和 SampleDataNew，我们能够发现一个异常值，即 age 变量中的 100 这个值（见图 3.2）。

```
SampleDataNew =

12×5 table                                          SampleDataOutlier =

   name       gender   age   right   wrong          11×3 logical array

  'Emma'       'F'      24     80      20              0   0   0
  'Liam'       'M'      24     80      47              0   0   0
  'Olivia'     'M'      32     75      25              0   0   0
  'Noah'       'M'      15     60      40              0   0   0
  'Ava'        'F'      18     45      55              0   0   0
  'Mason'      'M'      21     54      46              0   0   0
  'Isabella'   'F'      28     54      85              0   0   0
  'Lucas'      'M'      30     13      87              0   0   0
  'Sophia'     'F'      26     13      30              0   0   0
  'Elijah'     'M'     100     98       2              1   0   0
  'Mia'        'F'      22      5      95              0   0   0
  'Oliver'     'M'      22      5      21              0   0   0
```

图 3.2　在 MATLAB 中找到异常值

3.2.8　将多个数据源合并成一个数据源

假设在一项研究中，从总体中获取了两份有代表性的样本作为我们的数据。这两份样本数据被导入 MATLAB 中，成为两个表：SampleData1 和 SampleData2，其内容如下：

```
>> SampleData1 = SampleDataNew(1:6,:)
SampleData1 =
 6×5 table
 name gender age right wrong

 'Emma' 'F' 24 80 20
 'Liam' 'M' 24 80 47
 'Olivia' 'M' 32 75 25
 'Noah' 'M' 15 60 40
 'Ava' 'F' 18 45 55
 'Mason' 'M' 21 54 46

>> SampleData2 = SampleDataNew(7:end,:)
SampleData2 =
 6×5 table
 name gender age right wrong
```

```
_____ ___ ___ ___
'Isabella' 'F' 28 54 85
'Lucas'    'M' 30 13 87
'Sophia'   'F' 26 13 30
'Elijah'   'M' 100 98 2
'Mia'      'F' 22 5 95
'Oliver'   'M' 22 5 21
```

我们的目标是将这些数据用于探索性分析，但这两份数据是类似的，我们希望首先能够把它们合并到一个表中。这是两个矩阵的简单串联操作。串联操作是将小矩阵合并成一个大矩阵的过程。在 MATLAB 中说串联矩阵好像是开玩笑，在创建一个矩阵的时候，如果把矩阵中每一个单一元素当作矩阵，实际上就是在进行串联操作。在 MATLAB 中，方括号 [] 是数组串联运算符。在这里我们使用如下命令：

```
>> SampleDataComplete = [SampleData1;SampleData2]
SampleDataComplete =
  12×5 table
      name        gender     age     right     wrong
    _____    _____     ___     _____     _____

    'Emma'         'F'        24       80        20
    'Liam'         'M'        24       80        47
    'Olivia'       'M'        32       75        25
    'Noah'         'M'        15       60        40
    'Ava'          'F'        18       45        55
    'Mason'        'M'        21       54        46
    'Isabella'     'F'        28       54        85
    'Lucas'        'M'        30       13        87
    'Sophia'       'F'        26       13        30
    'Elijah'       'M'       100       98         2
    'Mia'          'F'        22        5        95
    'Oliver'       'M'        22        5        21
```

除此之外，还有一些数据可以用来添加一些关于性别方面的特征。我们有中国不同性别期望寿命的数据，将其存储在文件 LifeExpectancy.xlsx 中，现在把它导入 MATLAB：

```
>> LifeExpectancy = readtable('LifeExpectancy.xlsx')
LifeExpectancy =
  2×3 table
      state       Le      gender
    _____     _____     _____

    'China'     80.91      'M'
    'China '    86.58      'F'
```

我们想把这些数据加入原有数据表中，可使用函数 join()，它使用键变量（key variable）按行合并两个表：

```
>> SampleDataLE = join(SampleDataComplete,LifeExpectancy,'Keys','gender')
SampleDataLE =
  12×7 table
name       gender     age     right     wrong      state        Le

'Emma'       'F'        24       80        20     ' China '     86.58
'Liam'       'M'        24       80        47     ' China '     80.91
'Olivia'     'F'        32       75        25     ' China '     86.58
'Noah'       'M'        15       60        40     ' China '     80.91
```

'Ava'	'F'	18	45	55	' China '	86.58
'Mason'	'M'	21	54	46	' China '	80.91
'Isabella'	'F'	28	54	85	' China '	86.58
'Lucas'	'M'	30	13	87	' China '	80.91
'Sophia'	'F'	26	13	30	' China '	86.58
'Elijah'	'M'	100	98	2	' China '	80.91
'Mia'	'F'	22	5	95	' China '	86.58
'Oliver'	'M'	22	5	21	' China '	80.91

现在，我们可以认为这个表格是完整的了。我们重新组织了它，加入了更多信息，接下来可以进行探索性分析了。

3.3 探索性统计指标——数值测量

在研究的探索性阶段，我们努力获取最初步的信息，利用这些信息衍生出能够指导我们选择正确工具并从数据中抽取知识的特征。MATLAB 提供了大量的技术和方法——它们能够快速地总结数据集和帮助人们理解数据集的特点。探索性分析的目的是使用统计指标和可视化方法更好地理解数据，发现数据趋势和数据质量的一些信息以及正确设定的假设。它的目的不是去创造一个富有想象力的、美观好看的视图以便让研究人员大吃一惊，而是通过数据分析回答特定的问题。

3.3.1 位置测量

分析的第一步是估计数据分布的定位参数（localization parameter），也就是说，找到一个典型的或者中心的数值。这个数值能够描述数据最为精确。MATLAB 提供了几种方法估计集中趋势，这些方法遵循描述性统计量的数学定义。为了理解这些方法，我们会分析一个典型的数据集，其中包含不同玻璃的种类（根据其相对氧化物的含量定义的）。首先导入 GlassIdentificationDataSet.xlsx 文件：

```
>> GlassIdentificationDataSet =
readtable('GlassIdentificationDataSet.xlsx');
```

这是一个含有 214 行记录，11 个变量（id、refractive index、Na、Mg、Al、Si、K、Ca、Ba、Fe 和 type of glass）的数据集，氧化物含量的计量单位是对应氧化物的质量占比。

1. 平均值、中值和众数

我们以计算导入数据的最大值、平均值、最小值作为探索性分析的起点。MATLAB 分别为表中的每一列计算这些统计量。使用的函数是 max()、mean() 和 min()。

为了找到氧化物含量的最大值（第三列到第八列分别对应氧化物 Na、Mg、Al、Si、K、Ca 的含量），使用大括号 {} 取出这些列，具体命令如下：

```
>> Max = max(GlassIdentificationDataSet{:,3:8})
Max =
17.3800    4.4900    3.5000    75.4100    6.2100    16.1900
```

通过这个方法，我们获得了每一列的最大值，使用以下命令可以计算每一列的平均值：

```
>> Mean = mean(GlassIdentificationDataSet{:,3:8})
Mean =
13.4079    2.6845    1.4449    72.6509    0.4971    8.9570
```

使用以下命令找到每一列的最小值：

```
>> Min = min(GlassIdentificationDataSet{:,3:8})
Min =
10.7300          0    0.2900   69.8100         0    5.4300
```

找到最小值、最大值分别对应哪一行记录可能是非常有用的。在上面的例子中，指定第二个输出参数可以获得对应行的行数：

```
>> [Max,IndRowMax] = max(GlassIdentificationDataSet{:,3:8})
Max =
17.3800    4.4900    3.5000   75.4100    6.2100   16.1900
IndRowMax =
185       1     164     185     172     108


>> [Min,IndRowMin] = min(GlassIdentificationDataSet{:,3:8})
Min =
10.7300          0    0.2900   69.8100         0    5.4300
IndRowMin =
107     106      22     107      64     186
```

除此之外，使用 MATLAB 内置函数，我们能够计算中值和众数。中值的定义是在按顺序排列的一组数据中居于中间位置的数。MATLAB 使用函数 median() 为每一列计算中值：

```
>> Median = median(GlassIdentificationDataSet{:,3:8})
Median =
13.3000    3.4800    1.3600   72.7900    0.5550    8.6000
```

众数是一组数据中出现次数最多的数。MATLAB 使用函数 mode() 为每一列计算众数：

```
>> Mode = mode(GlassIdentificationDataSet{:,3:8})
Mode =
13.0000          0    1.5400   72.8600         0    8.0300
```

当有多个值出现同样的最多次数时，函数 mode() 返回最小的那个值。

2. 分位数和百分位数

分位数是将样本或者总体按整体频率分为给定数量的几等份的一类数字。分位数的特例是四分位数，把数据集以升序排列，3 个四分位数（将一个数据集分为四等份，每等份包含数据的四分之一。四分之一的数据点落在第一四分位数值之下）中的第二四分位数处于数据分布的中间，和中位数相等（一半数据值在上、一半数据值在下），第三四分位数落在第三个等份和第四个等份中间。

实际上，百分位数的概念用得更广。一个百分位数是指数据集中小于或者等于一个值的数据点个数占总数据点个数的百分比。四分位数和百分位数之间的关系如下所示。

- 第一四分位数 = 第 25 百分位数
- 第二四分位数 = 第 50 百分位数
- 第三四分位数 = 第 75 百分位数
- 第四四分位数 = 第 100 百分位数

在统计机器学习工具箱中，函数 quantile() 用于计算分位数，函数 prctile() 用于计算百分位数。这两个计算过程是完全相同的。实际上，分位数 A 和百分位数 $B = 100 \times A$。

这里计算数据分布的第三四分位数。围于篇幅，我们仅使用函数 quantile() 对部分列进行计算：

```
>> Quantile = quantile(GlassIdentificationDataSet{:,3:8}, [0.25 0.50 0.75])
```

```
Quantile =
    12.9000        2.0900      1.1900      72.2800     0.1200      8.2400
    13.3000        3.4800      1.3600      72.7900     0.5550      8.6000
    13.8300        3.6000      1.6300      73.0900     0.6100      9.1800
```

现在，我们可以确定上面提到的分位数和百分位数之间的等价关系。这里计算百分位数的方式如下所示：

```
>> Percentiles = prctile(GlassIdentificationDataSet{:,3:8}, [25 50 75])
Percentiles =
    12.9000        2.0900      1.1900      72.2800     0.1200      8.2400
    13.3000        3.4800      1.3600      72.7900     0.5550      8.6000
    13.8300        3.6000      1.6300      73.0900     0.6100      9.1800
```

这两个结果是完全相同的，这和我们之前提到的等价关系是相符的，第一、第二、第三四分位数分别等于第 25、第 50、第 75 百分位数。

3.3.2 分散度的测量

通过集中趋势测量得到的信息不足以刻画分布的特征。我们应该将这些信息和其他信息整合起来，如分布的分散度和变异性。如果一个班的学生身高不同，那么就说这个班的身高数据具有变异性。如果一个班上全部学生的身高都相同，那么这个班的身高数据就不具有变异性。

变异性能够用几个不同的指标来测量。第一种表达分布变异性的方式是使用分布的极差（来源于最小值和最大值）。由于极差只取决于分布中的极端值，因此如果样本集非常小，就会错误估计总体的极差。因为极端值的个数非常少，所以样本中可能并不包含这个点。

函数 range() 返回数据集中最大值和最小值的差：

```
>> Range = range(GlassIdentificationDataSet{:,3:8})
Range =
     6.6500        4.4900      3.2100      5.6000      6.2100     10.7600
```

当想要估计一个数据集的分布范围时，使用这个函数是非常简单的。但是异常值对这个统计量有极大的影响，是估计量不可靠的原因。现在使用函数 iqr() 计算四分卫距（interquartile range）：

```
>> Iqr = iqr(GlassIdentificationDataSet{:,3:8})
Iqr =
     0.9300        1.5100      0.4400      0.8100      0.4900      0.9400
```

四分卫距是第三四分位数和第一四分位数之间的差。也就是说，这两个点之间所包含的值，是分布在所有数据点中间的那部分。这是一个关于分散度、弥散度指标，用来衡量数据值偏离中心值的程度。之前计算了第一四分位数和第三四分位数，因此可以根据定义手动计算四分卫距，结果应该是一致的：

```
>> CheckIqr = Quantile(3,:) - Quantile(1,:)
CheckIqr =
     0.9300        1.5100      0.4400      0.8100      0.4900      0.9400
```

由于这个指标告诉我们处于数据分布中心的那一半数据的分布情况，因此它比极差这个指标更加稳健。它去掉分布中的一部分值，并不受异常值的影响。

最著名的变异性指标是方差，它衡量了数据集与其均值之间的偏离程度，是每个数据点与全体数据点平均值之差的平方的平均数。MATLAB 使用函数 var() 逐列计算方差：

```
>> Variance = var(GlassIdentificationDataSet{:,3:8})
```

```
Variance =
    0.6668    2.0805    0.2493    0.5999    0.4254    2.0254
```

这个函数返回一个行向量，它包含每一列数据的方差。

 方差是随机变量与其平均值之差的平方的数学期望。它度量了数据集的分散程度：当数据值比较靠近平均值时，方差值更小；当数据值远离平均值时，方差值更大。

标准差（standard deviation）是方差的开方值，并且具有"和数据的单位一致"这一优良性质。比如，数据的单位是分贝，那么标准差的单位也是分贝。使用以下命令可以逐列计算标准差：

```
>> StDev = std(GlassIdentificationDataSet{:,3:8})
StDev =
    0.8166    1.4424    0.4993    0.7745    0.6522    1.4232
```

刚才分析的标准差和方差都不能有效地应对异常值的情况。如果存在某一个极大地远离其他数据的单一数据点，那么这会极大地提升这两个统计量的值。有一个统计量是**平均绝对离差**（Mean Absolute Deviation，MAD），它对含有异常值的有缺失的数据也很敏感，但是比标准差和方差更加稳健一些。在 MATLAB 中，可以使用函数 mad() 计算平均绝对离差或者绝对中位差（median absolute deviation）：[1]

```
>> Mad = mad(GlassIdentificationDataSet{:,3:8})
Mad =
    0.5989    1.2094    0.3591    0.5557    0.2944    0.9181
```

有一些统计指标可以用来量化两组数据随着时间变化的趋势。最常用的两个指标是相关性和协方差。协方差提供了非标准化的两个变量一起变化的趋势，是由每个时间点上两个变量和其对应均值的差的乘积之和。在 MATLAB 中，协方差是由函数 cov() 计算的。我们创建一个 4×4 的数据矩阵，用来举例：

```
>> a = [1 2 3 4]
a =
    1    2    3    4
>> b = 10*a
b =
    10    20    30    40
>> c = fliplr(a)
c =
    4    3    2    1
>> d = randperm(4,4)
d =
    3    1    4    2
```

上面创建了 4 个行向量，第一行包含数字 1~4，第二行是第一个向量中每个元素对应乘以 10 而得到的，第三行是将第一行的数字全部倒过来，第四行是获取 1 和 4 之间的 4 个唯一整数，也就是 1、2、3、4 四个数字随机的一个排列。很明显，第一个向量和第二个向量是正的线性相关，第一个向量和第三个向量是负的线性相关。然而第一个向量和第四个向量是没有任何直接联系的，因为第四个向量是随机向量。现在使用这 4 个向量分别作为 4 列，构建一个矩阵：

```
>> MatA = [a' b' c' d']
```

---

1 译者注：上面的例子是计算平均绝对离差的例子。通过指定 flag 参数，这个函数可以计算绝对中位差，更多信息参见 MATLAB 帮助文档。

```
MatA =
     1    10     4     3
     2    20     3     1
     3    30     2     4
     4    40     1     2
```

现在计算这个矩阵的协方差矩阵：

```
>> CovMatA = cov(MatA)
CovMatA =
     1.6667    16.6667    -1.6667          0
    16.6667   166.6667   -16.6667          0
    -1.6667   -16.6667     1.6667          0
          0          0          0     1.6667
```

假设 MatA 的每一列都是由观测结果组成的随机变量，那么协方差矩阵 CovMatA 的值是 MatA 中每列两两组合计算出的协方差。协方差的符号代表两个随机变量之间的关系：正号代表这两个随机变量正在往相同的方向移动；负号表明它们向相反的方向移动。如果它们之间的关系越明显，那么这个协方差的值会越大。现在解释一下这个矩阵。首先这个矩阵是一个对称矩阵（$CovMatA_{ij}=CovMatA_{ji}$），主对角线是每一列变量的方差，每一个元素 $CovMatA_{ij}$ 代表第 i 列和第 j 列两个变量的协方差。

 两个随机变量之间的相关系数（correlation coefficient）是对其线性依赖的度量。

在下面的例子中，我们对一个 3×3 的随机矩阵计算了相关系数：

```
>> MatB = rand(3)
MatB =
     0.6132    0.0263    0.8312
     0.8202    0.8375    0.4022
     0.5485    0.9608    0.5032

>> Cor = corrcoef(MatB)
Cor =
     1.0000    0.1710   -0.4973
     0.1710    1.0000   -0.9398
    -0.4973   -0.9398    1.0000
```

相关系数的范围是 -1～1。

- 值接近 1 代表列变量间有一个正的线性相关。
- 值接近 -1 代表列变量间有一个负的线性相关。
- 值接近于 0 代表列变量间没有明显的线性关系。

如前所述，两个随机变量之间的相关系数是对其线性依赖的度量。我们这里使用之前创建的矩阵 MatA 来解释这个观点：

```
>> MatA
MatA =
     1    10     4     3
     2    20     3     1
     3    30     2     4
     4    40     1     2
>> CorrMatA = corrcoef(MatA)
```

```
CorrMatA =
    1    1   -1    0
    1    1   -1    0
   -1   -1    1    0
    0    0    0    1
```

由于 MatA 的第二列是第一列乘以一个常数而得来的，这两列是直接线性相关的，因此矩阵 CorrMatA 的相关系数在元素（1,2）和（2,1）上的值是 1。同理可知，第一列和第三列的相关系数对应在 CorrMatA 中的值为-1。第一列和第四列的线性关系为 0。

3.3.3　分布形状的测量

数据中包含的信息不仅是频率分布的位置和变异性，两个统计变量可能含有同样的位置和分散度，但是两个概率分布中数据在不同分布位置的占比不同。描述性统计学定义了一些和分布形状相关的统计量，我们会在下面进行介绍。

许多数据是正态分布的。一个分布若拥有钟形曲线并且是关于中心点对称的，我们就说它是正态的。进一步说，在正态分布中，分布位置的几个指标都有相同的值（**平均值 = 中值 = 众数**）。如果一个分布关于其中心点的两侧具有相同的频率结构，就说它是对称的。正态分布是对称分布，但对称分布不一定是正态的。

在 MATLAB 中，得到正态分布和画出正态分布曲线是非常容易的。比如，我们能够指定一个概率密度函数（probability density function）的参数 mu = 0 和 sigma = 1，从而得到一个标准的正态分布：[1]

```
>> a = [-5:.1:5];
>> Norm = normpdf(a,0,1);
```

现在我们能够画出对应的钟形曲线：

```
>> figure;
>> plot(a,Norm)
```

图 3.3 显示了一个数据的正态分布。可以看到，这个分布呈典型的钟形。

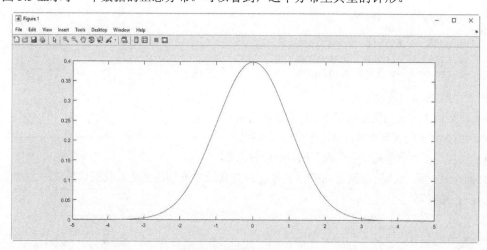

图 3.3　数据的正态分布

---

1 译者注：这里使用了函数 normpdf()，a 是分布中的所有取值。通过这个函数，我们得到了 Norm 中每个取值对应的概率密度。

正态分布是统计学中最常使用的连续分布。为什么说正态分布非常重要呢？原因如下所示。

（1）许多实际问题中的连续现象都服从或者近似服从正态分布。

（2）正态分布能够近似大量的离散概率分布。

（3）正态分布是经典统计学的基础。

从图 3.3 我们可以看到，正态分布是一个关于中心值完美对称的图案。在刻画其他分布的时候，我们可以将正态分布作为一个标准样例。

1. 偏度

偏度（skewness）存在于一个形状不关于中心点对称的分布中，用于测量一个随机变量的概率分布关于均值不对称的程度。一个分布的偏度越大，越需要使用中位数或者四分卫距这样更加稳健的估计量。偏度分为以下两种。

（1）当分布形状中有长尾向右侧延伸的特点时，它属于正偏/左偏（positive skewness）。

（2）当分布形状中有长尾向左侧延伸的特点时，它属于负偏/右偏（negative skewness）。

正态分布或者任何完全对称分布的偏度是 0。检测偏度[1]是否存在的经验性方法是比较这个分布的位置指标。图 3.4 展示了正偏/左偏和负偏/右偏的图形。

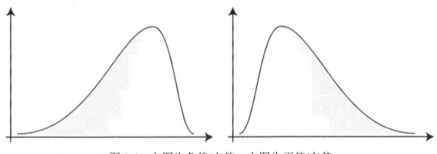

图 3.4　左图为负偏/右偏，右图为正偏/左偏

在 MATLAB 中，偏度由函数 skewness() 计算，使用之前的数据集作为例子来进行计算：

```
>> GlassIdentificationDataSet =
readtable('GlassIdentificationDataSet.xlsx');
>> SkN = skewness(GlassIdentificationDataSet{:,3:8})
SkN =
    0.4510    -1.1445    0.9009    -0.7253    6.5056    2.0327
```

从上面的结论可以看出，列变量的分布中有的是长尾向左侧延伸（负偏/右偏），有的是长尾向右侧延伸（正偏/左偏）。

2. 峰度

峰度（kurtosis）这个词由希腊词汇 "kurtos"（驼峰）而来，用于指代分布曲线在分布顶端的聚集程度。聚集程度越大，尾部越短；聚集程度越小，尾部越长。对拥有钟形曲线的单峰分布进行峰度研究是非常常见的。为了评估一个曲线的峰度，我们需要把这个曲线和拥有同样总体分布的正态曲线进行比较（也称作**常峰态分布**，这是一种极端情况），由此明确这个分布相对于对应

---

1 译者注："偏度"曾经有一种定义，就是看平均值和中位数的大小关系。不过现代的"偏度"是用三阶中心矩定义的，跟历史上的这种定义没有确定的关系。这里"经验性"的意思是，它只在一般情况下成立，并不总是成立，建议读者尊重数学定义，不必过于纠结这里的话。

的正态分布是厚尾还是薄尾的。若拥有更高的峰度[1]，则尾部会比正态分布的厚[2]；若拥有更低的峰度，则尾部会比正态分布的薄，或者说异常值很少。[3]

除了正态分布对应的常峰态（mesokurtic），分布有相应的两种形态。

（1）**尖峰态**（leptokurtic）：相对于正态分布[4]，集中于中心区域附近的点更多，在中心点和极端点之间区域的点更少，在极端值区域的点更多。分布呈现中心处更高、两旁更低的形态。[5]

（2）**低峰态**（platykurtic）：相对于正态分布[6]，集中于中心区域附近的点更少，在中心点和极端点之间区域的点更多，在极端值区域内的点更少。分布呈现中心处更低、两旁更高的形态。[7]

在图 3.5 中，我们将这两种峰度的形态和正态分布进行了比较。

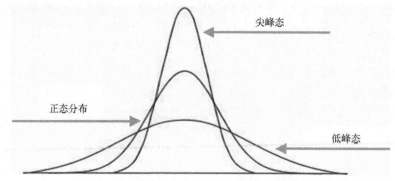

图 3.5　峰度的类型以及和正态分布的比较[8]

要测量钟形单峰曲线的峰度，皮尔森（Pearson）峰度系数非常有用。这个系数表明了一个分布出现异常值的程度。正态分布的皮尔森峰度系数的值是当分布有比 3 更大的峰度（尖峰态分布）时，这个分布会出现更多的异常值；当分布的峰度（低峰态分布）比 3 小时，异常值的数量会更少。

在 MATLAB 中，使用函数 kurtosis() 计算峰度，使用之前数据集的一个例子，代码如下：

```
>> Kurt = kurtosis(GlassIdentificationDataSet{:,3:8})
Kurt =
    5.9535    2.5713    4.9848    5.8711    56.3923    9.4990
```

为了让正态分布的峰度系数刚好为 0（kurtosis=0），部分对峰度系数的定义会减去一个常数 3。MATLAB 的函数 kurtosis() 并不采用这个减去 3 的定义。

3.4　探索性可视化

在前一节中，我们用数值的指标探索了数据，学会了计算数值指标的方法，并通过分析找到

---

1 译者注：接近峰值的样本数比正态分布的多。

2 译者注：远离峰值的样本数比正态分布的多。

3 译者注：这里作者说的"拥有同样总体分布"的含义是在将两个分布（曲线）进行比较时，这两个分布需要有共同的标准：相同的均值和方差，这样比较才有意义。注意，这里研究的是常见的单峰分布（峰值/众数唯一）。

4 译者注：有相同均值和方差。

5 译者注：作者这里说的不准确，"两旁"指的是分布的山腰处更低，尾部更高。

6 译者注：有相同均值和方差。

7 译者注：作者这里说的不准确，"两旁"指的是分布的山腰处更高，尾部更低。

8 译者注：这里的图是错的，根据上下文环境，这里应该画出跟同方差的正态分布进行比较时，出现尖峰厚尾的情况，厚尾没画出来。同理，低峰薄尾也是如此。

分布中重要的信息。现在，我们将通过可视化方法从数据中抽取知识。基于数据画出合适的图表，我们在使用机器学习算法之前，能够判断出一些数据的特征，并能够在可视化分析后，集中研究观察到的关键数据的特点，而不是进行泛泛的试错。

使用 MATLAB 工具，我们能够借助一元图形探索单变量的分布，如箱形图和柱状图。我们也能够借助二元图形展示两个变量之间的关系，如分组散点图和二元柱状图。在绘出图形后，能够通过标注图中的点，添加最小二乘回归直线，并参考曲线定制我们的图形。

3.4.1 图形数据统计分析对话框

我们将以一个示例开始可视化分析。在这个示例中，我们画出一个简单的图形并抽取统计指标。这需要借助图形**数据统计分析**（data statistics）对话框，它能帮助我们计算和绘制图中数据的描述性统计量。最开始，我们把样例数据导入 MATLAB 工作区。样例数据是 24 小时内不同街道的人呼叫急救的次数：

```
>> EmergencyCalls = xlsread('EmergencyCalls.xlsx');
```

现在，得到导入矩阵的维度，并存储到合适的变量中。这两个变量对于后面的绘图很有用：

```
>> [rows,cols] = size(EmergencyCalls);
```

现在定义 X 轴变量的所有取值：

```
>> x = 1:rows;
```

图 3.6 显示了急救电话的分布。可以看到，在两个特定的时间段内都有电话高峰，这个特点对每一条街道都符合。

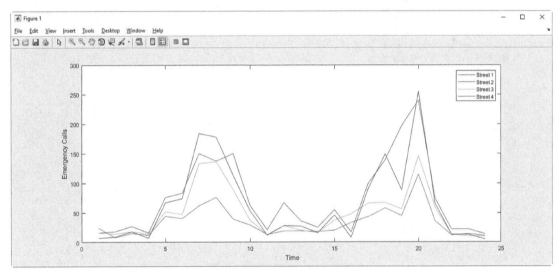

图 3.6　急救电话的图形

然后，绘出数据的图形，并用一些注释定制一下这个图形：

```
>> plot(x,EmergencyCalls)
>> legend('Street 1','Street 2','Street 3','Street 4')
>> xlabel('Time')
>> ylabel('Emergency Calls')
```

在上面的代码中，我们设置了图例（legend），其中包含函数 legend() 指定的每个数据集的名称：Street1、Street2、Street3 和 Street4。这里，每个数据集指代矩阵中的每一列。如果不对数据集名称进行指定，直接调用函数 legend()，那么会使用默认的名字：data1、data2……

图 3.7 所示为图形数据统计分析对话框。通过在刚才的图像窗口中选择 Tools|DataStatistics，会打开这个对话框。我们可以在其中看到 X 轴变量和 Y 轴变量的描述性统计量。

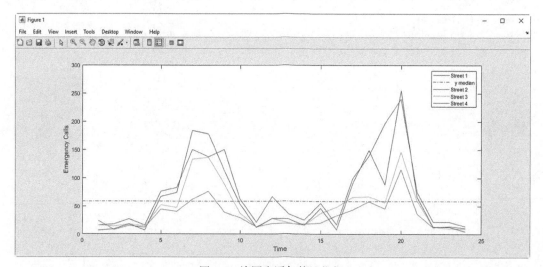

图 3.7　图形数据统计分析对话框

如图 3.7 所示，这个对话框展示了如下统计指标：最小值、最大值、平均值、中值、众数、标准差和极差。选中一个特定的统计指标复选框后单击 Save to workspace 按钮[1]，可以在图中画出它。比如，选中了 Y 变量那一列下面的 median 复选框，图中便显示出了 Y 轴变量的中值线，所对应的图例也得到了更新，如图 3.8 所示。

图 3.8　给图表添加统计指标

为了将统计指标的图形和数据图形区分开，我们在 Data Statistics 对话框中使用了集中颜色和线型。我们可以自定义描述性统计量图形的展示方式，比如颜色、线条宽度、线型。

1　译者注：这里不需要单击 Save to workspace 按钮。

单击图 3.9 所示窗口上工具栏中的箭头按钮，然后双击图形上所要修改的那根线，就会在图形窗口下方弹出一个 Property Editor 功能区——可在此对图形进行修改。

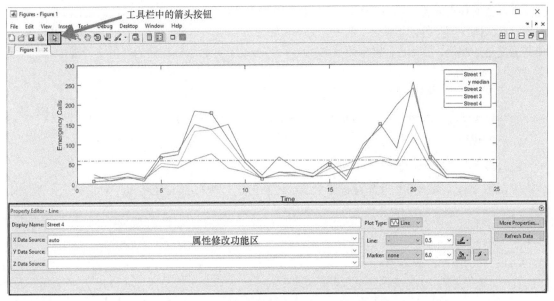

图 3.9　自定义图案中描述性统计量的外观[1]

利用图表计算出统计指标后，可以保存结果。可以分别存储每个变量的统计指标。在图形数据统计分析对话框的 Statistics for 后面的下拉菜单中，选择所要保存的变量，然后单击 Save to workspace 按钮。然后弹出 Save Statistics to Workspace（将统计指标存储到工作区）这个对话框（见图 3.10），选择是存储 X 轴变量的统计指标还是 Y 轴变量的统计指标，或者两个都存储，还可以输入指定的变量名。

图 3.10　将统计指标存储到工作区

单击 OK 按钮，我们就能够将统计指标存储到一个结构体中。这个变量会保存到 MATLAB 的工作区中。在 MATLAB 命令提示符（>>）下输入变量名，可以展示这个结构体的内容：

```
>> ystats
ystats =
  struct with fields:
        min: 14
        max: 240
       mean: 73.5000
     median: 58.5000
       mode: 16
        std: 64.1581
      range: 226
```

再次强调一下，Data Statistics 对话框可以让我们选择计算哪一个变量的统计指标。切换变量操作位于 Statistics for 右边的下拉列表中，选择所要的变量（见图 3.7）。

---

1 译者注：这个图有问题，应该双击 y median 那根线，才是描述性统计量。

到目前为止，所执行的操作都非常简单，但是需要用户花时间并且进行交互式的操作。为了让这个流程能够重现，我们可以生成 MATLAB 代码——可以不限次数地重复刚才的整个流程。

为了达到这个目标，在图像窗口中选择 File|GenerateCode。这样能够产生一个函数文件，并把这个函数文件在 MATLAB 编辑器（editor）中打开。为了让生成的文件和代码功能关联起来，需要修改代码中第一行的函数名，从最开始的函数 createfigure() 改成一个更加具体的名字，使其意义更加明确。比如说，可将函数名改为 PlotStat 并将文件存储为当前文件夹中，文件名为 PlotStat.m。

为了验证刚才的操作是否生效，往 MATLAB 工作区中导入新的数据：

>> **EmergencyCallsNew = xlsread('EmergencyCallsNew.xlsx');**

使用新数据重新计算这些统计量，并画图：

>> **PlotStat (x,EmergencyCallsNew)**

分析图 3.11 可以发现，除了画出新数据，还画出了之前在 Data Statistics 对话框选中的统计指标。[1]

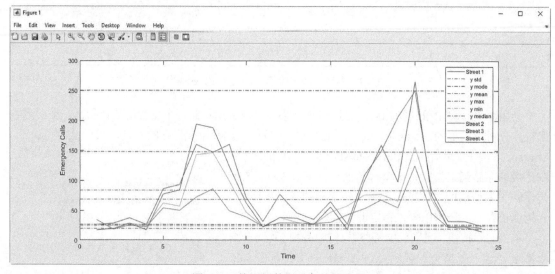

图 3.11　使用新数据重复绘图流程

3.4.2　柱状图

柱状图是数值分布的图形化表达，用于显示一个分布的形状。柱状图由相邻的长方形（bin）组成，其底部和一个坐标轴在一条直线上，这个坐标轴是有方向的，而且含有变量的单位（可以理解为 X 轴）。长方形是相邻的，反映了这个变量的连续性。每一个长方形的底边宽度相等，这表示相应等间隔变量值的范围，长方形的高对应的是这个范围内的概率密度，即频率与这个底边长度的比值。[2]

在 MATLAB 环境中，我们可以使用函数 histogram() 创建柱状图：

1　译者注：这里作者说得不够清楚，想要跟作者生成一模一样的图片，并画出所有统计指标，则需要在生成函数 PlotStat.m 之前，需要将图形数据统计分析对话框中 Y 轴变量下的复选框全部打钩选中，还要保证 Statistics for 右边的下拉菜单和作者选的一样，都是 Street1。

2　译者注：这里定义的是频率密度柱状图。

```
>> histogram(x)¹
```

参数 x 代表着一个数值向量。x 的元素被分在 10 个 bin 中，这些 bin 沿 *X* 轴按从小到大的顺序排列，每个 bin 的宽度都是相等的，处于 x 的最小值和最大值之间。函数 histogram() 将 bin 显示为矩形，这样每个矩形的高度就表示 bin 中的元素数量。²

如果输入值是一个矩阵，那么函数 histogram() 会为矩阵中的每一列分别创建一个不同颜色的柱状图。如果输入值是分类变量，那么每一个 bin 对应输入值的一个类别。

举一个例子，来源于对几个代表性用户进行调查得到的数据。我们把数据存储在一个向量中，并且传给函数 histogram()：

```
>> Vect1=[10,25,12,13,33,25,44,50,43,26,38,32,31,28,30];
>> histogram(Vect1)
```

不提供任何其他参数，MATLAB 使用自动 bin 划分算法，然后返回均匀宽度的 bin，这些 bin 可涵盖 *X* 轴中的元素范围（这里是 10～50）并显示分布的基本形状。

图 3.12 中没有指定图表标题或坐标轴标题。MATLAB 自动画好了部分 bin 中心值的刻度及标签以及部分 *Y* 轴的刻度及标签。还可以人为指定 bin 的数量、图表标题以及坐标轴标题和每个长方形的颜色。

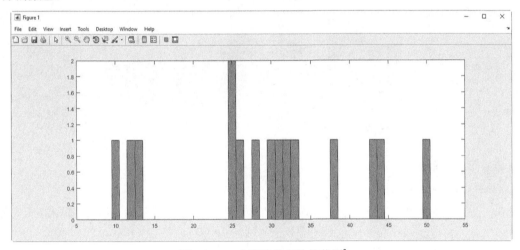

图 3.12　一个连续分布的柱状图³

```
>> Vect2=[10,25,12,13,33,25,44,50,43,26,38,32,31,28,30,15,16,22,
        35,18];
h = histogram(Vect2,12)
h =
Histogram with properties:
Data: [10 25 12 13 33 25 44 50 43 26 38 32 31 28 30]
Values: [1 0 1 1 0 0 0 0 0 0 0 0 0 0 0 2 1 0 1 0 1 0 1 1 1 1 0 0 0 0 1 0 0 0 0
1 1 0 0 0 0 0 1]
```

---

1 译者注：注意这里的 histogram 函数创建的是频数分布柱状图，而不是本节第一段中定义的频率分布柱状图，作者在这里完全混用了这两个概念，读者请注意柱状图中矩形高的定义。

2 译者注：这里说法有误，并不是默认 10 个 bin，默认 10 个 bin 是函数 ~hist()~ 的实现，这对很多数据集都不适用。histogram 具有自动划分 bin 的功能，这是 MATLAB 推荐使用的。更多请参见 MATLAB 网站的中文文档中"替换不建议使用的 hist 和 histc 实例"这一节的内容。

3 译者注：这里作者说错了，说图 3.11 被分成了 10 个 bin。请读者使用 h=histogram(Vect1) 和 h.NumBins 这两个命令查看被分成了多少个 bin。

```
       NumBins: 41
      BinEdges: [1×42 double]
      BinWidth: 1
     BinLimits: [9.5000 50.5000]
 Normalization: 'count'
     FaceColor: 'auto'
     EdgeColor: [0 0 0]
>> xlabel('Results')
>> ylabel('Frequency')
>> title('Customer Satisfaction Survey')
>> h.FaceColor = [0 0.5 0.5];
```

图 3.13 显示了用户指定了 bin 数量的柱状图。

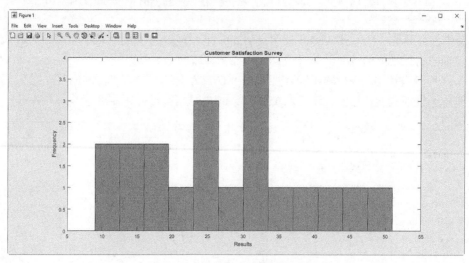

图 3.13　指定 bin 数量的柱状图

查看第一个命令：

```
>> h = histogram(Vect2,12)
```

我们设置了 bin 的数量 12[1]，下面的代码为 X 轴和 Y 轴指定了坐标轴标题以及为整张图指定了标题：

```
>> xlabel('Results')
>> ylabel('Frequency')
>> title('Customer Satisfaction Survey')
```

最后，为了指定每个柱状图的颜色，我们指定图形对象 h 的 FaceColor 属性为 RGB 值 [0 0.5 0.5]，对应着绿色：

```
>> h.FaceColor = [0 0.5 0.5];
```

图 3.13 显示了代码的结果。其中 bin 的数量和在命令中指定的 bin 数量完全一致。在这个例子中，我们给函数传递的参数是数据向量以及 bin 数量。如果需要更精确地控制 bin，则可以传入一个向量，向量中的每个值都是 bin 之间的断点，利用这些断点将数据分为相应的 bin。下面的例子使用与之前一样的数据，只不过将这个数据分为 4 个 bin。先定义一个新的向量，这个向量囊括了数据的最小值和最大值，向量值之间的步长为 10：

```
>> Vect3=[10,25,12,13,33,25,44,50,43,26,38,32,31,28,30,15,16,
          22,35,18];
```

1 译者注：代码截图有误，NumBins 为何显示 41 而不是 12，都已经指定 12 了。

```
>> nbin=10:10:50;
>> h = histogram(Vect3,nbin)
h =
Histogram with properties:
Data: [10 25 12 13 33 25 44 50 43 26 38 32 31 28 30 15 16 22 35 18]
            Values: [6 5 6 3]
           NumBins: 4
          BinEdges: [10 20 30 40 50]
          BinWidth: 10
         BinLimits: [10 50]
     Normalization: 'count'
         FaceColor: 'auto'
         EdgeColor: [0 0 0]
>> xlabel('Results')
>> ylabel('Frequency')
>> title('Customer Satisfaction Survey')
>> h.FaceColor = [0 0.5 0.5];
```

现在，得到了一个划分后的柱状图，如图 3.14 所示。

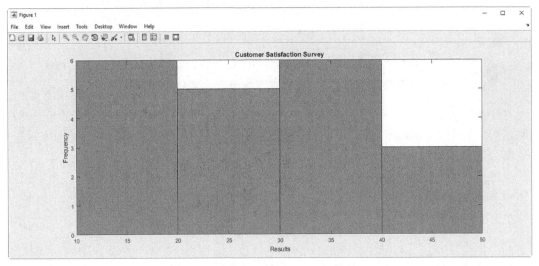

图 3.14　使用用户自定义 bin 间距的柱状图

在数据分析中，我们通常更关心频率而不是频数。这是因为频数受样本集大小的限制，所以 MATLAB 提供了'Normalization', 'pdf'选项用来画出频率密度图。这里定义一个包含 1000 个值的随机向量，然后画出相应的柱状图：

```
>> Vect4 = randn(1000,1);
>> h = histogram(Vect4,'Normalization','pdf')
h =
Histogram with properties:
            Data: [1000×1 double]
          Values: [1×24 double]
         NumBins: 24
        BinEdges: [1×25 double]
        BinWidth: 0.3000
       BinLimits: [-3.3000 3.9000]
   Normalization: 'pdf'
       FaceColor: 'auto'
       EdgeColor: [0 0 0]
```

从图 3.15 中可以看到，Y 轴代表着每个区间样本的概率。划分 bin 的每个断点是等距的，长方形的高和每个区间内样本的数量是成比例的，全部长方形高的和为 1。

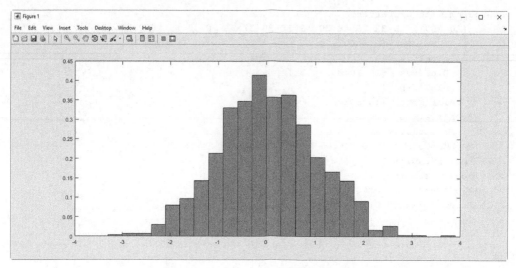

图 3.15　一个正态分布的频率柱状图

 为了得到更多应用函数 histogram() 后返回结果的信息，我们可把返回结果存储为一个变量——这个变量包含全部的图形信息。

可以使用函数 histfit() 画一种特殊的柱状图，这个柱状图的 bin 数量是元素数量的开方，同时还会拟合出一个近似的正态分布曲线。我们从一个平均值为 50 方差为 3 的正态分布采样一个长度 1000 的向量：

```
>> Vect5 = normrnd(50,3,1000,1);
>> Hist = histfit(Vect5)
```

在图 3.16 中，一个近似正态分布的柱状图上加了一条拟合分布曲线。

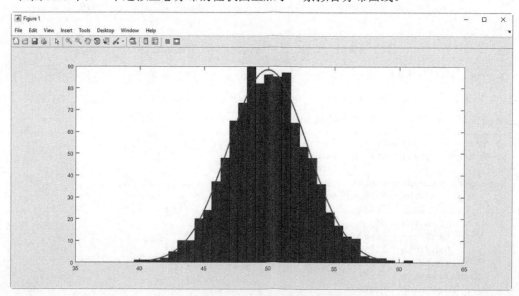

图 3.16　含有一条拟合分布曲线的柱状图

3.4.3 箱形图

箱形图也被称作箱须图（box-whisker plot），是一种利用样本的分散度指标和位置指标描述样本分布的图形。箱形图可以是水平的，也可以是竖直的。矩形由数据的第一四分位数（第 25 百分位数）和数据的第三四分位数（第 75 百分位数）界定，由数据的中位数（第 50 百分位数）分为两部分，如图 3.17 所示。

矩形框外部延伸出来的线条（晶须）分别到达数据的最小值和最大值。这样，通过四分位数勾勒出了 4 个等比例的数据范围，并图形化表示出来。为了帮助读者理解这个图形的构建过程，我们以用函数 normrnd() 创建的虚拟数据集为例进行讲解。这个函数从正态分布中抽样数据点。它的输入参数为分布的均值和标准差，语法如下：

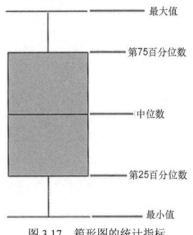

图 3.17　箱形图的统计指标

```
>> normrnd(mu,sigma)
```

其中，mu 代表均值，sigma 代表标准差，如下面的代码所示：

```
>> r=normrnd(3,1,100,1);
```

接下来，创建 100 个浮点数，均值是 3，标准差是 1。为了生成需要的数据集，我们使用以下命令：

```
>> data1=normrnd(3,2,100,1);
>> data2=normrnd(2,1,100,1);
>> data3=normrnd(6,2,100,1);
>> data4=normrnd(8,0.5,100,1);
>> data5=normrnd(4,4,100,1);
>> data6=normrnd(5,1,100,1);
>> data=[data1 data2 data3 data4 data5 data6];
```

最后，得到一个 100 行 3 列的矩阵，每一列代表着一个指定均值和标准差的正态分布的数据。使用函数 boxplot()，参数为数据变量名，即可直接创建箱形图：

```
>> boxplot(data)
```

上述代码创建了图 3.18 所示的内容。可以看到，图中已经合理表达了数据信息，但是显然还可以对这个图片进行改进。

在图 3.18 中，这几个箱形图均匀分布其中，分别指代着不同的数据集。由于没有坐标轴标题，因此它没有很好地满足我们的需求。我们可以通过设置参数来完善这个图案——使用参数 Labels 给每个箱形图指定坐标轴上的标签。参数 Labels 可以是包含标签名的字符数组、元胞数组和数值向量：

```
>> boxplot(data,'Labels',{'mu = 3','mu = 2','mu = 6','mu = 8','mu = 4','mu = 5'})
```

为了让每个箱形图的标签名称以垂直方式展示而不是以水平方式来展示，我们可以使用 LabelOrientation 这个参数。这个参数可以取 inline 和 horizontal 两个值，想要以垂直方式展示标签的命令如下：

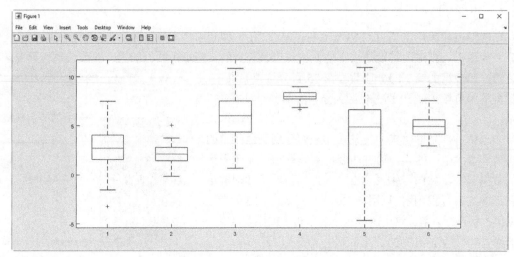

图 3.18 几个正态分布的箱形图

```
>> boxplot(data,'Labels',{'mu = 3','mu = 2','mu = 6','mu = 8','mu = 4','mu
= 5'}, 'LabelOrientation', 'inline')
```

通过在中值处插入一个凹处，我们可以改变箱形图的形状。为此，我们来看另一个例子：使用函数 normrnd() 产生另外两组样本数据——vect1 采样于 mu = 4、sigma = 2 的正态分布，vect2 采样于 mu = 7、sigma = 0.5 的正态分布：

```
>> vect1=normrnd(4,2,100,1);
>> vect2=normrnd(7,0.5,100,1);
```

使用这两个变量画出两个形状不同的新箱形图：

```
>>figure
>>boxplot([vect1,vect2],'Notch','on','Labels',{'mu = 4','mu = 7'})
>>title('Comparison between two distributions')
```

图 3.19 所示的每个箱形图都在坐标轴中有对应的 mu 作为标签，这使区分更加明显。

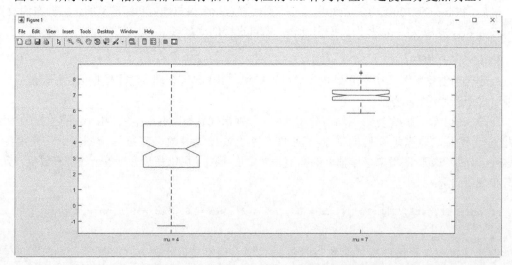

图 3.19 含有 Notch（缺口）选项的箱形图

3.4.4 散点图

数值变量之间的关系能够用名为散点图的图像很好地表达出来。散点图有助于研究两个相同数量的数值变量之间的相关性。在笛卡儿坐标系中，一个变量值出现在横轴，另外一个变量值出现在纵轴。图中的每一个点表示两个变量的一种组合。

散点图中可以包含大量的观测点。这些点越集中在一条直线上，就说明这两个变量的相关性就越强。如果这条直线是从原点出发到右上角 x-y 值更大的方向，就说这两个变量是正线性相关；如果这条直线从左上角 y 值更大的区域到右下角 x 值更大的区域，就说这两个变量是负线性相关。

通过散点图，我们能够看到两个变量相关性的形状和强度，也能轻松观测到异常值。MATLAB 中使用函数 scatter() 创建散点图：

```
>> scatter(a,b)
```

这个命令创建了两个向量在数值范围内坐标系上的散点图，如图 3.20 所示。

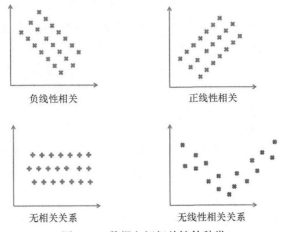

图 3.20　数据之间相关性的种类

为了理解这个函数，此处以 26 个男孩的身高和体重的数据举例。每一个男孩对应着笛卡儿坐标系中的一个点 $P(x, y)$，横坐标为身高（单位为 cm），纵坐标为体重（单位为 kg）：

```
>> Height = [168    168    168    173    163    174    174    174    175    175
176    165    180    180    182    182    183    186    191    191    192    165    167
174    176    167];
>> Weight = [65     65     65     78     70     68     68     80     70     75
77    69    80    65    79    79    79    80    81    81    82    69    69
77    68    70];
>> scatter(Weight,Height)
>> IdealWeight=Height-100-[(Height-150)/4];
>> hold on
>> plot(IdealWeight,Height)
```

现在我们在图 3.21 中既给出了来源于洛伦兹公式的理想体重线，又给出了散点图。通过分析图 3.21，我们能够看到数据集中男孩身高与体重的大致关系：直线衡量了正常人的理想体重，可以看出哪些人超重，哪些人体重过轻。除此之外，样本中的数据是大致围绕着这条直线的，这和洛伦兹公式描述的关系相吻合。

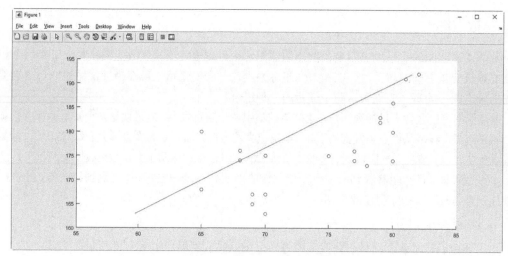

图 3.21 身高与体重变量的散点图

我们已经看到，散点图能够帮助获取两个变量间可能关系的有用信息。但是当变量很多时，该怎么办呢？我们可以用函数 plotmatrix() 画出散点图矩阵。对一系列变量 $A_1, A_2, \cdots, A_k$，散点图矩阵以矩阵形式展现出所有变量中两两之间组合的散点图，因此，如果有 n 个变量，那么散点图矩阵会有 n 行和 n 列，第 i 行和第 j 列表示 A_i 和 A_j 的散点图。

```
>> RandomMatrix = randn(100,4);
>> plotmatrix(RandomMatrix)
```

刚才的例子创建了一个随机矩阵的散点图矩阵，图中第 i 行和第 j 列的子图是随机矩阵第 i 列和第 j 列的散点图。散点图矩阵中对角线上的子图是随机矩阵每列变量的柱状图，如图 3.22 所示。

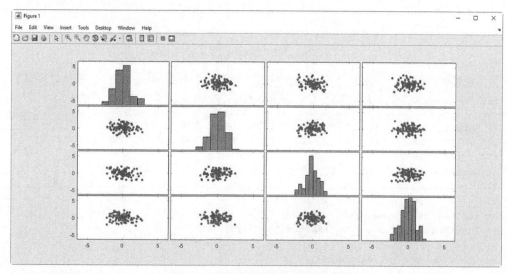

图 3.22 随机矩阵的散点图矩阵

3.5 总结

在本章最开始，我们研究了几种不同的变量类型，即定量变量（定距变量、定比变量）和定性变量（定类变量、二分变量和定序变量）；然后开始费时的数据准备工作，即找到缺失值、改变数据类型、替换缺失值、移除缺失条目、给数据排序、找到异常值，以及将多个数据源合并成一个。

接着，我们研究了探索性统计方法，并借此从数据中抽取一些特征——这些数据特征有助于我们选择正确的工具并从数据中挖掘知识。我们还介绍了位置的测量指标（平均值、中位数、众数、四分位数和百分位数），分散度的测量（极差、四分卫距、方差、标准差、相关性和协方差），还有分布形状的测量（偏度和峰度）。

最后，我们研究了探索性可视化。通过直接观察数据，从中辨别出数据的趋势，我们学会了如何绘制柱状图、箱形图和散点图。

在下一章中，我们会学习不同类型的回归方法，还将学习如何对自己的数据使用合适的回归方法、回归算法是如何起作用的，以及使用 MATLAB 从数据拟合出回归曲线的基本概念。我们将进行回归前必要的数据准备，还将介绍简单的线性回归、**普通最小二乘法**（Ordinary Least Square，OLS）估计、相关性和多元线性回归等内容。

第4章
找到变量之间的关系——回归方法

本章主要内容
- 简单的线性回归
- 如何获得一个普通最小二乘法估计
- 测量直线的截距和斜率的方法
- 进行多元线性回归和多项式回归的方法
- 如何使用回归学习器 App（regression learner App）进行回归分析

回归分析是研究一组自变量（**解释变量**）和一个因变量（**反应变量**）的统计方法。通过这种方法，我们能够理解反应变量的值是如何随着解释变量的值的改变而变化的。

假设我们有一组驾驶摩托车的人的相关信息：驾龄、一年内行驶的公里数以及驾驶过程中摔倒的次数。通过回归方法，我们能够发现，平均而言，当行驶的公里数增加时，摔倒的次数也会增加。一个人的驾龄越长，也就是经验越丰富，摔倒的次数会更少。

可以借助回归分析达到以下两个目的。

（1）解释：借助一个特定的理论模型，理解和衡量自变量对因变量的影响。

（2）预测：得到一个自变量的线性组合，用来预测因变量的值。

本章展示了如何在 MATLAB 环境下进行精确的回归分析。统计和机器学习工具箱提供了大量的回归算法，包括线性回归、非线性回归、广义线性模型和混合效应模型。我们将探索用于回归分析（包括拟合、预测和绘图）的 MATLAB 接口。这个接口提供了对 table 变量[1]和分类数组的原生支持。这些功能加快了数据分析的速度，产生了更加简洁和可读的 MATLAB 代码，同时去除了用户自身操作矩阵的要求。

在本章的末尾，我们能够使用不同的回归方法，能够把回归方法应用到自己的数据中，并且理解回归算法是如何起作用的。借助 MATLAB 函数，我们会理解回归方法把数据拟合为方程时所涉及的基本概念，学会为回归分析准备数据。我们还将讨论简单线性回归、普通最小二乘法估计、相关性和多元线性回归等主题。

4.1 寻找线性关系

在上一章中，我们学习了两个定量变量（如 x 和 y）间的相关系数，提供了两个变量之间存在线性关系的信息。但这个指标无法确定是 x 影响了 y 还是 y 影响了 x，抑或是 x 和 y 都是同一原

---

1 译者注：这里原文写的是 datasetarray 而非 table 变量，但是由于 datasetarray 已被 MATLAB 建议不再使用——推荐使用 table 变量，因此译者这里直接改成了 table 变量。

因产生的结果。只有通过进一步研究，才能对变量之间依赖关系给出更多假设。

相关性用于量化两个变量之间线性关系的强度。如果没有找到两个变量之间的相关性，也不一定意味着它们是彼此独立的，因为它们可能有非线性关系。

计算变量之间的相关性（有相关系数和协方差两种方式）是查看变量之是否存在线性关系的有用方法，而无须对数据假设或拟合出具体的模型。有时，两个变量几乎没有线性关系，却意味着强烈的非线性关系；有时，两个变量间有非常强的线性关系，有必要找一个近似这一趋势的模型。因此，在拟合模型之前计算相关性是识别变量是否具有这种简单关系的有用方法。

我们展示过一个研究一组变量之间相关性的重要方法——以散点图的形式将数据点画在笛卡儿坐标系中。两个变量的联系越强，数据点会更有可能向一个特定方向分布。

记住，协方差量化了两个变量之间的线性关系的强度，而相关性通过无量纲的量来衡量线性关系的程度。

为了描述变量间的关系形式，我们可以借助那些描述了数据点的趋势和保留了主要信息的数学函数，描述出变量的观测样本的特点。线性回归方法需要精确地定义一条线，使之能够表达一个二维平面内的数据分布。很容易想象，如果观测到的数据点离这条线很近，所选模型就能够有效地描述变量间的关系。

理论上，有无数条线可以描述出变量的观测样本的特点。实践中，只有一个模型能够最优化数据的表达。在线性关系中，变量 y 的观测结果可以用变量 x 的观测结果的线性函数来获得。对于每个观测结果，我们有：

$$y = \alpha * x + \beta$$

其中，x 是解释变量，y 是反应变量。参数 α 表示直线的斜率，参数 β 表示 y 轴上的截距。这两个参数通过这两个变量的观测结果来进行估计。

斜率 α 是非常重要的，它代表着解释变量每增加 1 个单位反应变量的平均变化程度。如果这个参数发生了变化，那么会发生什么？如果斜率为正，则这条回归线从左到右逐渐上升；如果斜率为负，则这条回归线从左到右逐渐下降。当斜率为 0 时，解释变量对反应变量的值没有任何影响。α 不仅衡量了变量间相关的程度，一般而言，其数值大小也很重要。如果斜率为正，则当解释变量增加时，反应变量的平均值更高；如果斜率为负，则当解释变量增加时，反应变量的平均值更低。

在寻找变量间的关系类型之前，最好能够进行一次相关性分析，以查看变量间是否存在线性关系。

MATLAB 有一些简单的线性回归工具。在这些工具中，基本拟合用户界面可以帮助我们利用数据计算参数以及跟踪模型。我们也能够使用函数 polyfit() 和 polyval() 利用数据拟合一个线性关系。我们将列举使用其中一些工具的实际例子。

4.1.1 最小二乘回归

为了引入关键性的概念，我们先给出一个简单的线性回归的例子。使用一个电子表格，其中包含在意大利注册的车辆数量，以及意大利不同地区的人口数。我们尝试找到一条回归线，用来逼近车辆注册数量和人口之间一定存在的某种关系。为了达到这个目的，我们可以使用几种不同的方法。最开始只使用最简单的方法。之前说过，一个线性关系可以用以下公式来表示：

$$y = \alpha * x + \beta$$

如果找到了一系列观测结果 $(x_1, y_1), (x_2, y_2), \cdots, (x_n, y_n)$，那么对于每一组观测结果，我们都能得到上面形式的等式。这样就会得到一个线性方程组。把这个公式用矩阵形式表示为：

$$\begin{bmatrix} y_1 \\ y_2 \\ \vdots \\ y_n \end{bmatrix} = \begin{bmatrix} x_1 & 1 \\ x_2 & 1 \\ \vdots & \vdots \\ x_n & 1 \end{bmatrix} \times \begin{bmatrix} \alpha \\ \beta \end{bmatrix}$$

令

$$Y = \begin{bmatrix} y_1 \\ y_2 \\ \vdots \\ y_n \end{bmatrix}; X = \begin{bmatrix} x_1 & 1 \\ x_2 & 1 \\ \vdots & \vdots \\ x_n & 1 \end{bmatrix}; A = \begin{bmatrix} \alpha \\ \beta \end{bmatrix}$$

上面的公式可以写成一种更加紧凑的格式：

$$Y = X \times A$$

表示一个线性方程组。MATLAB 用一个特定的函数 mldivide() 来求解这个方程组，也可以用“\”运算符来求解。使用以下方法可以求解截距和斜率：

$$A = X \backslash Y$$

从文件 VehiclesItaly.xlsx 中导入数据并读取为 table 格式。用“\”运算符找到一个区域注册的车辆数和这个区域内人口的线性回归关系。这个运算符执行的是最小二乘回归：

```
>> VehicleData = readtable('VehiclesItaly.xlsx');
>> summary(VehicleData)
Variables:
    Region: 20×1 cell array of character vectors
    Registrations: 20×1 double
        Values:
            Min       1.4526e+05
            Median    1.1171e+06
            Max       5.9235e+06
    Population: 20×1 double
        Values:
            Min       1.2733e+05
            Median    1.8143e+06
            Max       1.0008e+07
```

现在假定车辆注册数为 y，人口数为 x，用以下几行代码就可以计算回归直线的斜率：

```
>> y=VehicleData.Registrations;
>> x=VehicleData.Population;
```

```
>> alpha=x\y
alpha =
    0.6061
```

这个线性关系可以用以下方程来表示:

$$y = 0.6061x$$

在上面的例子中,截距等于 0。

现在用这个新发现的线性方程,基于每个区域内的人口数,计算每个区域内的注册车辆数。之后,将 y 的实际数值和计算数值全部画于一张图中(见图 4.1):

```
>> VehicleRegFit=alpha*x;
>> scatter(x,y)
>> hold on
>> plot(x,VehicleRegFit)
```

 记住,由于 hold on 命令会保留当前坐标轴中的图像,因此新添加的图像不会删除已存在的图像。

读者或许已经猜到,每个区域的人口数量和车辆注册数量有一个正的相关性(见图 4.1)。

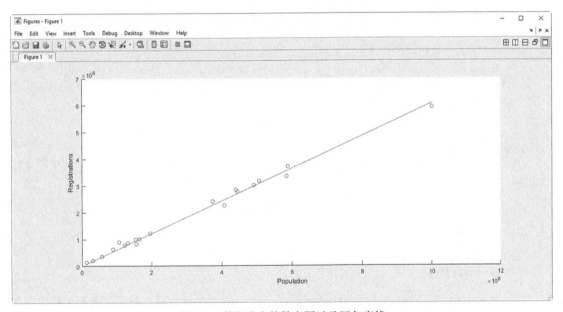

图 4.1　数据分布的散点图以及回归直线

前文已经提到的"\"运算符执行了一次最小二乘回归,但最小二乘回归是如何起作用的呢?在最小二乘法中,参数估计是通过寻找能够最小化反应变量的观测值和拟合值的偏差的平方和来实现的。

给定 n 个点 $(x_1, y_1), (x_2, y_2), \cdots, (x_n, y_n)$,在被观测到的样本点中,一个最小二乘回归线被定义为如下形式:

$$y = \alpha * x + \beta$$

最小二乘回归法希望能够最小化以下损失函数：

$$E = \sum_{i=1}^{n} (\alpha x_i + \beta - y_i)^2$$

这个损失函数的含义是观测的实际样本点 (x_i, y_i) 和对应的回归直线上的估计样本点之间距离的平方和，估计样本点的坐标为：

$$(x_i, \alpha x_i + \beta)$$

图 4.2 给出了最小二乘回归的图形化描述。

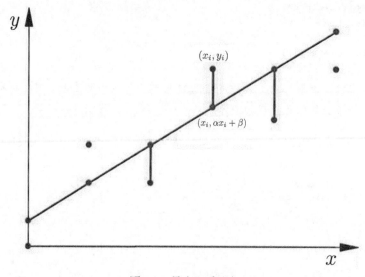

图 4.2   最小二乘回归

为了更好地理解这个概念，我们可以画出实际样本点和估计样本点之间的距离。这个距离称为**残差**。估计出参数后，可以使用如下公式计算残差：

$$r_i = y_i - (\alpha x_i + \beta)$$

在 MATLAB 中代码如下：

```
>> Residual=y-VehicleRegFit;
>> stem(Residual)
```

在上面的代码中，我们使用了茎叶图（stem plot），即以 X 轴为基准线，把数据序列作为茎叶画出来。

残差衡量了回归线和相应数据点拟合的好坏程度。如果残差序列表现为一种随机分布，则说明这个模型拟合得很好；如果残差展现出一种系统模式，则说明模型拟合数据的能力很差。

图 4.3 中的残差随机分布在 0 的周围，回归线都很接近实际值。在图 4.1 中，我们可以看到模型拟合得非常好，但是我们如何衡量、量化好坏呢？一种方法是计算决定系数（coefficient of determination）（R 平方）。这个系数衡量了模型拟合数据好坏的程度，其数值界于 0 和 1 之间，数值越高，模型拟合得越好。

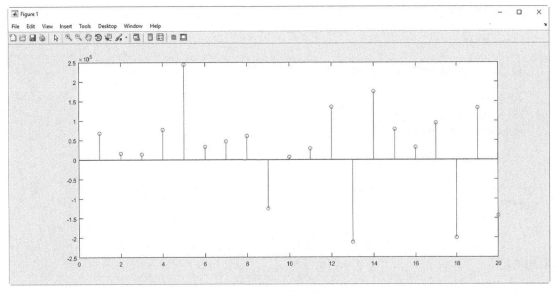

图 4.3 残差图

R 平方（也记作 R^2）被定义为响应变量的变异中有多少百分比可由解释变量来解释。计算这个系数需要先计算两个指标。

- 残差平方和（residual sum of square，RSS）：

$$SS_{res} = \sum_{i=1}^{n}(y_i - \alpha x_i - \beta)^2$$

- 总平方和（total sum of square，SST）：

$$SS_{tot} = \sum_{i=1}^{n}(y_i - y_{mean})^2$$

R 平方的计算公式为：

$$R^2 = 1 - \frac{SS_{res}}{SS_{tot}} = 1 - \frac{\sum_{i=1}^{n}(y_i - \alpha x_i - \beta)^2}{\sum_{i=1}^{n}(y_i - y_{mean})^2}$$

R^2 的值越接近于 1，则表明拟合的回归直线和简单的平均线相比，数据拟合得越好。MATLAB中的代码如下：

```
>> Rsq1 = 1 - sum((y - VehicleRegFit).^2)/sum((y - mean(y)).^2)
Rsq1 =
    0.9935
```

现在引入截距参数，以提升模型拟合的精度。接着上面的例子，为变量 x 插入另外一列然后使用\运算符：

```
>> X = [ones(length(x),1) x];
```

```
>> alpha_beta = X\y
alpha_beta =
   1.0e+04 *
   7.0549
   0.0001
>> VehicleRegFit2 = X* alpha_beta;
>> scatter(x,y)
>> hold on
>> plot(x,VehicleRegFit)
>> plot(x,VehicleRegFit2,'--b')
```

计算决定系数，比较两个模型的表现：

```
>> Rsq2 = 1 - sum((y - VehicleRegFit2).^2)/sum((y - mean(y)).^2)
Rsq2 =
   0.9944
```

比较 Rsq1 和 Rsq2，很明显第二个带有截距的模型拟合得更好。图 4.4 展示了这两个线性回归的模型图。

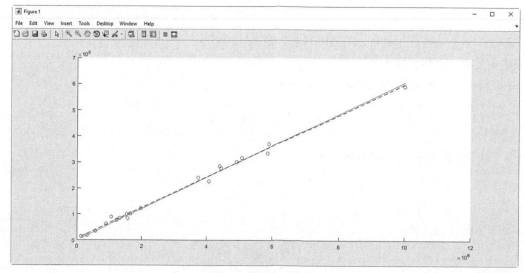

图 4.4 两个模型的比较

 决定系数表明在一个线性回归模型中，响应变量的变异中有多少百分比可由解释变量来解释。R^2 的值越大，表明响应变量的变化更多地可以被线性模型来解释。

4.1.2 基本拟合接口

到目前为止，我们都是以逐步编写代码的形式执行线性回归的计算过程，并没有借助图形化接口。在通过以上步骤理解了线性回归方法的机制后，我们可以使用 MATLAB 提供的基本拟合（basic fitting）接口和工具来进行回归分析。我们仍然沿用之前的例子。

导入数据：

```
>> VehicleData = readtable('VehiclesItaly.xlsx');
```

然后画出表格中数据的散点图：

```
>> scatter(VehicleData.Population,VehicleData.Registrations)
```

上面的代码会打开一个 MATLAB 的图像窗口，然后选择图像窗口顶端菜单中的 Tools|Basic Fitting，就可以打开 Basic Fitting 工具。

在弹出的基本拟合窗口中，可以选择数据源。但在此之前先选择想要进行的回归种类，单击窗口中右下角的箭头，将窗口展开到显示出 3 个面板，然后使用这些面板执行如下操作。

- 选择模型及绘图选项。
- 检查并导出模型系数及残差范数。
- 检查并导出内插值及外插值。

这里我们会再进行一次线性回归。图 4.5 显示了 Basic Fitting 窗口及其 3 个面板、进行的选择以及得到的结果。

当用户选中 Basic Fitting 窗口中 Plot fits 面板中的 linear 复选框时，这条线就会立刻出现在图像窗口中。在 Numerical results 面板中显示了根据残差参数和残差模的数值结果所构建的拟合的模型方程。在第三个面板中，可以用新的数据点计算模型的估计值（见图 4.5）。图 4.6 展示了数据的散点图和对应的回归直线的结果。

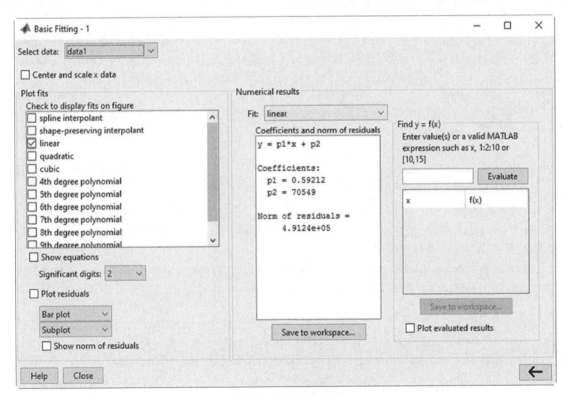

图 4.5 基本拟合工具

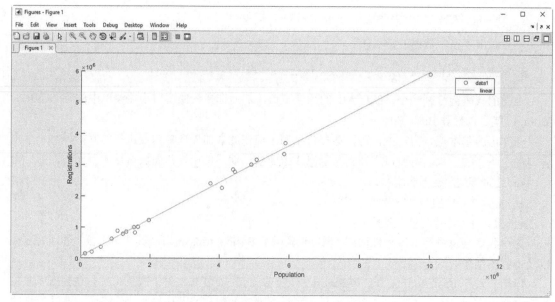

图 4.6 车辆注册数与人口数的回归分析

4.2 如何创建一个线性回归模型

创建一个线性回归模型更一般的方法是使用函数 `fitlm()`，这个函数创建了一个 LinearModel 对象。这个对象有一系列属性，这些属性可以直接通过鼠标点击方式查看。它包含的 `plot`、`plotResiduals`、`plotDiagnostics` 等方法可以用于创建图像和检查模型。

 LinearModel 对象包含训练数据、模型描述、模型诊断信息和拟合好的参数。

函数 `fitlm()` 默认选择表或数据集数组中的最后一个变量作为响应变量。我们也可以自行指定响应变量和解释变量，比如，以公式形式来指定。除此之外，我们还可以使用 ResponseVar 名称-值参数来指定一个特定的列作为响应变量。为了指定作为解释变量的列，我们可以使用 PredictorVars 名称-值参数。解释变量可以是数值型，也可以是任意的分组变量类型，比如逻辑值数组类型或者是分类数组类型。

如果用公式指定，则响应变量背后总是跟着符号~，之后使用+或者-的组合。公式默认包含一个截距项。为了消除公式中的截距项，在公式中使用-1。示例如下：

```
'Y ~ A + B + C'
```

这个例子是包含 3 个变量以及截距项的回归模型。

为了理解 `fitlm()` 如何工作的，我们以之前的数据集为例。这个数据集包含 3 个字段：意大利地区的名称（Region）、每个地区车辆注册数（Registrations）和每个地区的居民数量（Population）。

先将这个数据集导入表中：

```
>> VehicleData = readtable('VehiclesItaly.xlsx');
```

然后展现这个表的前 10 行：

```
>> VehicleData(1:10,:)
ans =
  10×3 table
           Region             Registrations      Population

    'Valle d'Aosta'             1.4526e+05         1.2733e+05
    'Molise'                    2.0448e+05         3.1203e+05
    'Basilicata'                3.6103e+05         5.7369e+05
    'Umbria'                    6.1672e+05         8.9118e+05
    'Trentino Alto Adige'       8.8567e+05         1.0591e+06
    'Friuli Venezia Giulia'      7.736e+05         1.2212e+06
    'Abruzzo'                   8.5051e+05         1.3265e+06
    'Marche'                    9.9673e+05         1.5438e+06
    'Liguria'                   8.2797e+05         1.5711e+06
    'Sardegna'                  1.0114e+06         1.6581e+06
```

拟合出一个线性回归模型：以 Registrations 为响应变量，以 Population 为解释变量。

```
>> lrm = fitlm(VehicleData,'Registrations~Population')
lrm =
Linear regression model:
    Registrations ~ 1 + Population
Estimated Coefficients:
                   Estimate        SE         tStat        pValue

    (Intercept)      70549        41016        1.72         0.10258
    Population      0.59212      0.010488     56.458      1.0323e-21
Number of observations: 20, Error degrees of freedom: 18
Root Mean Squared Error: 1.16e+05
R-squared: 0.994, Adjusted R-Squared 0.994
F-statistic vs. constant model: 3.19e+03, p-value = 1.03e-21
```

结果会将这个线性模型以公式形式展示出来，每一行为被估计的参数类型，每个参数都有以下属性列。

- Estimate：参数的估计值。
- SE：估计值的标准误差。
- tStat：对每个参数逐一进行 t 检验（其中零假设为参数值等于 0，备选假设为参数值不等于 0），计算出的 t 统计量。
- pValue：对所有自变量的系数同时进行 F 检验（其中零假设为系数值全部等于 0，备选假设为系数值不全等于 0，即至少有一个自变量的系数不等于 0），计算出 F 统计量对应的 p 值。在本例中，给定检验水平为 0.05，p 值小于 0.05，因此在这一检验水平下拒绝原假设，回归效果是显著的。[1]

除此之外，我们看到了模型的其他信息。

---

1 译者注：这里进行的 t 假设检验一般称作"回归系数的显著性检验"，作用是检验这个自变量对因变量是否有显著的关系。进行的 F 假设检验一般称作"回归方程的显著性检验"，作用是检验回归的总体效果，因变量和自变量的线性组合之间是否有显著的线性关系。

- Number of observations：数据集中非 NaN 的记录数量。在本例中，样本个数为 20，因为我们没有任何 NaN 值。
- Error degrees of freedom：这个值等于样本数量减去估计的参数数量，并且以正值来存储。在本例子，由于这个模型有两个解释变量，因此自由度是 $20 - 2 = 18$。
- Root Mean Squared Error（RMSE）：RMSE 是均方误差的平方根。
- R-squared：是决定系数。它表明在一个线性回归模型中，响应变量的变异中有多少百分比可由模型来解释。在本例中，这个比例为 99%。
- Adjusted R-Squared：是根据模型中解释变量数量进行调整的 R 平方。
- F-statistic vs. constant model：对回归模型整体执行 F 检验的统计量的值。它检验了响应变量和解释变量之间线性关系的显著性。
- p_value：在本例中，p 值为 $1.03e^{-21}$ 且模型在检验水平 0.05 下是显著的。[1]

有两个重要指标值需要注意：R 平方和 p 值。R 平方为 0.994，这意味着在响应变量的变异中有很大一部分可以由解释变量来解释。p 值非常小，现在我们详细阐述一下 p 值的含义。

当进行一个统计显著性检验时，先对总体指定一个零假设，然后利用样本信息来判断这个假设是否合理。如果零假设实际上是成立的，那么样本也应该满足假设中的限制条件。实际抽取的样本与这些限制条件的差异完全属于机会变异（小概率事件）。

显然，零假设可以为真也可以为假。现在需要决定是接受还是拒绝这个假设。为了给出决定，我们需要使用显著性检验来检验数据。如果检验的结果是拒绝零假设，那么对样本和总体假设之间的差异是统计显著的。如果检验的结果是接受，则这个检验的结果是统计不显著的。也就是说，我们倾向于相信样本和假设的差异是完全偶然的事件。

统计检验的结果没有一个绝对值，不具有确定性，它是一个概率。因此，接受或者拒绝可能对也可能错。通过检验的显著性水平来衡量犯错的概率。

 显著性水平（称作 p 值）量化了样本和总体假设之间的差异完全是机会变异造成的这一可能性。

p 是一个概率值，处于 0 和 1 之间。p 值接近于 0 意味着只有很小的概率导致差异，是由偶然因素导致的。研究人员可以自行指定显著性水平，不过一般选择 0.05 或者 0.01。在本例中，p 值是 $1.03e^{-21}$，远低于显著性水平，因此被观测到的差异是统计显著的。我们可以在这个显著性水平下拒绝原假设，犯错的概率仅为 0.05。[2]

之前说过，函数 fitlm() 创建了一个 LinearModel 对象，其中包含各种属性。现在利用这些属性进一步探索拟合的模型。

当对模型形态有充足信息时，最小二乘法是非常有用的，但是这个方法需要去除异常值。现在我们对数据执行去除异常值的操作。可以利用残差图像来帮助我们达到这个目的，最常用的是默认的柱状图，它显示了残差的范围和频数。还有频率图，在相同方差的情况下，它比较了残差的分布和对应的标准正态分布。

我们使用 LinearModel 对象的属性来绘制残差图：

---

1 译者注：自由度分为数据自由度、模型自由度和残差自由度。数据自由度等于模型自由度加上残差自由度。例如，如果 N 个数据做线性回归，数据自由度是 N，模型自由度是 $p+1$（有截距），则残差自由度是 $N-p-1$。

2 译者注：关于假设检验和 p 值，读者可以自行参考更多统计学相关资料。

```
>> plotResiduals(lrm)
```

分析得到的柱状图可以发现，分布在负值区域很不对称，如图 4.7 所示。

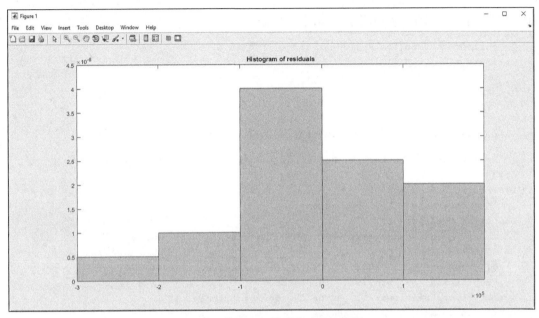

图 4.7　线性回归模型的残差柱状图

低于 -2×10^5 的残差值很有可能是一个异常值出现的地方。进一步画出刚才提到的频率图（见图 4.8）：

```
>> plotResiduals(lrm,'probability')
```

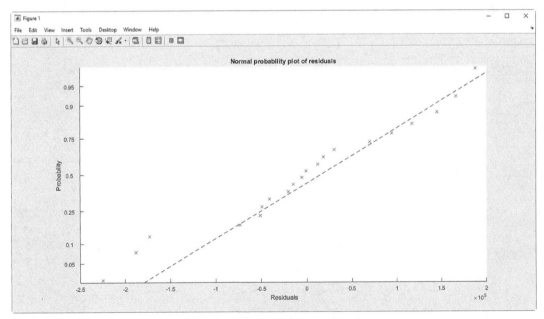

图 4.8　线性回归模型的残差概率图

可能的异常值也出现在这个图像中，它位于图 4.8 的左下角，非常显眼。我们能够注意到，这 3 个值偏离虚线很远。其他残差值比较贴近虚线，这意味着比较接近于正态分布的残差值。我们能够分辨出残差值并且从数据点中移除它。在图 4.8 中，由于可以观察到异常值的残差值处于 -1.5×10^5 的左侧，因此可以用函数 find 找到它们：

```
>> outliers = find(lrm.Residuals.Raw < -1.5*10^5)
outliers =
     9
    13
    18
```

至此，我们已经基于剔除异常值的数据重新创建了模型：

```
>> lrm2 = fitlm(VehicleData,'Registrations~Population','Exclude',outliers)
lrm2 =
Linear regression model:
    Registrations ~ 1 + Population
Estimated Coefficients:
                   Estimate        SE         tStat        pValue

    (Intercept)      89426         30264       2.9548      0.0098367
    Population      0.59751      0.0078516      76.099      7.9193e-21
Number of observations: 17, Error degrees of freedom: 15
Root Mean Squared Error: 8.25e+04
R-squared: 0.997, Adjusted R-Squared 0.997
F-statistic vs. constant model: 5.79e+03, p-value = 7.92e-21
```

第一眼就可以看到 R^2 这个值明显从 0.994 提升为 0.997。现在画出新模型的概率图：

```
>> plotResiduals(lrm2,'probability')
```

比较图 4.8 和图 4.9 可以看出，移除了平均值后对模型质量有提升，尤其是图 4.9 显示出了全体残差值的分布比较接近于正态分布。

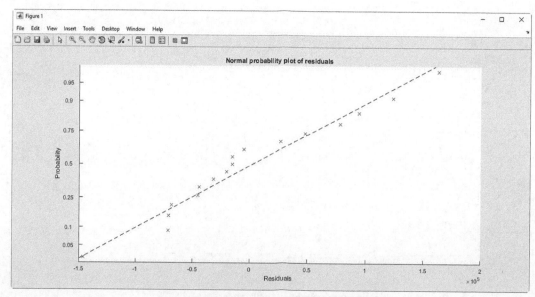

图 4.9　移除异常值后的线性回归模型的概率图

4.2.1　通过稳健回归消除异常值的影响

当使用函数 `fitlm()` 创建线性模型时，我们可以通过"modelspe"指定线性模型的种类。创建的默认模型为"linear"，这个模型默认包含一个截距项和每个解释变量的线性组合。

创建的模型通常会受响应变量的误差影响。通常假设响应变量的误差是一个正态分布，极端值非常少。然而，异常值导致的极端值有时候确实会出现并且线性模型对这些值非常敏感。异常值对拟合结果的影响非常大，因为拟合是目标函数将残差值进行平方然后求和而得的，这会放大极端值的影响。

异常值会改变回归直线的结果，造成的影响比它对结果造成的影响大很多，导致参数估计完全被扭曲了。这种影响很难被发现，因为对拟合的曲线结果已经产生影响后，异常值和这个曲线产生的残差比实际正确曲线的残差小很多。

为了降低异常值造成的影响，我们可以使用稳健最小二乘回归法，稳健回归方法对最小二乘回归法进行了修改。这种方法尝试降低异常值的影响，以更好地拟合大部分数据存在的结构。稳健回归方法降低了异常值的影响，并且让它们的残差更大也更容易被识别。

在 MATLAB 中，加入 RobustOpts 参数即可使用函数 `fitlm()` 进行稳健回归。一般而言，在 MATLAB 函数中加入额外的选项必须采用 Name,value 对的形式，此处，参数应该选择 `'RobustOpts'`,`'on'`。

 注意，在使用函数 `fitlm()` 时，如果不指定解释变量和响应变量，那么默认以表中最后一个变量作为响应变量，以其他变量作为解释变量。

使用和之前相同的数据集，以验证新方法是否带来了提升：

```
>> VehicleData = readtable('VehiclesItaly.xlsx');
```

先使用经典的最小二乘法，然后加入稳健估计选项：

```
>> lrm1 = fitlm(VehicleData,'Registrations~Population')
lrm1 =
Linear regression model:
    Registrations ~ 1 + Population
Estimated Coefficients:
                   Estimate        SE         tStat        pValue

    (Intercept)      70549         41016        1.72         0.10258
    Population       0.59212       0.010488     56.458       1.0323e-21
Number of observations: 20, Error degrees of freedom: 18
Root Mean Squared Error: 1.16e+05
R-squared: 0.994, Adjusted R-Squared 0.994
F-statistic vs. constant model: 3.19e+03, p-value = 1.03e-21

>> lrm2 = fitlm(VehicleData,'Registrations~Population','RobustOpts','on')
lrm2 =
Linear regression model (robust fit):
    Registrations ~ 1 + Population
Estimated Coefficients:
                   Estimate        SE         tStat        pValue

    (Intercept)      25059         27076        0.92549      0.36695
```

```
    Population          0.62169    0.0069234         89.796      2.505e-25
Number of observations: 20, Error degrees of freedom: 18
Root Mean Squared Error: 7.64e+04
R-squared: 0.998, Adjusted R-Squared 0.998
F-statistic vs. constant model: 8.07e+03, p-value = 2.49e-25
```

显然，加入稳健估计选项方法后，模型有了明显的提升，R-squared 从 0.994 提升到 0.998，p-value 值从 $1.03e^{-21}$ 进一步降低为 $2.49e^{-25}$。

 注意，稳健估计的 R-squared 为 0.998，这比去除异常值后再进行估计得到的 0.997 还要高。

为了更明显地展示模型的提升，我们将两个模型的残差的概率图画出来：

```
>> subplot(1,2,1)
>> plotResiduals(lrm1,'probability')
>> subplot(1,2,2)
>> plotResiduals(lrm2,'probability')
```

比较下面两幅子图，稳健估计的模型（见图 4.10 右侧）显然更加接近直线，而且异常值离这条直线更远也更明显。这可以帮助我们找到这些异常值，如图 4.10 所示。

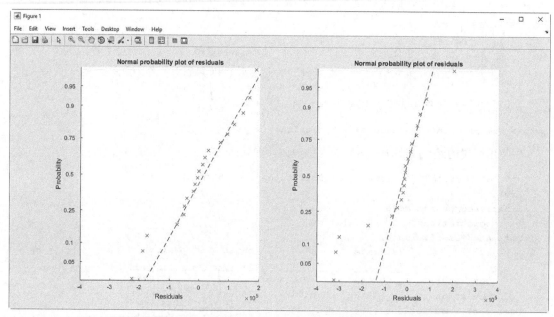

图 4.10　残差的正态分布概率图（左：标准最小二乘法回归，右：稳健方法）

分析图 4.10 右侧所示稳健方法的概率图，可以很轻松发现 5 个异常值——4 个在直线左侧，1 个在直线右侧。我们可以很轻松去除这些异常值：

```
>> outliers = find((lrm2.Residuals.Raw < -1.5*10^5) | (lrm2.Residuals.Raw >
1.5*10^5))
outliers =
     5
     9
    13
    18
```

20

在上面的代码中，我们使用了函数 find()，并且设置了多个满足条件，将这些满足条件使用 | 操作符连接起来。去除异常值后，我们再次创建一个线性回归模型：

```
>> lrm3 =
fitlm(VehicleData,'Registrations~Population','RobustOpts','on','Exclude',
outliers)
lrm3 =
Linear regression model (robust fit):
    Registrations ~ 1 + Population
Estimated Coefficients:
                   Estimate        SE           tStat         pValue

    (Intercept)      25244         19164        1.3172         0.2105
    Population      0.62184     0.0060344       103.05      2.5374e-20
Number of observations: 15, Error degrees of freedom: 13
Root Mean Squared Error: 4.46e+04
R-squared: 0.999, Adjusted R-Squared 0.999
F-statistic vs. constant model: 1.06e+04, p-value = 2.54e-20
```

查看上面代码中模型的统计指标可以发现，模型的拟合优度进一步提升了，R^2 提升为 0.999。为了更明显地展示模型的提升，我们再将使用稳健方法的回归模型和剔除异常值的稳健方法的回归模型的残差图画出来：

```
>> subplot(1,2,1)
>> plotResiduals(lrm2,'probability')
>> subplot(1,2,2)
>> plotResiduals(lrm3,'probability')
```

在去除异常值的模型中，残差很完美地贴近在回归直线周围（见图 4.11 右侧），而且没有残差明显偏离，而在之前模型中仍然有很多残差明显偏离（见图 4.11 左侧）。图 4.11 显示出了两个模型的残差的正态分布。

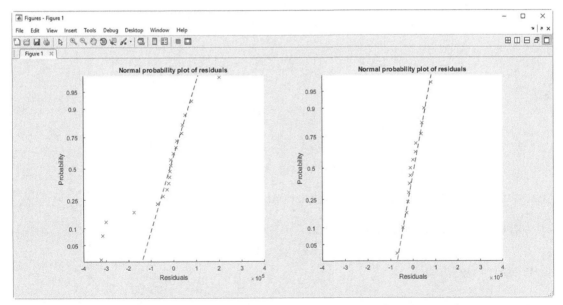

图 4.11　残差的正态分布概率图（左：稳健估计，右：去除异常值的稳健估计）

迭代加权最小二乘（Iterative Reweighted Least Square，IRLS）稳健回归方法首先会给每个数据点赋予一个权重，然后进行自动、迭代的加权。首先，权重被初始化，并且平均分布在每个数据点上；其次，进行加权的普通最小二乘法估计；最后再迭代，权重进行再计算。因此离这次模型估计值最远点的权重会被减小，然后再进行一次加权的普通最小二乘法估计出模型参数。我们会执行这个迭代，直到参数估计值收敛到一个指定的容忍度参数中。[1]

4.2.2 多元线性回归

到目前为止，我们已经解决了简单的线性回归问题，它基于回归方程研究了因变量 y 和自变量 x 之间的关系：

$$y = \alpha * x + \beta$$

在这个公式中，x 是解释变量，y 是响应变量。我们使用最小二乘法解决这个问题。然而，在实际情况中，很少出现只依赖一个解释变量的情况，往往依赖多个解释变量。因此需要建立多元线性回归模型，它是目前看到的一元线性回归模型的简单扩展，包含 n 个解释变量的模型的数学表达式为：

$$y = \beta_0 + \beta_1 x_1 + \beta_2 x_2 + \cdots + \beta_n x_n$$

这里，$x_1, x_2, \cdots, x_n$ 是 n 个解释变量；y 是响应变量；系数 β_i 衡量了当其他变量不变时，单位 x_i 的变化导致 y 的变化量。一元线性回归是为了找到最能表达数据集的一条直线，多元线性回归是用来找到最能表达数据集的一个高维平面。和一元线性回归的优化目标类似，多元线性回归的目标函数也是最小化残差平方和，以找到最好的参数组合。

$$\sum_i \left[y_i - (\beta_0 + \beta_1 x_{1,i} + \beta_2 x_{2,i} + \cdots + \beta_n x_{n,i}) \right]^2$$

类似一元线性回归，我们也可以把之前的等式以矩阵形式来表示：

$$
\begin{bmatrix} y_1 \\ y_2 \\ \vdots \\ y_n \end{bmatrix}
-
\begin{bmatrix}
1 & x_{1,1} & x_{1,2} & \cdots & x_{1,n} \\
1 & x_{2,1} & x_{2,2} & \cdots & x_{2,n} \\
\cdots & & & & \\
1 & x_{n,1} & x_{n,2} & \cdots & x_{n,n}
\end{bmatrix}
\times
\begin{bmatrix} \beta_0 \\ \beta_1 \\ \beta_2 \\ \vdots \\ \beta_n \end{bmatrix}
$$

令

$$
Y = \begin{bmatrix} y_1 \\ y_2 \\ \vdots \\ y_n \end{bmatrix};
X = \begin{bmatrix}
1 & x_{1,1} & x_{1,2} & \cdots & x_{1,n} \\
1 & x_{2,1} & x_{2,2} & \cdots & x_{2,n} \\
\vdots & & & & \\
1 & x_{n,1} & x_{n,2} & \cdots & x_{n,n}
\end{bmatrix};
A = \begin{bmatrix} \beta_0 \\ \beta_1 \\ \beta_2 \\ \vdots \\ \beta_n \end{bmatrix}
$$

可以把等式表示为一种更加简洁的形式：

$$Y = X \times A$$

这代表着一个线性方程组。

---

1 译者注：这里讲的是迭代加权最小二乘法回归方法，读者可以自行参考更多统计学相关资料。

在 MATLAB 中解线性方程组，可以只使用 "\" 运算符，也可以使用函数 mldivide()。它是执行 x=A\B 这一操作的替代方法，但很少使用。

为了确定截距和斜率，只需要执行如下操作：

$$A = X \backslash Y$$

现在将 hald.mat 文件导入 MATLAB 工作区中，该文件包含不同水泥混合物反应热的观测结果：

```
>> load hald
>> whos
  Name          Size          Bytes  Class      Attributes
  Description   22x58          2552  char
  hald          13x5            520  double
  heat          13x1            104  double
  ingredients   13x4            416  double
```

ingredients 变量中的 4 列分别对应以下 4 个成分所占的百分比。

- 第一列：$3CaO \cdot Al_2O_3$。
- 第二列：$3CaO \cdot SiO_2$。
- 第三列：$4CaO \cdot Al_2O_3 \cdot Fe_2O_3$。
- 第四列：$2CaO \cdot SiO_2$。

变量 heat 对应着水泥混合物的反应热，我们将使用 MATLAB 中的多种方法来解决这个问题。首先，使用 "\" 运算符找到 heat 和 ingredients 的线性回归关系。

记住，这个运算符进行的是最小二乘回归。

为了确定截距和其他系数，我们为 ingredients 矩阵添加一列元素全为 1 的向量：

```
>> X = [ones(13,1), ingredients];
>> Y=(heat);
>> A=X\Y
A =
   62.4054
    1.5511
    0.5102
    0.1019
   -0.1441
```

同样，使用函数 fitlm() 来解决多元回归问题：

```
>> lm=fitlm(ingredients,Y)
lm =
Linear regression model:
    y ~ 1 + x1 + x2 + x3 + x4
Estimated Coefficients:
```

	Estimate	SE	tStat	pValue
(Intercept)	62.405	70.071	0.8906	0.39913
x1	1.5511	0.74477	2.0827	0.070822
x2	0.51017	0.72379	0.70486	0.5009
x3	0.10191	0.75471	0.13503	0.89592

```
    x4                 -0.14406    0.70905    -0.20317      0.84407
Number of observations: 13, Error degrees of freedom: 8
Root Mean Squared Error: 2.45
R-squared: 0.982, Adjusted R-Squared 0.974
F-statistic vs. constant model: 111, p-value = 4.76e-07
```

可以发现，使用 fitlm() 的结果和使用 "\" 操作符的结果完全一致，因为它们使用完全相同的最小二乘回归方法。

最后，我们再介绍一个可以解决回归问题的函数 regress()。这个函数返回一个向量，其中包含多元线性回归系数的估计值：

```
>> b=regress(Y,X)
b =
    62.4054
     1.5511
     0.5102
     0.1019
    -0.1441
```

可以发现，这 3 个函数的结果是完全相同的。

包含分类变量的多元线性回归

在处理了几个线性回归的示例之后，我们可以声称自己理解了这种统计技术背后的机制。

到目前为止，我们只使用了连续变量作为解释变量。如果把分类变量作为解释变量，又该如何处理呢？别担心，回归方法同样适用于后一种情况。

 记住，分类变量是不可数的。它们是不可以测量的，而是用来划分类别和比较的。分类变量可以被进一步划分为定类变量、二分变量和定序变量。

现在举一个实例：在一家公司中，我们已经基于工作年份收集了员工的工资信息。现在想要创建一个模型，以获知员工的工资随时间变化的规律。我们考虑了 3 种员工类型：经理、技术人员和一般员工。首先从电子表格 employees.xlsx 中导入数据：

```
>> EmployeesSalary = readtable('employees.xlsx');
```

现在，我们有了一个表，其中包含 YearsExperience、Salary 和 LevelOfEmployee 这 3 个变量。现在看一下这 3 个变量的类型：

```
>> summary(EmployeesSalary)
Variables:
    YearsExperience: 120×1 double
        Values:
            Min             1
            Median        20.5
            Max            40
Salary: 120×1 double
        Values:
            Min            20
            Median         41
            Max            82
LevelOfEmployee: 120×1 cell array of character vectors
```

前两个变量是双精度，第三个是包含字符数组的单元胞数组。第三个变量就是一个分类变量，包含之前提到的 3 个职工的类别。但是目前，它是元胞数组的格式，我们需要把它转化为分类数组的格式：

```
>>
EmployeesSalary.LevelOfEmployee=categorical(EmployeesSalary.LevelOfEmployee
);
>> class(EmployeesSalary.LevelOfEmployee)
ans =
    'categorical'
```

我们分 3 个不同的职工类别，为每个类别画出员工工资和员工工作年份的散点图：

```
>> figure()
>> gscatter(EmployeesSalary.YearsExperience, EmployeesSalary. Salary,
EmployeesSalary.LevelOfEmployee,'bgr','x.o')
>> title('Salary of Employees versus Years of the Experience, Grouped by
Level of Employee')
```

如图 4.12 所示，对于不同职工类别，工资有明显的差异，同时每个类别内部，工资和工作年份的线性趋势也非常明显。

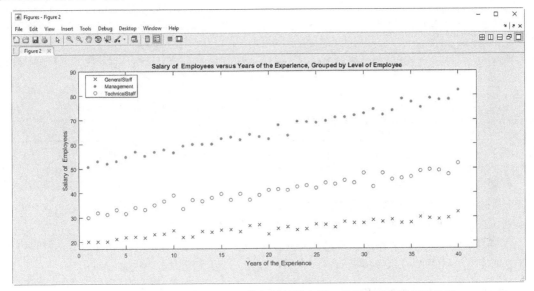

图 4.12 关于员工工资和员工工作年份的散点图，按员工种类进行了分组

基于分析图 4.12 得到的推论，我们可以使用 `fitlm()` 创建模型。图 4.12 显示出了工资和工作年份之间的线性关系，但是不同员工种类的工资有明显区别。因此，可以使用 `Salary` 作为响应变量，以 `YearsExperience` 和 `LevelOfEmployee` 作为解释变量。考虑到 `LevelOfEmployee` 是一个包含 3 类的分类变量，因此在模型中以虚拟变量（dummy indicator variable）的形式存在。

 MATLAB 把分类变量的解释变量以虚拟变量的形式纳入模型中。一个虚拟变量可以取值 0 或者 1。n 个种类的分类变量被表示为 $n-1$ 个虚拟变量。

为了将不同类型的员工考虑进来，我们可以在回归方程中包含 `YearsExperience*LevelOf-Employee` 这一交叉项，如图 4.13 所示。

基于以上结果，模型等式如下所示：

```
Salary =
  20.2
+ 0.25 * YearsExperience
```

```
+ 30.2 * LevelOfEmployee(Management)
+ 10.4 * LevelOfEmployee(TechnicalStaff)
+ 0.49 * YearsExperience * LevelOfEmployee(Management)
+ 0.24 * YearsExperience * LevelOfEmployee(TechnicalStaff)
```

```
>> LMcat = fitlm(EmployeesSalary,'Salary~YearsExperience*LevelOfEmployee')

LMcat =


Linear regression model:
    Salary ~ 1 + YearsExperience*LevelOfEmployee

Estimated Coefficients:
```

	Estimate	SE	tStat	pValue
(Intercept)	20.199	0.40884	49.404	8.0624e-79
YearsExperience	0.25061	0.017378	14.421	1.8358e-27
LevelOfEmployee_Management	30.247	0.57819	52.314	1.5568e-81
LevelOfEmployee_TechnicalStaff	10.369	0.57819	17.933	5.66e-35
YearsExperience:LevelOfEmployee_Management	0.48756	0.024576	19.839	9.0452e-39
YearsExperience:LevelOfEmployee_TechnicalStaff	0.23745	0.024576	9.662	1.7076e-16

```
Number of observations: 120, Error degrees of freedom: 114
Root Mean Squared Error: 1.27
R-squared: 0.995,  Adjusted R-Squared 0.995
F-statistic vs. constant model: 4.66e+03, p-value = 4.84e-130
```

图 4.13 使用函数 fitlm() 基于交叉项展现出不同类别员工的薪水

在这个等式中，LevelOfEmployee（GeneralStaff）这一项没有出现，因为在选取虚拟变量的时候，第一个类别默认是参照组（reference group）[1]。此外，YearsExperience 和 LevelOfEmployee 中其他类别的一阶项以及所有交叉项都考虑进来了。

很容易理解，仅靠一个等式来描述整个系统，不足以让我们充分地对工资有一个完整的估计。我们需要分出 3 个模型，每个模型对应一个员工类别，因此得到 3 个等式：

```
LevelOfEmployee(GeneralStaff) :
Salary = 20.2 + 0.25 * YearsExperience


LevelOfEmployee(TechnicalStaff) :
Salary = (20.2 + 10.4) + (0.25 + 0.24) * YearsExperience


LevelOfEmployee(Management)
Salary = (20.2 + 30.2) + (0.25 + 0.49) * YearsExperience
```

为了更好地理解结果，我们将数据散点图和 3 条线画在一张图中：

```
>> Xvalues =
linspace(min(EmployeesSalary.YearsExperience),max(EmployeesSalary.YearsExpe
rience));
>> figure()
>> gscatter(EmployeesSalary.YearsExperience, EmployeesSalary.Salary,
EmployeesSalary.LevelOfEmployee,'bgr','x.o')
>> title('Salary of Employees versus Years of the Experience, Grouped by
```

---

1 译者注：不指定虚拟变量的组称为参照组，也就是这里的 General Staff 这一类别。

```
Level of Employee')
>>
line(Xvalues,feval(LMcat,Xvalues,'GeneralStaff'),'Color','b','LineWidth',2)
>>
line(Xvalues,feval(LMcat,Xvalues,'TechnicalStaff'),'Color','r','LineWidth',
2)
>>
line(Xvalues,feval(LMcat,Xvalues,'Management'),'Color','g','LineWidth',2)
```

在上面的代码中，首先使用函数 linspace() 基于变量 YearsExperience 的最小值和最大值产生这两个值范围内的一个等距向量；其次，画出薪水和员工工作年份的散点图，按员工种类进行分组；最后，我们画出 3 条对应上面 3 个方程的回归线。为此，我们使用函数 feval() 在 Xvalues 变量指定处计算模型输出，然后画出直线。如图 4.14 所示，3 条不同的线，截距斜率都不同。

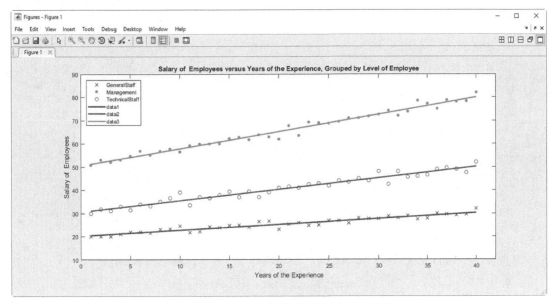

图 4.14　3 组数据的散点图和拟合的回归直线

4.3　多项式回归

线性回归模型的一种形式是多项式回归，其中解释变量可以以二次或者更高次的形式出现。由于模型参数仍然是一次的，因此我们仍然把它称为线性回归模型。比如，一个二次抛物线回归模型的表达式如下：

$$y = \beta_0 + \beta_1 x + \beta_2 x^2$$

多项式回归的模型图形是一条曲线不是一条直线。如果变量间的关系看上去是弯曲的而非直线，往往可以使用多项式回归。我们可以通过改变一个或多个变量将简单的曲线变为直线。如果是更加复杂的曲线，最好使用多项式回归。

一般而言，一个多项式回归方程具有如下形式：

$$y = \beta_0 + \beta_1 x + \beta_2 x^2 + \beta_3 x^3 + \cdots + \beta_n x^n$$

接下来只会涉及 MATLAB 中的二次抛物线回归。现在，我们将展示如何用多项式来建模。

我们想根据一天之中个别时间点测量的温度，去估计一天之中温度随时间的变化曲线：

```
>> Time = [6 8 11 14 16 18 19];
>> Temp = [4 7 10 12 11.5 9 7];
>> plot(Time,Temp,'o')
>> title('Plot of Temperature Versus Time')
```

图 4.15 显示了一天之中几个时间点的温度。

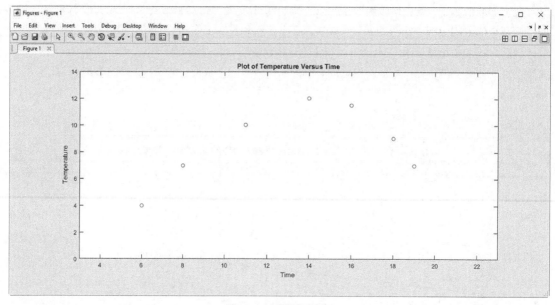

图 4.15   时间和温度

从图 4.15 中可以发现数据的曲线特征，这可以通过一个二次抛物线来建模：

$$temp = \beta_0 + \beta_1 \times time + \beta_2 \times time^2$$

未知的参数 β_0、β_1 和 β_2 仍然可以由普通最小二乘法估计出。下面这个函数可以直接计算出估计的参数，返回阶数为 n 的多项式系数：

```
>> coeff = polyfit(Time,Temp,2)
coeff =
  -0.1408    3.8207    -14.2562
```

 上面函数返回的系数是按降幂排列的。若多项式的阶数为 n，则返回的参数向量的长度为 $n+1$。

根据上面的结果，模型可以表示为：

$$Temp = -0.1408 \times time^2 + 3.8207 \times time^2 - 14.2562$$

模型拟合完毕后，我们可以画出模型曲线，并验证曲线是否能够符合数据的趋势。先创建几个新的时间点 TimeNew，然后使用函数 polyval() 获取这些时间点和对应的函数值。这个函数返回指定解释变量值的 n 次多项式值。第一个输入参数是长度为 $n+1$ 的向量，其元素是按要计算的多项式降幂排序的系数。然后，将原始数据和拟合的模型画在同一张图上：

```
>> TimeNew = 6:0.1:19;
```

```
>> TempNew = polyval(coeff,TimeNew);
>> figure
>> plot(Time,Temp,'o', TimeNew, TempNew)
>> title('Plot of Data (Points) and Model (Line)')
```

分析图 4.16 可以发现，这个模型拟合效果比简单的线性回归模型更好。

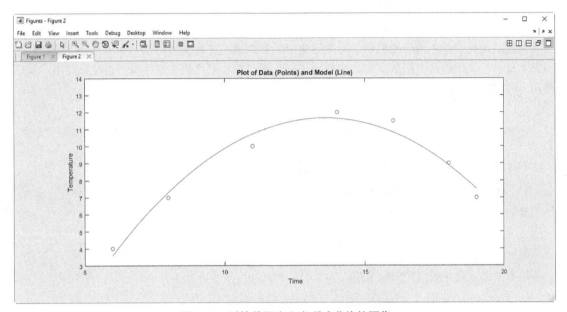

图 4.16 原始数据点和多项式曲线的图像

在回归分析中，模型阶数尽可能低是非常重要的。在初步分析时，可以先让模型阶数为 1，如果不够，则尝试二阶。多项式使用过高的阶数会导致模型不准确。

4.4 回归学习器 App

之前我们介绍过一些 MATLAB App。它们让冗长而艰难的任务变得快速又轻松，一些需要使用大量函数的流程被一个用户友好的界面自动化了。除此之外，我们不需要记忆任何函数，因为图形界面提供了所有功能。

回归学习器 App 一步步地带领用户进行回归分析。通过这个 App，用户可以非常简单和快速地导入数据、探索数据、选择特征、指定验证方案、训练模型和评估结果。

我们能够进行自动化的训练，去寻找最好的回归模型种类（包括线性回归模型、回归树、高斯过程回归模型、支持向量机和决策树组成）。我们可以把 App 中的模型导出到工作区，生成 MATLAB 代码以重新创建训练好的模型，之后重用这个模型。

为了学习如何使用它，我们将用这个有用的工具进行回归分析。

 为了获取数据，我们从加州大学尔湾分校机器学习数据集（UCI Machine Learning Repository）中下载需要的数据集。

我们使用一个 NASA 数据集，这个数据集来源于在消声风洞中对二维或者三维的机翼桨叶剖面进行的空气动力学和声音测试。这个数据集包含以下字段。

- 频率（FreqH）：单位为 Hz。
- 迎角（AngleD）：单位为° 。
- 弦长（ChLenM）：单位为 m。
- 自由气流速度（FStVelMs）：单位为 m/s。
- 进口侧排量厚度（SucSDTM）：单位为 m。
- 声压级（SPLdB）：单位为 dB。

首先从加州大学尔湾分校机器学习数据集中下载数据，并且使用函数 websave() 把它存到当前文件夹。我们用这个函数从指定的网址下载数据，然后把这些数据存储到本地文件中。我们使用 url 变量存储数据：

```
>> url =
'https://archive.ics.uci.edu/ml/machine-learning-databases/00291/airfoil_se
lf_noise.dat';
```

把数据存入 AirfoilSelfNoise.csv 文件中：[1]

```
>> websave('AirfoilSelfNoise.csv',url);
```

我们使用和上文一致的变量名：

```
>> varnames = {' FreqH '; 'AngleD'; 'ChLenM'; 'FStVelMs'; ' SucSDTM ';'
SPLdB'};
```

将数据读入表然后指定变量名：

```
>> AirfoilSelfNoise = readtable('AirfoilSelfNoise.csv');
>> AirfoilSelfNoise.Properties.VariableNames = varnames;
```

完成上述步骤后，已将数据导入到了 MATLAB 工作区中。接下来，我们可以使用回归学习器 App 了。在 MATLAB 工具栏中，单击 Reqression Learner App，打开 App 窗口，如图 4.17 所示。

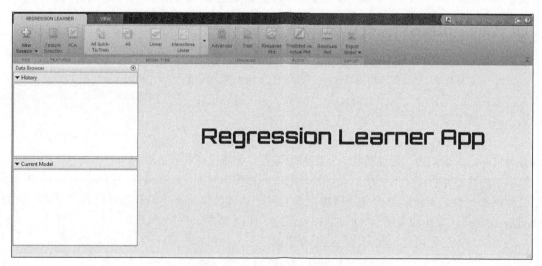

图 4.17 回归学习器 App 窗口

为了将 MATLAB 工作区中的数据导入到 App 中，单击 Regression Learner 选项卡 File 功能区

---

1 译者注：这里如果使用了作者提供的源代码文件夹，那么其中已经存在了一个 AirfoilSelfNoise.csv，下面的命令会覆盖原来的.csv 文件，请注意。

中的 New Session，打开 New Session 对话框，其中包含 3 个功能区（见图 4.18）。

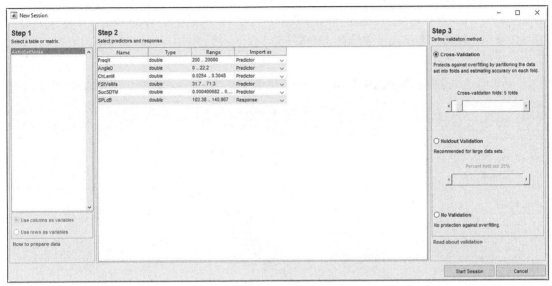

图 4.18　回归学习器 App 的 New Session 对话框

Step1：选中一个表或者矩阵，在这个功能区中，能够选择源数据。

Step2：选择解释变量和响应变量，在这个功能区中，能够设置变量类型。

Step3：确定验证方法，在这个功能区中，能够选择验证方法的类型。

 验证方法可用于检验拟合模型的预测精度。这个工具帮助我们基于模型在新数据集上的表现，选择最好的模型。

如图 4.18 所示，在 Step 1 的功能区中，从工作区中选择 AirfoilSelfNoise 这个表；之后，在 Step 2 的功能区中展示了这个表中的所有变量，而且这些变量默认都划分为解释变量和响应变量（用户也可以自行指定）。选择好验证方法后，单击 Start Session 按钮完成数据的导入。

 在图 4.18 所示 Step 3 的功能区中，交叉验证（Cross-Validation）方法使用滑动条来选择数据拆分的份数。二划分验证方法（Holdout Validation）使用滑动条选择原数据中的一部分作为验证集。如果选择不使用验证（No Validation）方法选项，那么在训练中也就不会使用验证方法来过拟合了。

在回归学习器 App 界面中的 MODEL TYPE 功能区选择模型类型，单击箭头按钮，可以展开可选模型列表。部分可选的模型如下。

- 线性回归模型。
- 回归树。
- 高斯过程回归模型。
- 支持向量机。
- 决策树组成。

现在，在选择 MODEL TYPE 功能区中选择 **All Quick-To-Train**：这一选项会训练一部分收敛较快的模型。单击 Train 按钮后，选择的模型类别会出现在历史记录功能区下，同时开始训练这些模型。当训练结束时，表现最好的模型的均方根误差会高亮显示。为了提升模型性能，我们还可以在 MODEL TYPE 功能区中选择 **All**，以训练所有模型，然后单击 Train 按钮，训练所有模型。图 4.19 显示了回归学习器 App 中所有训练的结果。

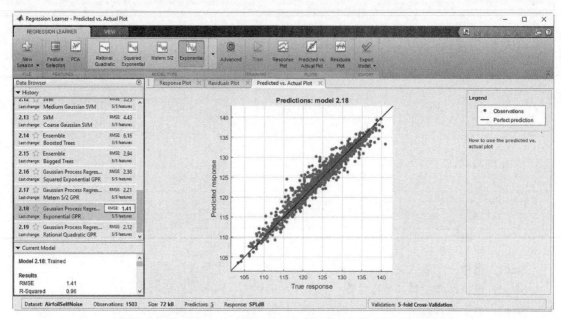

图 4.19　回归学习器 App 窗口已经获得了部分训练完毕的模型结果

在选择 **All** 并训练完所有模型后，我们可以比较两个极端的模型（即 RMSE 结果差别较大的两个模型），来查看不同模型对精度带来的提升。在 History 功能区中，我们注意到 RMSE 最低的模型是**高斯过程回归（RMSE = 1.41）**，RMSE 最高的模型是**促进式决策树（RMSE = 6.15）**。

如图 4.20 所示，右侧为 RMSE 最低的模型，数据更接近于图中的直线。这意味着预测数据非常接近于真实数据。

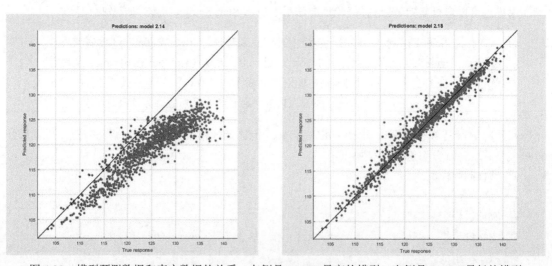

图 4.20　模型预测数据和真实数据的关系。左侧是 RMSE 最高的模型，右侧是 RMSE 最低的模型

获得了最好的回归模型后，我们可以将这个模型导出到工作区，以使用这个模型预测新数据。选择 History 功能区中最好的模型，在 REGRESSION LEARNER 选项卡下的 EXPORT 功能区中导出模型，其中有 3 个导出选项。

（1）**Export Model**：这个选项会把用于模型训练的数据包含在导出到工作区的结构体中，这个结构体包含一个回归模型对象。

（2）**Export Compact Model**：这个选项不包含训练数据，移除任何和推断无关的数据。

（3）**Generate MATLAB Code**：这个选项用于产生相应的 MATLAB 代码——可以使用新数据继续训练模型。

4.5 总结

在本章中，我们学会了如何在 MATLAB 环境下进行准确的回归分析。首先，我们探索了简单的线性回归、如何定义线性回归问题，以及如何获得一个普通最小二乘法估计。其次，我们尝试了几种能够进行线性回归以及获取截距和斜率的方法。

接下来，我们探索了构建线性回归模型的函数，用它创建了一个模型对象，其中包含训练数据、模型描述、诊断信息、线性回归拟合的参数；然后了解了如何正确地解释拟合的结果、如何使用稳健回归以降低异常值造成的影响。

我们探索了几种线性回归方法和几种线性回归的函数，并比较了它们产生的结果。我们学会了如何创建一个响应变量依赖多个解释变量的模型，并使用一个含有分类解释变量的例子解决了多元线性回归问题。

使用多项式回归，我们得到了部分解释变量的阶数大于等于 2 的模型，可以用一条曲线来拟合数据。如果变量间的关系看起来是一条曲线，往往可以使用多项式回归。

最后，我们研究了回归学习器 App，了解了它是如何让用户逐步进行回归分析的。借助它，用户可以非常迅速和简便地导入导出数据、选择特征、指定验证方法、训练模型和评估结果。

在下一章，我们会学习不同种类的分类方法，了解分类方法的基本概念以及如何使用 MATLAB 实现它们，并为分类分析准备数据，学会如何进行实现 k 近邻算法。我们也会探索朴素贝叶斯（Naive Bayes）算法、决策树和规则学习（rule learning）。

第5章
模式识别之分类算法

本章主要内容
- 决策树分类
- 概率分类模型
- 判别分析分类
- k 近邻算法

分类算法研究如何自动学习根据观测到的数据做出准确的预测。分类学习的第一步是对数据集进行标注。对于已经分类的每个类别，我们都预先定义一个标签（label）。这个标签可以是任意值（整数、字符串等，一般用正整数）。接着，我们对每个样本的特征向量（feature vector）都标注一个预先定义好的标签，用于表示这个样本所属类别。只有两个类别（标签）的分类问题称为二分类问题；有多个类别（标签）的则称为多分类问题。我们将从样本的特征向量到标签的映射函数称为**分类器**（classifier）。

分类问题与第 4 章中学习的回归问题有一些相似之处，例如，它们都是从已标注好的数据集中学习输入数据到输出数据的映射关系。两者最大的区别在于，回归问题的输出数据是连续值，而分类问题的输出数据是离散值，即分类的类别标签。

举例而言，回归模型可基于前 10 年的石油价格数据预测未来的石油价格。二分类模型可预测石油价格的走势，即是涨还是跌。在回归问题中，输出数据石油价格是连续变量；而在分类问题中，尽管输入数据不变，仍然是前 10 年的石油价格数据（即为连续变量），但输出数据变成涨跌分类，即价格走势是涨还是跌。

本章将展示如何使用 k 近邻算法、判别分析（discriminant analysis）分类、决策树分类和朴素贝叶斯分类算法，还将介绍概率论在分类问题中所扮演的角色。在本章末尾，我们将了解这些算法中的内容，并学会如何在 MATLAB 中实现、运行这些算法。

5.1 决策树分类

决策树可看作一系列判断结果及其判断条件的图形化展示，尤其是对人脑极难描述清楚的判断条件的展示。判断结果往往是根据一连串层级化的判断条件而得出的，这使我们很难单纯地用表格、数字以正式和易于人脑理解的方式描述这些判断过程。

与表格、数字相反，树形结构能够很好地帮助我们描述、理解一系列的判断结果及其条件。通过追溯整棵树，人可以立即理解整个判断过程及所有可能的结果。相比通过一系列代数推理、公式描述来理解判定结果，先观察判定结果，再回溯整棵决策树显然更易于人的理解。

决策树由以下几部分构成。

- 节点（node）表示变量，其名称即为变量名称。
- 分支（branch）表示变量在定义域中能够选取的范围。
- 叶节点（leaf node）表示分类结果（没有子节点的节点即为叶节点）。

通过上面这些定义，我们能够对数据集中每个样本进行分类，并给出分类结果是正确的概率的大小。因此，决策树能够给出任意一个样本有多大概率属于任意分类。图 5.1 显示了一个分类树示例。

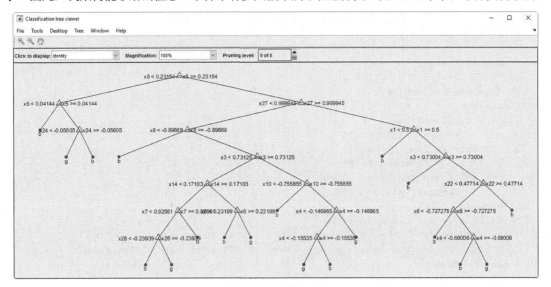

图 5.1　分类树示例

通过学习标注后的训练集，我们能够总结出分类规律（树状结构）。在测试集完成测试，并达到令人满意的精度后，算法所生成的决策树可用来对未经标注的数据进行分类。

 决策树是最简单的分类算法之一。这种算法通过遍历全部变量及其可选的分类条件，来生成最优分类树。

对于一元二分类问题（样本的类别只由一个变量来决定且只有两个类别），决策树只由一个节点、两个分支和两个叶节点构成；对于多元分类问题（样本的类别由多个变量共同决定），决策树由多个一元决策树的线性组合构成。

决策树由节点、分支和叶节点构成。具体而言，每个节点代表一个变量，并由变量名命名。每条边（分支）上标注的是沿这个分支的这个节点的取值范围。叶节点则标注最终分类结果及类别标签。

当决策树用于分类时，对未标注的样本，根据其特征向量中每个变量的值，在决策树中沿着根节点走到叶节点，可得到该样本的分类结果。所经过的路径即是对此样本分类过程中所用到的判断条件。对于决策树，每条从根节点到叶节点的路径都是一组判断条件。

使用决策树对样本进行分类的过程如下。

（1）从根节点开始。

（2）根据当前节点的名称，在待分类样本特征向量中选择对应变量的值。

（3）根据当前节点的分支的定义域及待分类样本对应的值，选择待分类样本所属的分支。

（4）根据分支到达下一节点。如果此节点是叶节点，则算法结束并返回叶节点的值（即分类结果）；如果此节点是节点，则回到第二步继续执行。

为了更好地理解这个过程，我们来考虑图 5.2 所示的例子。这个树包含两个自变量 $x1$ 和 $x2$。如果待分类样本的特征向量中，$x1 < 0.3$ 且 $x2 > 0.6$，那么它的分类结果就是 `true`，反之则为 `false`。整个分类过程如下：从根节点（图中节点由 Δ 表示）开始执行算法，当前节点（根节点）的标签是 $x2$，根据分支条件，如果在待分类样本的特征向量中 $x2$ 的值大于 0.6，我们则选择右分支。由于右分支的子节点是叶节点，因此算法结束并返回分类结果 `true`。如果在待分类样本中 $x2$ 小于 0.6，则选择左分支。由于左分支的子节点为 $x1$，因此我们根据待分类样本中 $x1$ 的值进行判断。如果 $x1$ 小于 0.3，则返回分类结果 `true`，反之则返回 `false`。

构建并展示图 5.2 所示的代码：

```
>> X=rand(100,2);
>> Y=(X(:,1)<0.3 | X(:,2)>0.6);
>> SimpleTree=fitctree(X,Y)
SimpleTree =
  ClassificationTree
              ResponseName: 'Y'
     CategoricalPredictors: []
                ClassNames: [0 1]
            ScoreTransform: 'none'
           NumObservations: 100
>> view(SimpleTree)
Decision tree for classification
1 if x2<0.590843 then node 2 elseif x2>=0.590843 then node 3 else true
2 if x1<0.301469 then node 4 elseif x1>=0.301469 then node 5 else false
3 class = true
4 class = true
5 class = false


>> view(SimpleTree,'mode','graph')
```

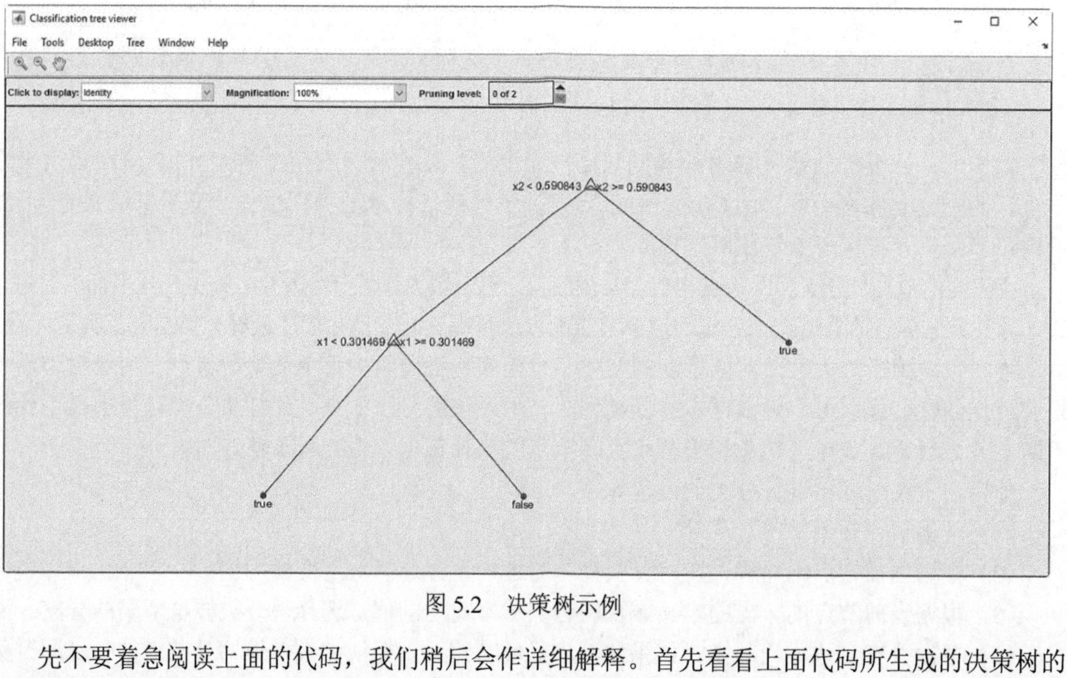

图 5.2 决策树示例

先不要着急阅读上面的代码，我们稍后会作详细解释。首先看看上面代码所生成的决策树的图形展示。

如果你有编程基础，那么可以非常容易地理解图 5.2。决策树表示为程序就是面向过程编程中一系列的条件判断语句（`if-else`）。当到达叶节点即没有更多 `if` 语句时，程序执行结束并返回分类结果。

当到达叶节点即得到分类结果时，由于分类过程中所使用的一系列判断条件都显示在执行算法所经过的路径上，因此任何决策树都可以看作一组判断规则的集合。每条判断规则代表从树的根节点到叶节点的路径。一棵树有多少叶节点，在表示成集合时，就有多少条规则。由规则集合所表达的决策树，与树结构表达的决策树拥有相同的计算复杂度。

接下来，我们将展示如何在 MATLAB 中实现整个流程。统计机器学习工具箱封装有从训练数据中学习决策树所需的所有工具。为了重复整个流程，我们将使用机器学习的经典数据集——Iris Flower 数据集。这是由英国统计和生物学家罗纳德·费舍尔（Ronald Fisher）在 1936 年发表的论文 *The use of multiple measurements in taxonomic problems* 中用于展示线性判别分析算法所使用的多元分类（每个样本的特征向量有多个特征值及因变量）数据集。

 可以通过相关链接从加州大学尔湾分校机器学习数据集中下载数据集及其简短描述。（若已安装了 MATLAB，则不需下载）

这个数据集收集了 3 种 Iris 花（Iris setosa、Iris virginica 和 Iris versicolor），每种有 50 个样本。每个样本的特征向量包含 4 个特征值（以 cm 为单位）：萼片长度、萼片宽度、花瓣长度和花瓣宽度。

数据集中类别标签为：`Setosa`、`Versicolour` 和 `Virginica`。

接下来通过学习 Iris 数据集中 150 个样本的特征向量（每个样本有 4 个特征值）到分类标签（供 3 种标签）的映射关系，构建决策树。MATLAB 已经自带了 Iris 数据集。我们可通过执行如下代码将数据集加载到工作区中：

```
>> load fisheriris
```

执行代码后，两个变量被加载到了 MATLAB 的 `meas` 和 `species` 中。第一个变量为由 150 个样本的特征向量构成的矩阵（150×4 `double` 类型）。第二个变量是对每个样本所属类型进行标注的标签向量（150×1 `cell` 类型）。通过执行如下代码可以得到变量的统计数据：

```
>> tabulate(species)
      Value    Count    Percent
     Setosa       50     33.33%
 Versicolor       50     33.33%
  Virginica       50     33.33%
```

通过执行上述代码，我们验证了这 150 个样本所属类别是均匀分布的。接下来，我们通过绘制数据集的散点图来观察每种类别对应特征值的分布情况。

在第 3 章中，虽然我们已经学习过如何绘制散点图，但是这里需要使用绘制函数的其他功能。现在我们希望除了能绘制散点，还能绘制每个点所属类别。可以通过函数 `gplotmatrix()` 实现这个功能。`gplotmatrix()` 的调用语法如下所示：

```
>> gplotmatrix(a,b,group)
```

这里，a（*m*×*n*1），b（*m*×*n*2）表示的是全部样本（*m* 个）的特征矩阵。代码执行后将得到（*n*1×*n*2）幅散点图。第 *i* 行 *j* 列散点图是使用 a 矩阵的第 *i* 列特征向量和 b 矩阵的第 *j* 列特征向量绘制的。在我们的例子中，我们希望根据 `meas` 特征矩阵及 `species` 中标注的类别标签绘制散点图：

```
>> gplotmatrix(meas, meas, species);
```

执行结果如图 5.3 所示。

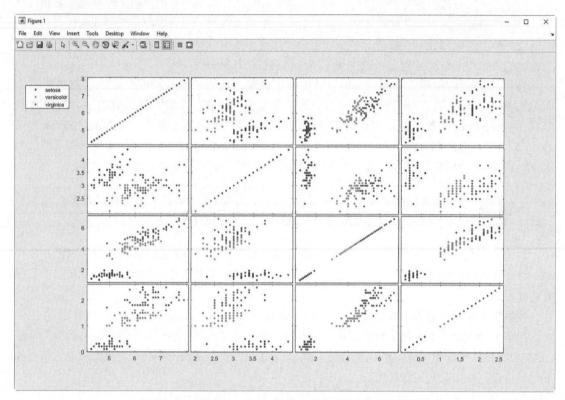

图 5.3 按照 species 进行分类绘制的散点图矩阵

粗略观察图 5.3 后我们可以看出，setosa 类与其他两类非常不同。与此相反，其余两类在所有散点图中都存在大量重合。

首先仔细观察根据花瓣特征值（长度和宽度）绘制的散点图，可以使用函数 gscatter()实现这个功能。函数 gscatter()的输入参数要求有 3 个参数，其中两个长度相等的特征向量和一个标签向量。meas 变量的第 3 列表示花瓣长度，第 4 列表示花瓣宽度，代码如下所示：

```
>> gscatter(meas(:,3), meas(:,4), species,'rgb','osd');
>> xlabel('Petal length');
>> ylabel('Petal width');
```

散点图清晰地展示了 3 种不同的花在特征空间中是如何分布的。

图 5.4 表明，根据花瓣的特征值对花朵进行分类是可行的（只根据花瓣的长度和宽度已经能够看出清晰的分类结果）。我们可以使用函数 fitctree()对整个特征值矩阵构建决策树。这个函数返回基于特征矩阵和标签向量构建的二叉树状决策树：

```
>> ClassTree= fitctree(meas,species);
```

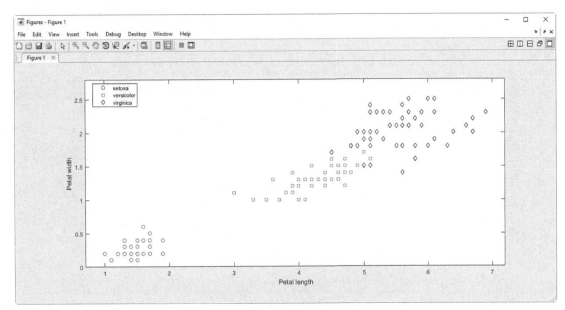

图 5.4 按照分类标签标注的散点图

返回的二叉树中每个节点有两个分支，分支结果是按照特征值矩阵 meas 中每一列向量（样本数×1）进行优化而得出的（优化算法为 fitctree 所封装的算法，在此忽略此函数的实现细节）。现在可以使用函数 view() 绘制二叉树图。函数 view() 有两种使用方法。单纯调用 view(ClassTree) 命令将返回文字描述的 if-else 指令集（上面讨论过指令集等同于二叉树结构）。添加参数后调用 view(ClassTree, 'mode','graph') 则会绘制二叉树树状图。下面先看第一种调用方法：

```
>> view(ClassTree)
Decision tree for classification
1  if x3<2.45 then node 2 elseif x3>=2.45 then node 3 else setosa
2  class = setosa
3  if x4<1.75 then node 4 elseif x4>=1.75 then node 5 else versicolor
4  if x3<4.95 then node 6 elseif x3>=4.95 then node 7 else versicolor
5  class = virginica
6  if x4<1.65 then node 8 elseif x4>=1.65 then node 9 else versicolor
7  class = virginica
8  class = versicolor
9  class = virginica
```

正如我们所见，在 fitctree() 优化生成的二叉树中只使用了 $x3$ 和 $x4$ 两个特征值，即花瓣的长度和宽度。下面来绘制二叉树的树状图：

```
>> view(ClassTree,'mode','graph')
```

图 5.5 显示了二叉树树状图。每个节点及其分支表示选取的某条路径，样本特征值所必须满足的取值范围。叶节点表示最终分类结果。

图 5.5 清晰可见地展示出了给花朵分类的整个流程。在构建完决策树后（即执行 fitctree() 后），我们可以非常方便地使用 ClassTree 对新样本进行分类。假设待分类新样本的特征向量如下（萼片的长度、宽度，花瓣的长度、宽度）：

```
>> MeasNew= [5.9 3.2 1.3 0.25];
```

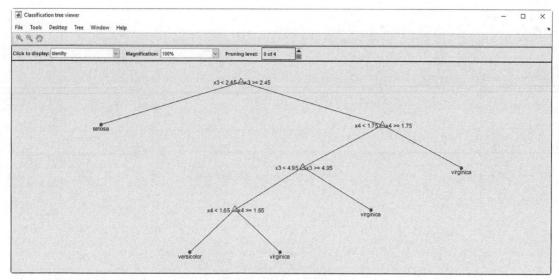

图 5.5　二叉树树状图

为了对样本进行分类，我们将待分类样本的特征向量 measNew 输入到训练好的决策树 ClassTree 中，然后对分类结果进行预测：

```
>> predict(ClassTree,measNew)
ans =
  cell
    'setosa'
```

函数 predict() 返回一个最终分类的标签标量或向量，这取决于输入参数是单一样本的特征向量还是多个样本的特征值矩阵。上面代码只返回一个标量，以及待分类样本 measNew 经 ClassTree 分类后的分类标签。当输入多个分类样本时，返回向量的顺序与样本的输入顺序一一对应。

到目前为止，我们已经学习了如何使用标注好的数据集训练决策树。现在需要验证其预测效果的优劣。我们用什么工具来检验决策树的预测效果呢？

首先，需要一个计算训练误差的指标。训练误差衡量决策树对待分类样本所预测的分类标签与数据集中真实标签间差距的指标。这种指标可以初步地表达模型性能的优劣。这种衡量是单调的，即指标值越高说明预测结果与真实值差异越大，预测效果越坏。反之，低指标值反映出模型有很好的预测效果。

使用如下函数计算训练误差：

```
>> resuberror = resubLoss(ClassTree)
resuberror =
    0.0200
```

结果显示，决策树能够对绝大多数样本给出正确分类。接下来继续验证模型的预测误差。训练误差是衡量模型对训练集中已经学习过样本的性能预测（现有参数是通过这些样本求出的）。与训练误差不同，预测误差使用预测集中的样本，即模型仍未学习过的数据（现有参数的整个优化过程与这些样本无关），对模型的泛化能力（在预测集中对新样本的预测能力）进行评估。我们使用交叉验证进行验证。

之前强调过，训练误差和混淆矩阵只能衡量模型训练集拟合程度的好坏，不能衡量任何相关模型泛化能力。然而，简单地将数据集分为训练集和测试集两部分，并使用测试集来衡量模型的泛化能力并不是十分精确、具有鲁棒性的方法。单一地划分为训练集和测试集很可能将过于复杂或简单的样本集中在任意数据集中，造成预测误差过大或过小。因此，模型在不同训练集、预测集上进行多次训练、预测，能够更具鲁棒性、精确地衡量模型的泛化能力，但是这要求有大量的数据。通过使用交叉验证，我们在少量数据集中也可以实现以上目标。

交叉验证将整个数据集等分为 k 份。每次验证都抽取一份作为验证集，其余作为训练集，这个过程将被重复 k 次。由于每次都使用整个数据集，因此每个样本都至少被训练并预测过一次（随机划分的交叉验证并非如此）。这样就能相对精确、鲁棒地对模型泛化能力进行衡量。

MATLAB 中对交叉验证的默认设置是 10 折交叉验证。交叉验证将整个数据集等分为 10 份，随机选取 9 份作为训练集来训练决策树，使用剩下的 1 份作为预测集，对模型预测结果进行检验。可以使用如下代码实现交叉验证：

```
>> cvrtree = crossval(ClassTree)
cvrtree =
  classreg.learning.partition.ClassificationPartitionedModel
    CrossValidatedModel: 'Tree'
         PredictorNames: {'x1'   'x2'   'x3'   'x4'}
           ResponseName: 'Y'
        NumObservations: 150
                  KFold: 10
              Partition: [1×1 cvpartition]
             ClassNames: {'setosa'  'versicolor'  'virginica'}
         ScoreTransform: 'none'
  Properties, Methods
>> cvloss = kfoldLoss(cvrtree)
cvloss =
    0.0733
```

首先调用函数 crossval()，这个函数将使用交叉验证的方法对模型进行检验，并返回一个交叉验证模型 cvrtree。接着，使用函数 kfoldLoss() 来计算整个交叉验证的预测误差。结果显示：即便对于模型没见过的样本（预测集中，模型训练过程没有使用过的样本），决策树依然能够对绝大多数样本给出正确分类。

5.2 概率分类模型——朴素贝叶斯分类

贝叶斯分类在统计学中属于判断样本属于某一分类的概率的一种方法。例如，我们基于顾客的工作状况、年龄、收入、喜欢的运动等信息，用朴素贝叶斯分类方法可以判断顾客有多大可能购买一辆跑车。

这种方法的理论基础是贝叶斯理论。贝叶斯是 18 世纪英国的一位数学家。这个理论给出了后验概率与先验概率和似然函数之间的关系。后验概率是指，当观察到某些情况已经发生后，待观察事件发生的概率是多少。

朴素贝叶斯分类利用这个理论并进一步假设，当给定一个样本的分类时，在样本的特征向量中，每个特征值的取值概率与其他特征值的取值条件独立（conditional independence）。这个假设能够大大简化联合概率分布的计算复杂度，这就是"朴素"一词的由来。当数据集真正满足条件独立时，朴素贝叶斯分类与更加复杂的模型有同样优秀的结果。

5.2.1　概率论基础

在正式学习之前，我们回顾一些概率学的基本概念。如果你已经熟悉这些概念，那么可以跳过本节。深入理解基本概念有助于阅读后面模型方面的内容。

首先考虑一个简单的例子。假设一个不透明箱子里面有 7 个白球和 3 个黑球，并假设每个球之间除颜色之外，其他属性（如质量、材质等）是完全一致的。现在随机从箱子中取出一个球，请问取出黑球的概率是多少？

（1）箱子中共有 10 个球，因此共有 10 种取到不同球的情况。取到任何一个具体球的可能性是相同的，任何球都有同等可能性被取到。

（2）在这 10 种情况中，只有 3 种是取到黑球。

因此，在取到的球是黑球这个事件中，10 种情况中只有 3 种符合这个要求。我们将概率定义为事件发生的情况数在总情况数中的比值，因此得到：

$$取到黑球的概率 = 3/10 = 0.3 = 30\%$$

由此可见，一个事件发生的概率可以表示为如下形式。

（1）分数：3/10。

（2）小数：0.3。

（3）百分数：30%。

有了粗略的概念后，我们给出其数学公式的定义。一个事件 E 的概率被定义为事件发生的情况数 s 占总可能情况数 n 的比值。假设所有可能的情况都是等可能发生的（非等可能的情况稍后讨论），那么其公式表示为：

$$P = P(E) = \frac{符合事件的情况数}{总可能情况数} = \frac{s}{n}$$

我们来看如下两个例子。

（1）扔一枚硬币，硬币朝上是正面的概率是多少？扔硬币结果的总可能情况数为 2，即｛正面、反面｝，因此符合事件的情况数是 1，所以 P（朝上面=正面）$= \frac{1}{2} = 0.5 = 50\%$。

（2）扔一个色子，朝上面是 5 的概率是多少？总可能情况数为 6，即色子共有 6 个面。符合事件的情况数是 1，因此概率 P（朝上面 = 5）$= \frac{1}{6} = 0.166 = 16.6\%$。

在上面的定义中，我们用到了"等可能性"这个概念。为了更清楚地表述这个概念，我们引用无差别原则（the Principle of Indifference）来解释它：

对于一组情况，如果没有任何可被证实的理由来证明某些情况发生的可能性高于另外一些情况，那么我们认为所有情况发生的可能性是相同的。

在计算总可能发生的情况、符合事件的情况时，我们经常需要用到排列组合的知识。

我们已经知道概率可被定义为两个数的比值。完整的定义还应包括概率的取值范围（0～1）：

$$0 \leqslant P(E) \leqslant 1$$

（1）概率为 0 的事件称为不可能事件。例如，假设一个箱子中有 6 个红球，那么从箱子中取一个球时，取出的球是黑球的概率为 0，即为不可能事件。

（2）概率为 1 的事件称为确定事件。在上面的例子中，取出红球的概率为 1，即为确定事件。

概率的经典定义有很多局限。首先它是从频率角度出发，使用离散且有限的事件进行定义的，这种定义难以扩展到连续变量的情况。其次，定义中假设了事件发生的等可能性，即我们事先知道了所有可能发生的情况，并且知道每种情况是等可能发生的，这种极强的假设进一步限制了这种定义的应用范围。

经典概率的定义是从频率论的角度出发的，现代概率论与之相比的一大进步就是从频率角度出发引入了"先验"的概率。例如，我们预先知道一个硬币的质地是不均匀的，反面比正面重，那么在抛硬币之前就已经可以假设，抛掷这个硬币的实验结果是有 75% 可能是正面，这里的 75% 就是"先验"。即在未观察数据集中的样本之前，人们对这个事件固有的先验知识，并将"先验"与数据集中观察到的实际情况相结合，从而得到事件的概率。现在首先将概率的定义扩展为，当有无穷多次重复试验时，事件发生的概率所逼近的极限值。注意，这个定义可以适用于没有先验知识，且无须假设等概率发生的可能性。这个定义的唯一假设是，事件的试验可以重复无穷多次，且每次重复时其他条件完全相同。

有了这个定义后，我们就可以使用频率角度下的概率值来逼近概率的极限值。如果我们有关于一个事件基于相同条件、大量重复次数的试验结果，那么可以假设基于这个试验频率所得到的值是逼近极限情况下真实概率值的：

$$频率 \approx 概率$$

从贝叶斯学派的角度出发，概率是对于一个论断（即事件发生的可能性）可信程度的度量。这个定义可应用于任意事件。从贝叶斯公式出发，概率是可以双向推断的，可以使用先验概率、似然概率（这些概念稍后会进行解释）推断后验概率，也可以从后验概率出发推断先验概率。在贝叶斯公式中，先验概率是指人们（很多情况下是专家、论文结论）对某一事件发生情况的先验和固有经验，这与事件的本次实际试验结果完全无关。因此先验概率完全是主观的。有了先验概率，我们就可以结合实际试验中得到的结果（频率角度），来估计事件发生的后验概率。这种方法的精髓就是将先验知识，与可能存在样本误差的试验结果结合起来，对真实的概率分布进行估计。

到目前为止，我们已经讨论了单一事件发生的概率问题。那么，如何估计多个事件发生的概率呢？现在假设有两个相互独立的事件（即一个事件发生的可能性与另一个事件不相关）A 和 B。例如，有 52 副扑克牌，当我们从每副扑克牌中抽取一张牌时，以下两个事件是相互独立的。

（1）$E1$：从第一副扑克牌中抽到 A。

（2）$E2$：从第二副扑克牌中抽到梅花花色的牌。

这两个事件是相互独立的，无论一个事件有怎样的结果，都不会改变另一个事件发生的概率。

与此相反，相互依赖的事件是指，事件 A 发生的概率随着事件 B 是否发生而改变。假设有一副扑克牌（52 张），如果我们不放回地依次抽取两张扑克牌，那么以下两个事件是相互依赖的。

（1）$E1$：第一张抽到的牌是 A。

（2）$E2$：第二张抽到的牌是 A。

准确地说，$E2$ 发生的概率是随 $E1$ 是否发生而改变的。

（1）$E1$ 发生的概率是 4/52。

（2）如果 $E1$ 发生，那么 $E2$ 发生的概率是 3/51。

（3）如果 $E1$ 未发生，那么 $E2$ 发生的概率是 4/51。

我们接着研究两个事件中其他模式的依赖关系。如果两个事件不可能同时发生，那么我们说这两个事件是互斥事件。例如在上面的例子中，以下两个事件是互斥事件。

（1）$E1$：抽到的牌是红桃 A。

（2）$E2$：抽到的牌是人脸牌（纸牌中的 J、Q、K）。

如果一次试验中两个事件必然有一个发生，则我们说这两个事件是互补的。例如在上面的例子中，以下两个事件为互补事件。

（1）$E1$：抽到的牌是数字牌。

（2）$E2$：抽到的牌是人脸牌（纸牌中的 J、Q、K）。

现在考虑多个事件的联合概率分布。假设有两个相互独立的事件 A 和 B，那么这两个事件的联合概率分布等于各自事件的概率分布的乘积：

$$P(A \cap B) = P(A) \times P(B)$$

假设有两副扑克牌（每副有 52 张），我们从中各抽一张牌，那么以下两个事件是相互独立的事件。

（1）A：第一副中抽到的牌是 A。

（2）B：第二副中抽到的牌是梅花。

那么两个事件同时发生的概率如下。

（1）$P(A) = 4/52$。

（2）$P(B) = 13/52$。

（3）$P(A \cap B) = 4/52 \times 13/52 = 52/(52 \times 52) = 1/52$。

如果两个事件是相互依赖的，则上面的公式就不成立了。我们可以通过条件概率分布来计算联合概率分布。条件概率分布是指，对于概率分布 $P(B|A)$ 在事件 A 发生的条件下，事件 B 的概率分布。由此我们得到如下公式：

$$P(A \cap B) = P(A) \times P(B|A)$$

假设一个箱子中有 2 个白球和 3 个红球，我们从箱子中逐次不放回地取出两个球。那么，两个球同时是白球的概率如下。

- 概率 $P(A)$ 第一次取到白球的概率是 $2/5$。
- 条件概率 $P(B|A)$ 如果第一次取到的是白球，那么第二次仍取到白球的概率为 $1/4$。

根据公式，我们知道两个事件的联合概率为：

$$P(A \cap B) = 2/5 \times 1/4 = 2/20 = 1/10$$

理解了上面一系列的例子后，我们开始正式定义条件概率。当已知事件 B 发生后，事件 A 发生的概率，则称这为事件 A 的条件概率，并使用符号 $P(A|B)$ 来表示。条件概率可以通过如下公式计算［从现在开始我们使用符号 $P(A,B)$ 代替前文中的 $P(A \cap B)$］：

$$P(A|B) = \frac{P(A,B)}{P(B)}$$

通常只有在事件 A 依赖于事件 B 时才使用条件概率。如果事件 A 和 B 是相互独立的，那么条件概率退化为［因为对于相互独立的事件 $P(A,B) = P(A) \times P(B)$，代入条件概率公式即得如下结果］：

$$P(A|B) = P(A)$$

事实上，现在事件 B 的出现并不影响 $P(A)$。

举例来讲，从一副有 52 张牌的扑克中抽取两张牌，第二张牌的花色是方块的概率是多少？已知第一张牌的花色是方块。

$$P（方块 \bigcap 方块）= 13/52 \times 12/51$$

则　　　　　　　　　　$P（方块 | 方块）= (13/52 \times 12/51)/13/52 = 12/51$

5.2.2 使用朴素贝叶斯进行分类

我们已经学习了计算许多类型的概率，该是从中受益的时候了，现在通过定义贝叶斯定理来实现分类操作。

令 A 和 B 为两个互相相关的事件。之前提到，用如下公式计算两个事件的联合概率：

$$P(A \bigcap B) = P(A) \times P(B | A)$$

或者用如下公式计算：

$$P(A \bigcap B) = P(B) \times P(A | B)$$

通过分析上述两个公式，我们发现等式左边的式子是相等的，这意味着等式右边的式子也是相等的，因此可得：

$$P(A) \times P(B | A) = P(B) \times P(A | B)$$

求解后，可获得条件概率：

$$P(B | A) = \frac{P(B) \times P(A | B)}{P(A)}$$

或者

$$P(A | B) = \frac{P(A) \times P(B | A)}{P(B)}$$

所得到的这两个公式就是贝叶斯定理的数学表示。究竟用第一个还是第二个，取决于我们想了解什么。

让我们举个例子。假定我们有两枚硬币，第一枚硬币是正常的（一侧是正面，另一侧是反面），第二枚硬币是有问题的（两侧都是正面）。随机选择并抛掷一枚硬币，结果是正面朝上。如果抛掷的这枚硬币是有问题的，那么出现这种情况的概率有多大？

我们用不同的符号来表示事件。

（1）A：第一枚硬币被掷出。

（2）B：第二枚硬币被掷出。

（3）C：掷出后的结果是正面朝上。

为了避免出错，我们来看看需要计算什么。我们需要计算选择的是抛掷出第二枚硬币的概率，在已知掷出后的结果是正面朝上的情况下，我们必须计算 $P(B|C)$。根据贝叶斯定理，我们可得：

$$P(B | C) = \frac{P(B) \times P(C | B)}{P(C)}$$

现在我们需要求出等式右边的 3 个概率。记住，$P(B|C)$ 称为后验概率，并且这就是我们想要得出的结果。$P(B)$ 称为先验概率，等于 1/2。因为我们有两种选择（2 枚硬币可选）：

$$P(B) = 1/2$$

$P(C)$ 称为边际似然率，并且等于 3/4，因为 2 枚硬币有 4 个面（即 4 种可能的情况），其中 3

个面是正面：

$$P(C) = 3/4$$

现在，我们可以将这些概率结果带入公式，使用贝叶斯定理得到结果：

$$P(B \mid C) = \frac{P(B) \times P(C \mid B)}{P(C)} = \frac{1/2 \times 1}{3/4} = 2/3$$

5.2.3　MATLAB 中的贝叶斯方法

在本节中，我们开始介绍朴素贝叶斯分类及其在 MATLAB 中的实现。如同在本章开头部分所说的，朴素贝叶斯分类利用条件独立并进一步假设，当给定一个样本分类时，在样本的特征向量中，每个特征值的取值概率与其他特征值的取值条件独立。这个假设能够大大简化联合概率分布的计算复杂度，这就是"朴素"的由来。当数据集真正满足条件独立时，朴素贝叶斯分类与更加复杂的模型有同样优秀的结果。

在 MATLAB 中，使用朴素贝叶斯分类需要以下两步。

（1）**训练**：朴素贝叶斯分类首先使用预先标注好类别标签的数据集，在这个数据集上求解模型参数，即根据条件独立这个假设，分别估计每个特征值的概率分布。

（2）**预测分类标签**（下面简称预测）：对于新的未经标注的数据集，使用第一步中训练好的分类器，计算每个样本属于任意类别的后验概率。预测分类标签的结果是使每个样本后验概率最大的那个标签。

在决策树部分中我们已经使用过 Iris 花朵数据集。这个数据集非常精炼，是众多教程中理解朴素贝叶斯分类的经典数据集，本书中我们延续这一传统。我们将继续使用 Iris 数据集来学习朴素贝叶斯分类。具体而言，将使用 Iris 数据集中的花瓣数据（长度和宽度）构建贝叶斯分类器。

我们将用函数 fitcnb() 训练朴素贝叶斯分类。这个函数可以返回一个多分类问题的朴素贝叶斯分类器。在实践中，最好预先将类别标签排序，这样才能使用函数 fitcnb() 解决多分类问题。在此，我们将使用花瓣的长度和宽度作为输入数据（特征向量），类别标签则有 setosa、versicolor 和 virginica。

与之前相同，使用如下代码加载 Iris 数据集：

```
>> load fisheriris
```

首先，从 meas 矩阵中提取第三、四列特征值，即花瓣的长度和宽度。其次，创建一个 table 类型的变量 PetalTable 来存储这些特征值：

```
>> PetalLength = meas(:,3);
>> PetalWidth = meas(:,4);
>> PetalTable = table(PetalLength,PetalWidth);
```

训练朴素贝叶斯分类的代码如下：

```
>> NaiveModelPetal =
fitcnb(PetalTable,species,'ClassNames',{'setosa','versicolor','virginica'})
NaiveModelPetal =
  ClassificationNaiveBayes
           PredictorNames: {'PetalLength'  'PetalWidth'}
             ResponseName: 'Y'
    CategoricalPredictors: []
```

```
       ClassNames: {'setosa'  'versicolor'  'virginica'}
   ScoreTransform: 'none'
   NumObservations: 150
 DistributionNames: {'normal'  'normal'}
DistributionParameters: {3×2 cell}
```

执行上面的代码后，函数 fitcnb() 将返回一个类型为 ClassificationNaiveBayes 的变量 NaiveModelPetal。这个变量有许多方法和属性，我们可以使用（·）操作来访问。例如，可以通过如下代码来查看训练好（已求解出参数）的贝叶斯分类器，每个类别所估计的高斯分布［即 P（特征值 | 标签）］的均值和标准差：

```
>> NaiveModelPetal.DistributionParameters
ans =
  3×2 cell array
    [2×1 double]    [2×1 double]
    [2×1 double]    [2×1 double]
    [2×1 double]    [2×1 double]
```

在上面的 3×2 单元矩阵中，每个 cell 单元格（2×1 double 类型）都保存了其所对应的均值和方差。对应关系为，每一行代表一类，在这里从上到下分别表示 setosa、versicolor 和 virginica；每一列代表一个特征值，在这里从左到右分别表示花瓣的长度和宽度。因此，为了得到贝叶斯分类器所估计的 versicolor 类的花瓣长度的概率分布函数的均值和标准差，我们可以执行如下代码（在下面的执行结果中，第一个值是均值，第二个值是标准差）：

```
>> NaiveModelPetal.DistributionParameters{2,1}
ans =
    4.2600
    0.4699
```

同理，得到 setosa 类花瓣宽度的代码为：

```
>> NaiveModelPetal.DistributionParameters{1,2}
ans =
    0.2460
    0.1054
```

为了检验训练完毕后模型的拟合效果，我们可以计算模型的训练误差。训练误差［training error，在 MATLAB 的某些工具箱中也称为再代入误差（resubstitution error），前者更为通用、易于理解］计算的是训练好的模型，对于训练集中样本分类结果的错误分类的比值。训练误差能够告诉我们模型对训练集拟合效果的好坏。我们可以通过如下代码进行计算：

```
>> NaiveModelPetalResubErr = resubLoss(NaiveModelPetal)
NaiveModelPetalResubErr =
    0.0400
```

结果显示，有 4% 的样本被错误分类了。训练误差虽然计算简单，但是不能告诉我们训练模型都犯了什么类型的错误。具体而言它无法回答以下问题。

（1）这 4% 的误差，在 3 个类别中是均匀分布的吗？

（2）如果不是均匀分布的，那么这 4% 的误差是由单一类别引起的吗？其他类别均分类正确吗？

为了更好地理解模型错分的样本，我们可以计算混淆矩阵。与训练误差类似，混淆矩阵也仅使用样本的真实标签和分类器所预测的标签进行计算，但是它包含更为丰富的内容。我们常使用混淆矩阵来评估分类器的性能，而非简单地使用训练误差。表 5.1 显示了二分类问题的混淆矩阵[1]。

表 5.1　二分类问题的混淆矩阵

	Predicted Positive	Predicted Negative
Actual TRUE	TP(True Positive)	FN
Actual FALSE	FP	FN(False Negative)

其中，Actual TRUE 表示的是在实际数据集中，真实分类标签为 TRUE 的样本（注意此处仅考虑二分类问题，分类标签仅有 TRUE 和 FALSE 两种）；Predicted Positive 表示的是分类器预测结果为 TRUE 的样本。表格中的每个值代表如下含义。

（1）TP 表示实际标签为 TRUE 且分类器预测为 TRUE 的样本个数（即分类器能够正确分类，样本真实标签为 TRUE 的样本个数）。

（2）FN 表示实际标签为 FALSE 且分类器预测为 FALSE 的样本个数（即分类器能够正确分类，样本真实标签为 FALSE 的样本个数）。

（3）TN 表示实际标签为 TRUE 但分类器预测为 FALSE 的样本个数（即被分类器错误分类的，样本真实标签为 TRUE 的样本个数）。

（4）FP 表示实际标签为 FALSE 但分类器预测为 TRUE 的样本个数（即被分类器错误分类的，样本真实标签为 FALSE 的样本个数）。

显然，主对角线上的值表示分类器能正确分类的样本数量，其他值表示被错误分类的样本数量。在 MATLAB 中，我们可以使用函数 confusionmat() 计算混淆矩阵。在计算混淆矩阵之前，我们先要获取之前训练的分类器 NaiveModelPetal 对每个样本预测的标签，然后再输入函数进行计算。代码如下：

```
>> PredictedValue = predict(NaiveModelPetal,meas(:,3:4));
>> ConfMat = confusionmat(species,PredictedValue)
ConfMat =
    50     0     0
     0    47     3
     0     3    47
```

如预期的一样（4%的训练误差），只有 6 个样本被错误分类了。通过混淆矩阵我们知道这 6 个样本原本属于的类是 versicolor 和 virginica。我们可以使用以花瓣的长度和宽度为坐标轴的二维散点图来帮助理解为何这 6 个样本会被错分。为了更好地绘制图表，我们可以先用如下代码确定坐标轴的范围：

```
>> min(meas(:,3:4))
ans =
    1.0000    0.1000
>> max(meas(:,3:4))
ans =
    6.9000    2.5000
```

现在可以绘制网格图：

```
>> [x,y] = meshgrid(1:.1:6.9,0.1:.1:2.5);
```

---

[1] 混淆矩阵及其缩写属于机器学习领域必须熟知的概念，因此不翻译英文，请务必熟记。

接着使用之前训练好的分类器，对网格图中的每单元网格进行预测：

```
>> PredictedGrid = predict(NaiveModelPetal, [x y]);
```

现在绘制预测结果的散点图：

```
>> gscatter(x,y,PredictedGrid,'grb','sod')
>> xlabel('Petal Length')
>> ylabel('Petal Width')
>> title('{\bf Classification by Naïve Bayes Method}')
```

为了让图片更加直观，我们在图中添加了标题和横纵坐标轴的标签。图 5.6 显示了分类器 `NaiveModelPetal` 是如何根据花瓣的长度和宽度进行分类的。

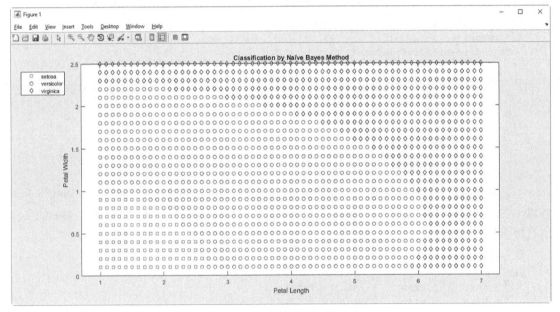

图 5.6　分类结果分布示意图

5.3　判别分析分类

判别分析（discriminant analysis）是由费舍尔于 1936 年提出的**线性判别分析**（Linear Discriminant Analysis，LDA）演变而来的统计学方法，最早使用一维函数描述两组或多组分类样本，并将样本按照类别进行分类。与之前的方法相同，判别分析同样适用于分类问题。它要求有一组预先定义好的类别标签，以及由多个样本、每个样本的多个特征值组成的特征值矩阵，还有其对应的标签向量（训练数据集）。判别分析也可用于判断任意一组特征值是否足够对训练集进行有效的分类。

在 MATLAB 中，判别分析基于如下假设。

（1）每个类别都服从多元正态分布（可以看作混合高斯分布的一种特殊情况）。

（2）对于线性判别分析，所有类别服从标准差相同的正态分布，只是均值不同。

（3）对于二次判别分析，均值和标准差都可以不同。

基于上面的假设，判别分析模型的目标函数可表示为最小化期望分类损失：

$$Y = \arg \min_{y=1,\cdots,k} \sum_{k=1}^{K} P(k \mid x) C(y,k)$$

其中，Y 代表对样本 x 的分类标签；K 代表分类标签的个数；$P(k \mid x)$ 代表样本 x 属于第 k 类别的后验概率；$C(y,k)$ 是损失函数，样本 x 的真实标签是 y。损失函数 C 衡量将样本分类到第 k 类别所造成的损失。

在这里继续以 Iris 数据集为例来学习判别分析，记得先使用以下代码导入数据集：

```
>> load fisheriris
```

MATLAB 的函数 fitcdiscr() 返回了一个训练完毕的判别分析模型。这个模型使用高斯分布对每个类别进行估计。下面的代码将使用整个数据集训练判别模型：

```
>> DiscrModel = fitcdiscr(meas,species)
DiscrModel =
  ClassificationDiscriminant
            ResponseName: 'Y'
   CategoricalPredictors: []
              ClassNames: {'setosa'  'versicolor'  'virginica'}
          ScoreTransform: 'none'
         NumObservations: 150
             DiscrimType: 'linear'
                      Mu: [3×4 double]
                  Coeffs: [3×3 struct]
```

与之前相同，我们可以使用（.）运算符来访问成员的方法和属性。注意：在上述代码返回的输出中，倒数第二行的变量 Mu 代表了每个特征值对应每个分类的高斯分布的均值。可以使用以下代码获取这些数据：

```
>> DiscrModel.Mu
ans =
    5.0060    3.4280    1.4620    0.2460
    5.9360    2.7700    4.2600    1.3260
    6.5880    2.9740    5.5520    2.0260
```

其中，每一行代表一个类别，从上往下依次代表 setosa、versicolor 和 virginica。每一列代表一个特征值，从左到右依次代表萼片的长宽和花瓣的长宽。

下面来研究 DiscrModel 的 Coeffs 属性：

```
>> DiscrModel.Coeffs
ans =
 3×3 struct array with fields:
    DiscrimType
    Const
    Linear
    Class1
    Class2
```

这个属性返回大小为 $n \times n$ 的结构体矩阵，在我们的例子中，因为有 3 个类别，所以 $n = 3$。每个结构体数组都包含界定两类线性分类边界的系数。为什么我们要讨论线性分类边界呢？因为判别分析将 n 维空间分为多个区域，每个区域属于一个类别，这些线性边界正是多个区域的分界线。当使用训练好的判别分析模型进行预测时，输入未经标注的样本的特征向量，并观察这个特征向量处于 n 维空间的哪个区域，使用这个区域所属的类别标签对其分类。

因此 Coeffs(i,j) 代表的是第 i 类和第 j 类之间的线性分类边界，这个边界可表示为线性方程：

$$Const+Linear*x=0$$

其中，x 表示输入样本的特征向量。为便于可视化，与之前相同，接下来我们只使用花瓣的长度和宽度这两个特征训练模型，这样才可将任意结果展示在二维图表中：

```
>> X = [meas(:,3) meas(:,4)];
```

仅使用花瓣的特征值进行训练。

```
>> DiscrModelPetal = fitcdiscr(X,species)
DiscrModelPetal =
  ClassificationDiscriminant
            ResponseName: 'Y'
    CategoricalPredictors: []
              ClassNames: {'setosa'  'versicolor'  'virginica'}
          ScoreTransform: 'none'
          NumObservations: 150
              DiscrimType: 'linear'
                      Mu: [3×2 double]
                  Coeffs: [3×3 struct]
```

绘制训练集中特征矩阵的散点图，并使用标签向量对每个样本进行标注：

```
>> gscatter(meas(:,3), meas(:,4), species,'rgb','osd');
```

获取类别 setosa 和 versicolor 之间线性边界的代码（标签 12 按顺序与之对应）：

```
>> Const12 = DiscrModelPetal.Coeffs(1,2).Const;
>> Linear12 = DiscrModelPetal.Coeffs(1,2).Linear;
```

在图上绘制出两个类别间的线性边界：

```
>> hold on
>> Bound12 = @(x1,x2) Const12 + Linear12(1)*x1 + Linear12(2)*x2;
>> B12 = ezplot(Bound12,[0 7.2 0 2.8]);
>> B12.Color = 'r';
>> B12.LineWidth = 2;
```

同理，获取类别 versicolor 和 virginica 之间线性边界的代码（标签 23 按顺序与之对应）：

```
>> Const23 = DiscrModelPetal.Coeffs(2,3).Const;
>> Linear23 = DiscrModelPetal.Coeffs(2,3).Linear;
```

绘制两类之间的分类边界：

```
>> Bound23 = @(x1,x2) Const23 + Linear23 (1)*x1 + Linear23 (2)*x2;
>> B23 = ezplot(Bound23,[0 7.2 0 2.8]);
>> B23.Color = 'b';
>> B23.LineWidth = 2;
```

最后在图上绘制坐标轴标签和图表标题：

```
>> xlabel('Petal Length')
>> ylabel('Petal Width')
>> title('{\bf Linear Classification by Discriminant Analysis}')
```

图 5.7 显示了 Iris 数据集的散点图,并且绘出了判别分析训练后得到的不同类别间的线性分类边界。

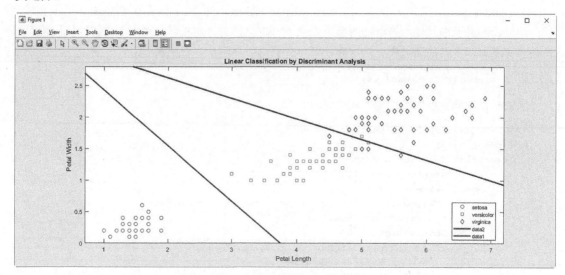

图 5.7 添加不同类别间线性分类边界的 Iris 数据集散点图

现在我们使用训练好的模型,对 3 个新的花朵样本进行分类。如图 5.8 所示,下面 3 个点落在了 3 个分类区域中。

(1) $P1$:花瓣长度为 2cm,花瓣宽度为 0.5cm。

(2) $P2$:花瓣长度为 5cm,花瓣宽度为 1.5cm。

(3) $P3$:花瓣长度为 6cm,花瓣宽度为 2cm。

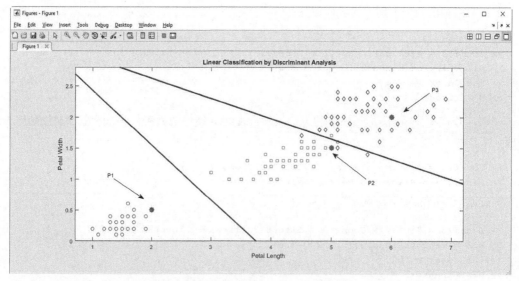

图 5.8 添加不同类别间线性分类边界的 Iris 数据集散点图,并添加 3 个新样本

首先对上面的 3 个样本构建训练数据(特征向量):

```
>> NewPointsX=[2 5 6];
>> NewPointsY=[0.5 1.5 2];
```

为了使用训练好的模型对新样本进行预测，我们使用函数 predict()。这个函数将返回与输入的特征向量一一对应的模型预测的标签向量结果：

```
>> LabelsNewPoints = predict(DiscrModelPetal,[NewPointsX' NewPointsY'])
LabelsNewPoints =
  3×1 cell array
    'setosa'
    'versicolor'
    'virginica'
```

现在在之前的散点图中画出新添加的这 3 个点：

```
>> plot(NewPointsX,NewPointsY,'*')
```

图 5.8 是在图 5.7 中添加了 3 个新样本之后的结果。这幅图可以通过观察新样本所属区域的标签，来验证函数 predict() 分类的正确性。

从图 5.8 可以看出，除了少部分点落在 versicolor 和 virginica 之间的分类边界上，判别分析模型的分类效果还是不错的。我们可以使用更高次的模型对数据集进行拟合，以求达到更好的分类效果。为此，我们可以将模型中的 DiscrimType 键值对设置为 pseudoLinear 或者 pseudoQuadratic。

为了检测模型效果，我们可以使用以下代码计算训练误差：

```
>> DiscrModelResubErr = resubLoss(DiscrModel)
DiscrModelResubErr =
    0.0200
```

2%的训练误差表明，模型对 Iris 数据集具有很好的拟合效果。与朴素贝叶斯分类相同，为了理解错分样本的分布状况，我们可以计算混淆矩阵。同样，在计算混淆矩阵前首先需要得到模型对训练样本的预测结果：

```
>> PredictedValue = predict(DiscrModel,meas);
>> ConfMat = confusionmat(species,PredictedValue)
ConfMat =
    50     0     0
     0    48     2
     0     1    49
```

与预期相同，只在 versicolor 和 virginica 分类中有 3 个错分样本。我们可以通过绘制散点图观察是哪 3 个样本被错分了：

```
>> Err = ~strcmp(PredictedValue,species);
>> gscatter(meas(:,3), meas(:,4), species,'rgb','osd');
>> hold on
>> plot(meas(Err,3), meas(Err,4), 'kx');
>> xlabel('Petal length');
>> ylabel('Petal width');
```

这里解释一下上述代码。首先使用函数 strcmp() 来比较模型预测结果和训练集中真实的标签向量，如果两个字符串相同，则函数返回逻辑值 1，否则返回 0。比较结果保存在向量 Err 中，它接下来会作为 logicalmask 向量（MATLAB 术语，其作用是过滤掉 logicalmask 向量中值不为 1 的元素。这是 MATLAB 中非常强大且常用的技巧，建议自行学习）。接着，以花瓣的长宽为坐标轴，绘制 Iris 数据集的二维散点图。最后，将错分样本标注在散点图上。

图 5.9 显示了标注有错分样本的散点图。

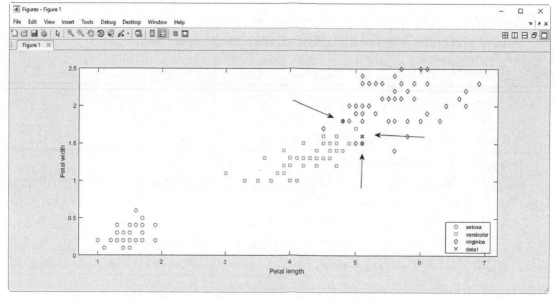

图 5.9　标注有错分样本的散点图

正如预期所料，错分样本是落在 versicolor 和 virginica 分类边界上的点。

5.4　*k* 近邻算法

分类分析的一个重要任务就是证明不同类别的样本的特征向量之间存在显著差异，这是分类模型发挥作用的基本条件。当使用训练集训练完分类模型后，我们可以将另外一组经过标注但模型训练过程中没用到过的数据输入模型中，得到预测结果，从而验证模型的泛化性能（模型在未知数据集上的预测能力）。这样的数据集根据使用阶段、目标的不同，分别被称为验证集（validation set）和测试集（test set）。之前训练好的模型的泛化性能可以通过观察这些样本的预测结果进行检验。

k 近邻算法是众多分类算法中的一种，它基于样本间的距离（距离的定义有很多种，是多种衍生算法的核心区别），将待分类样本赋值到距离它最近的 *k* 个近邻样本中，是最多样本所属的分类。这也是本章中我们介绍的唯一不需要训练模型的分类方法，即直接使用训练数据集就可以完成分类任务。经典的 *k* 邻近算法使用**欧氏距离**衡量样本间的距离。欧氏距离的计算公式为：

$$D = \sqrt{\sum_{i=0}^{n}(x_i - y_i)^2}$$

在二维平面上，两点之间最短的欧氏距离是连接两点的直线。这个距离是按照上面的公式，使用两个向量之差的平方开根号来计算的（公式中使用的是代数表示而非矩阵表示）。

一个样本将被归类为周围 *k* 个近邻样本中，大多数样本所属的类别。其中 *k* 是算法的可选参数，表示每次新加入样本分类时，距离其最近的 *k* 个样本。如果 *k* = 1，那么新样本被分类为最近样本所属的分类。当然这并不是最好的参数设置，因为只基于最近样本分类必将导致非常高的分类误差。

因此，通常考虑 2～10 个最近邻样本并使用多数样本所属的分类。*k* 值的选取通常基于人们的先验知识，包括对数据集的预先观察。总体来说，相对较大的 *k* 值，通常会得到更少的噪声和更好的结果，但是对于不同数据集效果并不相同。多数情况下，我们选取奇数作为 *k* 值以尽可能避免有相同个最大样本数分类的情况；尽管这样，仍然可能出现多个候选分类，这时可以通过具体衡量每个样本到新样本的距离来进行选择。

　　k 近邻算法的一大优势是不需要训练，能够直接对新加入样本进行分类。另外，它能够对非线性分类（类别之间不存在线性分类边界）问题进行分类。*k*NN 具有非常好的鲁棒性，数据集中的少量噪声很难引起分类结果的变化。

　　*k*NN 最大的缺点是，需要保存全部数据集。对于大数据应用而言，*k*NN 算法非常耗费内存。此外它的一个显著限制是，经典算法有非常大的计算量——为计算 *k* 近邻样本，需要计算新加入样本与数据集中每个样本的欧氏距离。不过这个问题在其衍生算法的程序化实现中，可以借助一些特殊设计的数据结构（如树结构）来解决。另外一个缺陷就是，尽管 *k*NN 算法在大数据中得以应用，但仍需要大量标注好的数据才能达到令人满意的精度。

　　在 MATLAB 中，*k*NN 分类器可以使用函数 `fitcknn()` 来构建。这个函数返回一个基于提供的自变量和因变量的 *k*NN 分类模型。接下来仍使用 `fisheri` 数据集来比较所涉及的不同分类算法。首先导入数据集：

```
>> load fisheriris
```

　　上述命令创建了两个变量：`meas` 和 `species`。`meas` 包含萼片和花瓣的长度和宽度（150×4 双精度数据），`species` 包含一个分类（150×1 的元胞数组）。为了对此创建一个 *k*NN 分类器，我们需要设置参数 *k*。在这里选取距离新样本最近的 3 个样本：

```
>> KnnModel = fitcknn(meas,species,'NumNeighbors',3)
KnnModel =
  ClassificationKNN
             ResponseName: 'Y'
    CategoricalPredictors: []
               ClassNames: {'setosa'  'versicolor'  'virginica'}
           ScoreTransform: 'none'
          NumObservations: 150
                 Distance: 'euclidean'
             NumNeighbors: 3
```

　　在上面的代码中，令函数 `fitcknn()` 返回一个 `ClassificationKNN` 类型的变量 `KnnModel`。在这个类型中，控制距离算法的属性 `Distance` 和代表参数 *k* 的属性 `NumNeighbors` 都是可以随时更改的。

 　　我们随时可以通过双击工作区中的 `KnnModel` 变量来查看其属性值。

　　在工作区中双击 `KnnModel` 将打开 VARIABLE 窗口，其中将显示一长串变量的全部属性。我们可以通过双击任意属性来查看其值。图 5.10 显示了 VARIABLE 窗口。

　　与之前相同，我们仍可以使用（.）运算获取属性值。例如，可以使用如下代码获取分类标签的名称：

```
>> KnnModel.ClassNames
ans =
```

```
3×1 cell array
  'setosa'
  'versicolor'
  'virginica'
```

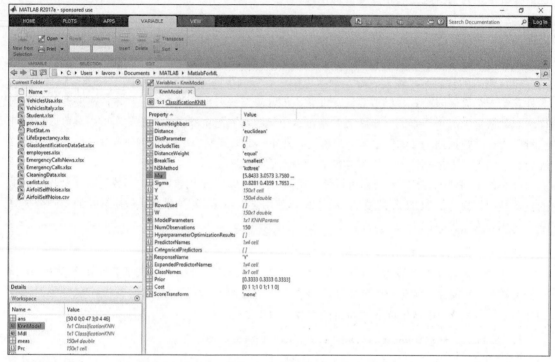

图 5.10　变量窗口

为了检验模型分类的表现，我们可以使用如下代码计算训练误差。对于 kNN 算法而言，没有训练过程，此处直接将算法应用到训练集上以预测每个样本的分类结果，从而得到训练误差：

```
>> Knn3ResubErr = resubLoss(KnnModel)
Knn3ResubErr =
    0.0400
```

结果显示，kNN 错分了 4%的样本。与之前相同，我们仍可以先获得 KNN 对训练集样本的预测，再计算混淆矩阵来更好地分析模型错分的原因。代码如下：

```
>> PredictedValue = predict(KnnModel,meas);
>> ConfMat = confusionmat(species,PredictedValue)
ConfMat =
    50     0     0
     0    47     3
     0     3    47
```

如训练误差所示，共有 7 个样本被错分了，并且看到与之前几个分类算法相同，它们仍来自 versicolor 类和 virginica 类。之前解释过，训练误差过于简单，无法使我们深入理解模型错分的原因，而混淆矩阵可以更加直观、详细地了解模型错分的类型及原因。但注意之前强调过，无论是训练误差还是混淆矩阵，都只能衡量模型对训练集拟合程度的好坏，不代表任何与模型泛化能力相关的衡量。[1]

与 5.3 节相同，接下来我们仍将使用交叉验证来检验 *k*NN 的泛化能力：

```
>> CVModel = crossval(KnnModel)
CVModel =
  classreg.learning.partition.ClassificationPartitionedModel
    CrossValidatedModel: 'KNN'
         PredictorNames: {'x1'  'x2'  'x3'  'x4'}
           ResponseName: 'Y'
        NumObservations: 150
                  KFold: 10
              Partition: [1×1 cvpartition]
             ClassNames: {'setosa'  'versicolor'  'virginica'}
         ScoreTransform: 'none'
```

上面的代码将返回一个 ClassificationPartitionedModel 类型的变量。

现在，我们可以查看交叉验证所得出的 *k* 折平均模型预测误差了：

```
>> KLossModel = kfoldLoss(CVModel)
KLossModel =
    0.0333
```

上面的交叉验证结果与直接使用训练集得到的训练误差非常近似。绝大多数情况并非如此，因为 *k*NN 本身没有训练就求解参数过程，训练误差的计算相当于 1 折交叉验证，所以才会出现这种特例。我们可以假设即使是新的样本，模型仍有接近于 96% 精确度的预测能力。

之前提到，参数 *k* 的选择将决定模型的表现。现在我们通过更改 *k* 的取值来验证这一点。正如之前所说，可以通过修改 NumNeighbors 的属性达到这个目标。这里我们将其设置为 5：

```
>> KnnModel.NumNeighbors = 5
KnnModel =
  ClassificationKNN
             ResponseName: 'Y'
    CategoricalPredictors: []
               ClassNames: {'setosa'  'versicolor'  'virginica'}
           ScoreTransform: 'none'
          NumObservations: 150
                 Distance: 'euclidean'
             NumNeighbors: 5
```

执行上述代码后，我们可以执行以下命令来查看新修改模型的训练误差，并和之前的模型进行比较：

```
>> Knn5ResubErr = resubLoss(KnnModel)
Knn5ResubErr =
    0.0333
```

同样，我们也可以使用交叉验证对其泛化能力进行检验：

```
>> CVModel = crossval(KnnModel);
>> K5LossModel = kfoldLoss(CVModel)
K5LossModel =
    0.0267
```

---

1 译者注：作者写作过于随性。原文中介绍交叉验证的下面两段被挪到上一节（判别分析）中。上节中已经使用过交叉验证，放在本节又重复交叉验证的概念，不合常理。

可以看出，当 $k = 5$ 时，对于 Iris 数据集而言，kNN 算法具有更好的表现。我们可以通过计算混淆矩阵作进一步验证：

```
>> PredictedValue = predict(KnnModel,meas);
>> ConfMat = confusionmat(species,PredictedValue)
ConfMat =
    50     0     0
     0    47     3
     0     2    48
```

通过修改参数 k，我们降低了错分样本的数量，这次只有 5 个样本被错分了。

在本章开头提到，kNN 算法除了可以设定参数 k，还可以更改距离的衡量指标。除了欧氏距离，其他距离是否能够进一步优化模型效果呢？

正如之前提到的，可以通过修改 `Distance` 属性实现这一点。这个属性不仅可以接收既定的字符串参数（距离名称），也可以接收用户自定义的距离函数的句柄。这里使用 `cosine` 距离，并且让算法将待分类样本同整个数据集进行比较（设置 `NSMethod` 属性为 `exhaustive`）：

```
>> KnnModel2 =
fitcknn(meas,species,'NSMethod','exhaustive','Distance','cosine','NumNeighb
ors',5);
```

计算训练误差：

```
>> Knn5ResubErr2 = resubLoss(KnnModel2)
Knn5ResubErr2 =
    0.0200
```

现在可以进一步计算混淆矩阵：

```
>> PredictedValue = predict(KnnModel2,meas);
>> ConfMat = confusionmat(species,PredictedValue)
ConfMat =
    50     0     0
     0    48     2
     0     1    49
```

可以看到，使用 `cosine` 距离后，只有 3 个样本被错分了。

5.5　MATLAB 分类学习器 App

之前我们学习了一些 MATLAB 封装好的分类模型函数。为了了解不同算法的区别，我们以 Iris 数据集为例进行了多次试验。现在我们已经充分理解了这些模型的概念，可以抛开代码，直接使用 MATLAB 封装好的可视化 APP（分类学习器 App）来完成以上任务。

这个 App 可以让我们可视化、交互式地完成与之前完全相同的分类任务，可以让我们极其简单地、自动化地完成包括特征选择、交叉验证参数设置、模型训练等任务（上文在举例函数代码时没有使用到的参数设置）。这个 App 提供的分类模型包括决策树、判别分析、**支持向量机**、逻辑回归、k 近邻算法以及集成分类。

分类学习器 App 提供的都是监督学习类分类算法，从带有标注的数据集中学习、优化模型参数和训练模型，并使用训练后的模型对新加入的样本进行预测。训练好的模型可以导入到工作区中，也可以根据模型训练结果自动生成相应的 MATLAB 代码以便重复使用。

下面开始学习分类学习器 App，首先导入 Iris 数据集：

```
>> load fisheriris
```

在调用 App 之前，先创建一个 table 类型的变量来保存相关数据：

```
>> IrisTable = table(meas(:,1),meas(:,2),meas(:,3),meas(:,4),species);
>> varnames =
{'SetalLength','SetalWidth','PetalLength','PetalWidth','Species'};
>> IrisTable.Properties.VariableNames = varnames;
```

现在数据已经在工作区中可见了，可以开始使用 App 完成分类工作了。在工具栏中单击 APPS 选项卡，并单击 CLASSIFICATION LEARNER 图标，App 就会自动打开，如图 5.11 所示。

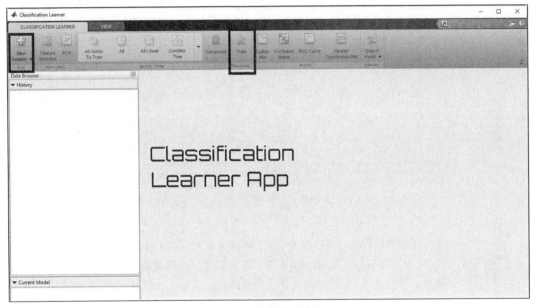

图 5.11　分类学习器 App

为向 App 中导入工作区中存在的数据，我们在 File 部分单击 New Session 按钮，将会打开一个 New Session 对话框。该对话框包含三部分内容（见图 5.12）。

（1）选择一个 table 或 mat 类型的变量，这里选择训练集。

（2）选择特征值（App 中称为预测变量）和标签向量（App 中称为响应值）。这里我们可以设置变量及其类型。

（3）定义交叉验证参数。这里我们可以设置交叉验证使用的方法。

 交叉验证允许精确、鲁棒地衡量训练模型的泛化能力。这个工具能够帮助我们选择有最好泛化能力的模型设置。

图 5.12 展示了 New Session 对话框及其三部分内容。

在图 5.12 中，第一步（第一部分）选择了之前生成的训练集数据 Irisable。选定之后，第二步（第二部分）显示了 table 类型变量中所保存的各种变量名及其对应值。此外，App 会自动尝试将变量分成特征值（这里称为预测值）和分类标签（这里称为响应值）。如果有必要的话，我们随时可以对 App 的自动分类结果进行更改。当修改完交叉验证参数后，我们可以单击 Start Session 按钮完成数据导入的工作。

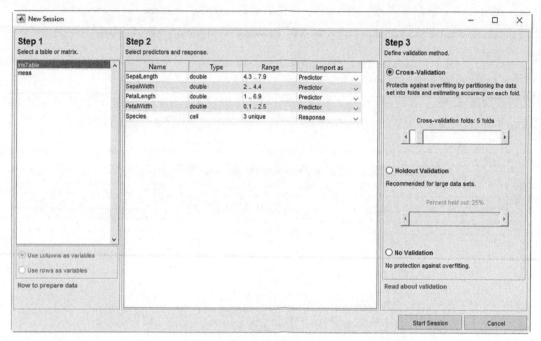

图 5.12　分类学习器 App 中的 New Session 对话框

在交叉验证中，我们可以设置 k 折（数据集被等分为 k 份，且重复验证 k 次）参数。对 Hold out Validation（即 1 折交叉验证，数据集被简单地拆分为训练集和测试集），我们可以选择拆分的比例。最后可以选择 NoValidation 选项，即不使用任何验证方法，但是这样非常容易导致过拟合。

现在可以使用监督学习在数据集上训练模型。App 将使用训练数据集中标注好的数据求解模型参数，以建立从特征矩阵（App 中称为多个预测值）到分类标签（App 中称为响应值）的映射关系。

在 ModelType 部分中你将发现有如下模型可以选择。

（1）DecisionTrees 决策树。

（2）DiscriminantAnalysis 判别分析。

（3）LogisticRegression 逻辑回归。

（4）SupportVectorMachines 支持向量机。

（5）NearestNeighborClassifiers k 近邻算法。

（6）EnsembleClassifiers 集成分类。

为简单起见，我们可以使用 AllQuick-To-Train 选项，单击图 5.11 中的 Train 按钮，直接使用全部算法进行训练。当全部算法训练完毕后，表现最佳的模型会在对话框中高亮显示。图 5.13 显示了这种操作的训练结果。

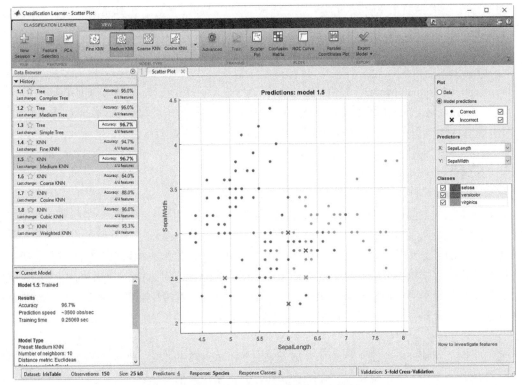

图 5.13　使用全部模型训练的结果图

为了了解表现优秀的模型都有哪些改进，我们可以直接对比表现最差的模型和最好的模型。在 History 部分中，我们可以看到表现最差的模型是 Coarse kNN，它只有 64% 的准确率；表现最好的 Medium kNN 模型则有 96.7% 的准确率。

查看分类误差非常简单，直接在对话窗口中双击要查看的模型就可以弹出散点图。通过观察图 5.14，我们非常容易理解为何 Medium kNN 比另一个模型的效果好许多，因为第二个散点图中有更多的叉状散点（代表错分样本）。

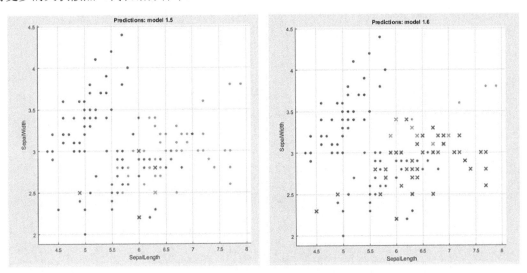

图 5.14　最优模型和最差模型的散点图

最后，在 CLASSIFICATION LEARNER 选项卡的 EXPORT 部分（工具条的右侧），有 3 个选项可供选择。

- **Export Model**（导出模型）：这个选项将训练好的模型以 struct 类型导出到工作区，同时导出训练数据。
- **Export Compact Model**（导出紧凑模型）：这个选项只导出模型，不包括训练数据。
- **Generate MATLAB Code**（生成 MATLAB 代码）：这个选项将导出 App 后台使用的训练选中模型的全部代码。这些代码可在以后基于新数据集训练新的模型。

5.6　总结

在本章中，我们学习了如何使用 MATLAB 提供的各种函数和 App 完成分类任务。我们首先学习了决策树，了解了节点、叶节点和分支等概念，并且完整地重现了决策树一步步地将样本归类到每个节点的子分支及其子节点上的过程，之后学习了如何使用决策树对新样本进行分类。

接着我们研究了概率分类模型。这类模型基于概率学原理，给出每个样本属于每个类别的概率。我们学习了概率学的基础概念：频率学派的概率定义、贝叶斯学派的概率定义，以及独立和非独立事件、联合概率分布和条件概率分布。此外，我们还学习了如何使用朴素贝叶斯分类进行分类。

我们介绍了判别分析方法，举了几个例子来比较不同设置的优劣；也学习到如何创建模型以最小化错分率，并且了解了检验模型训练误差和计算混淆矩阵的方法。

之后，我们学习了 k 近邻算法，展示了如何根据距离衡量指标对样本进行分类。我们通过实验发现调整参数 k 以及距离指标能够改进模型分类的性能，并且通过交叉验证展示了此点。

最后我们展示了分类学习器 App，以及使用这个 App 构建分类模型的操作步骤。现在，从导入、查看数据集，到特征选择、交叉验证参数设置、训练模型、评估模型，都变得非常简单。

在下一章中，我们将学习多种聚类方法，以及在实践中如何根据实际情况挑选不同的聚类方法。我们将了解聚类方法的基本概念（例如相似度指标），并学习如何预处理聚类方法所需的数据集，还将讨论 k 均值聚类算法、聚类树、树状聚类图等模型。

第 6 章

无监督学习

本章主要内容

- *层次聚类法*
- *k 均值聚类算法*
- *k 中心点聚类算法*
- *高斯混合模型*
- *树状聚类图*

聚类方法能够从未经标注的数据集中自动发现隐藏的模式和分组方法。与之前介绍过的监督学习方法需要从标注过的数据集中获得信息不同,聚类算法通过衡量样本间的相似度,从而在未经标注的数据集中学习和识别聚类中心、分组方法。

这类算法的目标函数一般是在最小化**组内距离**（intragroup distance）的同时最大化**组间距离**（intergroup distance）。其中,样本、组类间距离将使用相似度或者离散度等指标来衡量。

与其他多元统计模型不同,此种聚类算法不需要预先对模型、分类的拓扑结构等进行任何假设（如在朴素贝叶斯分类中假设条件独立）。这样的聚类算法能够避免之前算法因包含先验知识、预先假设,将样本按照先验知识的错误认识而错分的可能性。聚类算法具有的功能是发现数据集中我们确定仅存在但还不能描述的关系、结构。因此,聚类算法实际上是归纳的结果,是完全基于实证分析得出的结论。

本章将讲述如何将数据集中的样本归集到聚类中心（cluster）,或者如何对相似样本进行分组。我们将学习 k 均值聚类算法和 k 中心点聚类算法,还将学习层次聚类法（hierarchical clustering）的相关内容。

学完本章的内容,我们将理解聚类算法的基本概念、相似度的衡量指标,并将理解如何进行数据预处理和这些算法聚类的整个流程,还将学会如何对不同特点的数据集选用不同的算法。

6.1 聚类分析简介

在分类问题中,我们的任务仅是分类,即把样本赋值给类别标签;在聚类分析中,我们不仅想要给样本进行一次分类,还希望理解在每个单独的类别中更细致一层的子分类。聚类算法的最终结果往往是给出整个数据集的层次化的分类结构。

分类算法往往通过标注过的数据集学习分类规则。聚类算法中的样本没有分类标签,我们通过定义距离指标,通过样本在距离空间中的分布情况来归纳聚类规则。

样本集中的区域被归结为聚类中心。如果我们能观察到一个区域中的样本紧凑地围绕在一个聚类中心的周围，并且远离另一聚类中心的样本，则可以假设这两个聚类中心的样本满足不同的分类条件。在这种情况下，我们可以继续研究以下两个问题。

- 如何衡量样本的相似度。
- 如何定义分组方法。

样本距离的定义和分组方法是聚类算法的两个基本要素。

6.1.1 相似度与离散度指标

聚类涉及识别数据集中的分组情况。只有预先定义好样本间的**近邻测度**（proximity），我们才能实现这个目标。近邻测度的定义是指样本间的相似度或者离散度。当定义好近邻测度后，我们就可以对"一组数据"进行定义。在很多情况下，这个测度涉及高维空间中的距离，而聚类结果的好坏很大程度上取决于我们衡量这个距离所采用的指标。聚类算法基于样本间的距离对样本进行分组，两个样本是否属于同一聚类中心取决于它们与这个聚类中心的距离。因此，如果一些样本距离某一聚类中心比其他聚类中心近，则可以说它们同属这一聚类中心。

那么什么是相似度和离散度呢？**相似度**指的是衡量两个样本相似程度的数值化的指标。因此，相似的两个样本具有高相似度。相似度的取值范围通常是 0（完全不相似）～1（完全相等）。

相反，**离散度**指的是衡量两个样本间不相似程度的指标。两个样本越不相似，离散度越高。一般情况下，我们所说的"距离"指的就是样本的离散度。与相似度类似，离散度也可以在 0～1 的范围内取值，但更常见的是在 0 到正无穷的范围内取值。

离散度可以使用距离指标来衡量。距离就是一种满足某种性质的离散度。例如，两样本 x 和 y 间的欧氏距离 d 可以定义如下：

$$d(x, y) = \sqrt{\sum_{k=1}^{n} (x_i - y_i)^2}$$

 在二维平面上，欧氏距离是两点间的最短距离。欧氏距离使用两个特征向量的特征值之差的平方根进行定义。

除欧氏距离外，距离还有非常多的衡量方式。欧氏距离实际上是 **Minkowski 距离**的一种特例：

$$d(x, y) = \left(\sum_{k=1}^{n} |x_i - y_i|^r \right)^{1/r}$$

在上面的公式中，r 是一个可选参数。当 $r = 1$ 时，我们称之为 Manhattan 距离。它的公式为：

$$d(x, y) = \sum_{k=1}^{n} |x_i - y_i|$$

此外，在介绍 k 近邻算法时，我们还用过余弦（cosine）距离，用它衡量从原点出发两个向量间的余弦大小。余弦距离的定义为：

$$d(x,y) = \frac{\displaystyle\sum_{k=1}^{n} x_i y_i}{\displaystyle\sum_{k=1}^{n} x_i^2 \sum_{k=1}^{n} y_i^2}$$

一旦有了距离的定义，我们就可以对样本进行聚类了。到目前为止，我们学习的距离都是使用数值方法计算的，如果所要分析的对象是定类变量而不是度量变量，会发生什么呢？

对于定义变量（nominal variable）（如字符串），同样存在多种衡量距离的方式。我们可以衡量两个字符串中有多少个相同字母出现在同一位置。图 6.1 显示了两个距离为 4 的字符串，因为它们有 4 个不同字母出现在相同位置。

图 6.1　两个字符串间的距离

另一个例子是衡量两个字符串间的编辑距离（edit distance），即最少需要多少次如下操作才能将一个字符串变成另一个字符串，加入一个字符、删除一个字符和更改一个字符。

6.1.2　聚类方法类型简介

一旦选定距离公式，我们需要进一步定义样本是如何被分类的。分类方法主要有以下两种。

（1）层次聚类法使用层次化的形式对数据集进行描述。不同的样本被归类到聚类树的各个层级和分支下，这与生物学中所使用的聚类树相同。

（2）分类式聚类法（partitioning clustering）将数据空间划分为不同区域。数据空间被分为各个区域及子区域，且不同的区域、子区域间不相互重叠。

1. 层次聚类

在层次聚类中，聚类中心是按照从上到下或从下到上的顺序递归地划分的。我们可以将聚类方法分为如下两类。

（1）**从下至上聚类**：在初始迭代时，最相近的样本分到同一聚类中心；每次迭代时，都按照某一阈值将相似的聚类中心继续合并；算法在所有聚类中心被合并为一个聚类中心时停止。

（2）**从上至下聚类**：在初始迭代时，所有样本分到一个聚类中心；每次迭代时，都按照样本的离散程度将聚类中心拆分为多个子聚类中心。

这两种算法都会得到一个由分层嵌套表示的聚类树。我们可以根据想要的相似度水平，选择某一层级的聚类方式作为聚类结果。聚类中心的分裂和合并，是按照预先设定的某一准则以及相似度的衡量指标进行计算的。

图 6.2 显示了一个层次聚类图示例。

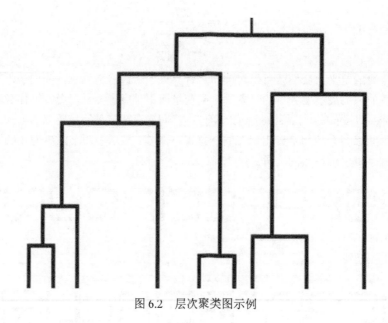

图 6.2　层次聚类图示例

2. 分类式聚类

分类式聚类法将数据集划分到多个离散的聚类中心。给定一个数据集，分类式聚类法将其划分为多个区域，每个区域代表一个聚类中心。这类方法从初始划分情形出发，在每次迭代中，都将变更聚类中心的位置以及每个样本所属的聚类中心。一般这种方法需要预先设定好聚类中心的数量。为了达到设定的划分数量，这种方法通常需要迭代非常多次才能收敛。图 6.3 显示了一个分类式聚类图示例。

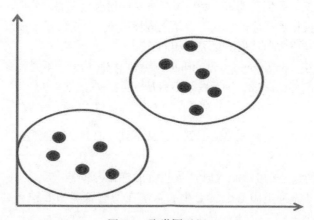

图 6.3　聚类图示例

在分类式聚类法中，我们通常先随机初始化一种划分方法，接着在后续的迭代过程中不断优化该划分方法，以满足用户预先定义的目标函数。在这种方法中，往往最小化每个聚类内部的距离，同时最大化聚类中心之间的距离。这可以通过在每次迭代中将各个样本归属到与上次迭代不同的聚类中心来实现。

6.2 层次聚类算法

在 MATLAB 中,层次聚类法通过对样本逐层分组来生成一个聚类树状图。其中,上层的聚类中心是由下层的多个子聚类中心合并而来的。每一次合并都根据用户预先定义的准则,将最相似的聚类中心进行合并。在统计机器学习工具箱中,有层次聚类法所需要的全部函数。使用 pdist()、linkage()以及 cluster() 函数,函数 clusterdata()能够使用从下至上的方法对数据集进行聚类。聚类结果可以使用聚类树状图显示出来。

如上所述,整个聚类过程需要用到多个函数。其中 clusterdata()是主函数,用来调用其他函数的执行结果。

接下来,我们逐步解析每个函数的输入、输出,以了解在 MATLAB 中如何进行层次聚类。

(1) pdist():如上所述,聚类分析的基础是相似度或离散度这些衡量指标,因此聚类的第一步就是对相似度进行定义。函数 pdist()提供了多种用于衡量样本对间距离的指标。

(2) linkage():当定义完距离指标后,我们需要将样本分组到层次聚类二叉树中。函数 linkage()提供了将近邻样本聚类到同一聚类中心的方法。在每次迭代中,此函数将使用上次迭代所计算的距离数据,对子聚类中心进行合并,以生成包含样本更多的父聚类中心。这就是之前所说的从下至上的聚类算法。

(3) cluster():在得到聚类树后,我们需要决定以哪层的分组结果作为数据集的聚类结果。函数 cluster()以聚类树为输入数据,可以根据指定的算法、阈值来计算在满足某一相似度阈值下,数据集的聚类情况。此函数可以直接使用聚类树中某一层次的聚类结果,也可以根据定义的算法、阈值,在任意相似度下计算聚类结果。

接下来我们通过一个简单的例子来学习这些函数。

6.2.1 层次聚类中的相似度指标

之前提到,聚类分析通过衡量样本间的近邻测度,能够对数据集中的样本进行自动分组(聚类)。接下来让我们看看 MATLAB 中的代码实现。

首先,使用 pdist()函数计算数据集所有样本中两两间的距离。对于一个有 n 个样本的数据集而言,一共存在 $\frac{n \times (n-1)}{2}$ 组距离。计算结果可称为距离矩阵或离散度矩阵,图 6.4 显示了一组计算结果。

0					
14.1421	0				
127.2792	113.1371	0			
120.4159	106.3015	10.0000	0		
31.6228	20.0000	100.0000	94.3398	0	
70.7107	56.5685	56.5685	50.0000	44.7214	0

图 6.4 距离矩阵

pdist()函数计算在一个 $k \times n$ 的数据矩阵中数据对的欧式距离。函数的行对应观测样本，函数的列对应相应的变量。结果是一个长度为 $k(k-2)/2$ 的行向量，对应着原矩阵的观测样本对。计算出的距离以$(2,1), (3,1), \cdots, (k,1), (3,2), \cdots, (k,2), \cdots, (k,k-1)$的顺序排列。为了得到这个距离矩阵，我们需要用到 squareform() 函数。

函数 pdist() 默认计算样本间的欧氏距离。与其他函数相同，这个函数也提供了许多其他距离指标。可选的指标有 euclidean、squaredeuclidean、seuclidean、cityblock、minkowski、chebychev、mahalanobis、cosine、correlation、spearman、hamming 和 jaccard。此外，用户依然可以使用自定义的距离函数。

接下来学习一个例子。现在在二维平面中定义如下 6 个点：

（1） $A = (100,100)$。

（2） $B = (90,90)$。

（3） $C = (10,10)$。

（4） $D = (10,20)$。

（5） $E = (90,70)$。

（6） $F = (50,50)$。

这 6 个点如图 6.5 所示。

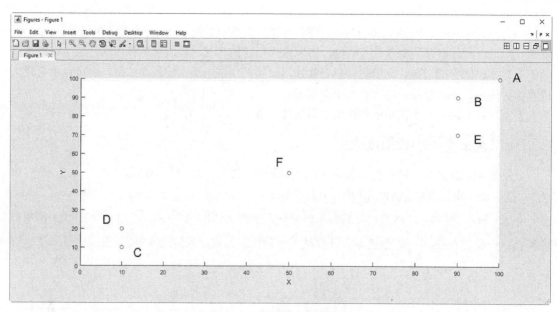

图 6.5   二维平面上的 6 个点

下面的命令可以在 MATLAB 中定义包含这 6 个点坐标的向量：

```
>> DataPoints = [100 100;90 90;10 10;10 20;90 70;50 50]
DataPoints =
   100    100
    90     90
    10     10
    10     20
    90     70
    50     50
```

现在使用函数 pdist() 来计算每个样本点之间的距离:

```
>> DistanceCalc = pdist(DataPoints)
DistanceCalc =
  Columns 1 through 11
    14.1421  127.2792  120.4159   31.6228    70.7107   113.1371   106.3015
  20.0000           56.5685   10.0000  100.0000
  Columns 12 through 15
    56.5685   94.3398   50.0000   44.7214
```

我们可以看到,pdist() 按照 *AB*、*AC*、*AD* 的顺序来计算全部距离。之前我们说 pdist() 可以返回一个矩阵,上面返回的却是向量的形式,这样的形式不利于我们查看。

为了更方便地查看样本点间的距离,我们可以使用 squareform() 函数对 DistanceCalc 向量进行重构。在新生成的矩阵中,点 (*i*, *j*) 表示的就是从点 *i* 到点 *j* 之间的距离。例如,矩阵中的 (2,3) 元素表示的就是从点 *B* 到点 *C* 的距离:

```
>> DistanceMatrix = squareform(DistanceCalc)
DistanceMatrix =
          0   14.1421  127.2792  120.4159   31.6228   70.7107
    14.1421        0  113.1371  106.3015   20.0000   56.5685
   127.2792  113.1371        0   10.0000  100.0000   56.5685
   120.4159  106.3015   10.0000        0   94.3398   50.0000
    31.6228   20.0000  100.0000   94.3398        0   44.7214
    70.7107   56.5685   56.5685   50.0000   44.7214        0
```

可以看到矩阵是对称的,因为两点间的距离跟顺序无关。另外很多情况下,在计算距离之前,需要对距离矩阵进行正则化(样本点所包含的特征值的单位不相同),此时可以使用 zscore() 函数,它将把特征值矩阵映射到 (0, 1) 空间。

6.2.2 定义层次聚类中的簇

如本章开头所说,近邻测度和分组是聚类算法中两个最重要的定义。在上一节中,我们讲述了如何计算样本间距,接下来开始定义样本是如何被归为一个聚类中心的。为了实现这一点,我们先要使用函数 linkage() 进行计算。基于函数 pdist() 的计算结果,使用二元聚类中心把距离子聚类中心最近的样本与子聚类中心一起归并成父聚类中心。以此类推,从下至上,直至所有样本都归到最顶层的聚类中心。

现在使用上一节的计算结果计算聚心:

```
>> GroupsMatrix = linkage(DistanceCalc)
GroupsMatrix =
    3.0000    4.0000   10.0000
    1.0000    2.0000   14.1421
    5.0000    8.0000   20.0000
    6.0000    9.0000   44.7214
    7.0000   10.0000   50.0000
```

通过一行代码,我们就已经完成了冗长文字所描述的任务。为了理解这个函数及其结果,我们来仔细学习一下 GroupsMatrix 矩阵。

在这个矩阵中,每一行代表一个聚类中心。需要特别指出的是,在层次聚类算法中,每个样本就是最底层的聚类中心。因此在 GroupsMatrix 中,聚类中心的 ID 是样本数+行数而得到的。

例如，第一行聚类中心的 ID 其实是 6＋1＝7。矩阵中，前两列代表组成当前行聚类中心的两个子聚类中心的 ID。如第一行中 3.0000 和 4.0000 指的是第 7 聚类中心是由两个子聚类中心 3 和 4 组成的，即样本点 C 和 D。第三列代表两个子聚类中心的距离，这个值与矩阵 DistanceCalc 中两样本点间的距离是一致的。矩阵 GroupsMatrix 中从第一行到最后一行的聚类结果，就是聚类算法从下至上每次选择最近的样本，将更多样本与子聚类中心合并为更大的父聚类中心。

有了上面的背景知识，接下来我们对照样本点的二维平面图一一解读矩阵 GroupsMatrix 中每一行的含义。如上所述，数据集中已有 6 个样本点，因此已经有最底层的、ID 从 1 至 6 的 6 个聚类中心，即 A 到 F。矩阵的第一行表示的是 ID 为 7（7＝6＋1）的聚类中心，它是由两个子聚类中心 3 和 4 组成的，即样本点 C 和 D。同理，第 8 个聚类中心为矩阵的第二行所示的聚类中心，是由第 1 和第 2 个聚类中心构成的，即点 A 和点 B。这两个结果显示在图 6.6 中。

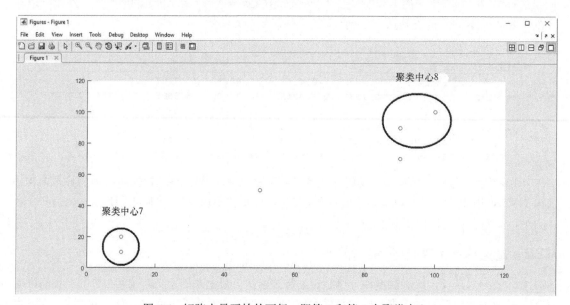

图 6.6　矩阵中最开始的两行，即第 7 和第 8 个聚类中心

矩阵的第三行通过将样本点 E（即 ID 为 5 的聚类中心）归并到聚类中心 8 中形成父聚类中心 9；接着又将样本点 F 归并到**聚类中心 9** 中形成聚类中心 10。第 11 个聚类中心将子聚类中心 10 和 7 连在一起，至此所有样本点都被归并到同一聚类中心（即聚类中心 11）中。至此，算法结束，如图 6.7 所示。

值得指出的细节是，函数 linkage() 基于函数 pdist() 计算样本间的距离对样本进行聚类。在这个过程中，函数 linkage() 必须还能计算样本到聚类中心、两个聚类中心的距离。函数默认使用的算法是单链接算法，除此之外还有 average、centroid、complete、median、single、ward、weighted 算法。

最后，我们只需画出上面例子所生成的树状聚类图（dendrogram），为此可以使用函数 dendrogram() 来生成相应图形。在这个图形中，每条聚类中心横线的纵坐标代表两个子聚类中心间的距离。图 6.8 所示的最后一个聚类中心 11（即最高的横线纵坐标为 50），意味着其子聚类中心 7 和 10 间的距离为 50。

```
>> dendrogram(GroupsMatrix)
```

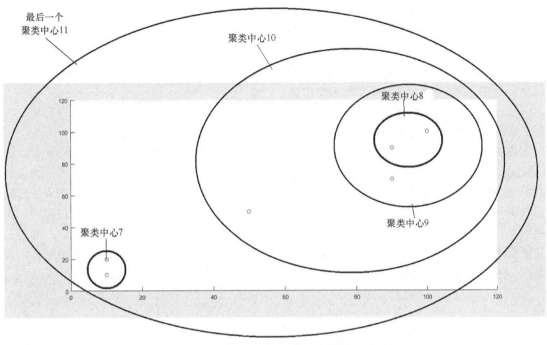

图 6.7 层次聚类算法演示图

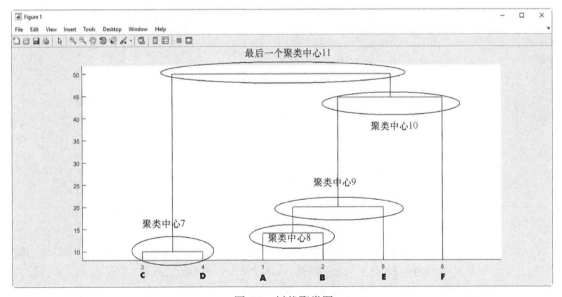

图 6.8 树状聚类图

图 6.8 非常直观地展示了层次聚类法是如何对样本点进行分组的。为了更好地理解聚类结果，我们还要继续深入学习。

6.2.3 如何理解层次聚类图

树状聚类图是图形化表示层次聚类结果的树状图。树状聚类图的横轴表示数据集中的样本点，纵轴表示样本聚类中心间的距离。最底层的聚类中心会沿 Y 轴伸出一条向上的射线，这些竖线代表最底层的聚类中心，即直接使用样本本身作为聚类中心。接下来会有一些横线连接两条竖线，这代表这些底层聚类中心作为子聚类中心形成了包含更多样本点的父聚类中心。图中的所有竖线都对应一个聚类中心，连接两条竖线的横线则表示聚类中心的合并。两个聚类中心越早（y 值越小）合并，表示两个聚类中心的距离越近。

当需要得到某两个样本间的距离时，我们可以根据树状图画出连接两个样本点的最短路径。在这条最短路径上，对于拥有最大 y 值的横线，其 y 值就是两个样本点间的距离。

接下来我们正式定义树状聚类图中的元素。图中连接两条竖线的横线称为聚类**中心线**（clade），每条横线都表示一个由两个子聚类中心合并而成的父聚类中心。每条竖线代表父聚类中心的一个**分支线**，用于指向组成父聚类中心的子聚类中心。图中最底层的节点称为**叶节点**，它既是聚类中心，也是原始数据集中的样本点（其序号按照样本点在数据集中的行号进行排列）。如果图中的每个聚类中心都有两个分支，那么我们称其为二元聚类树；如果有 3 个分支，则称为三元聚类树，以此类推。聚类中心可以有无限个分支。MATLAB 中的层次聚类算法一般使用二元聚类树。图 6.9 显示了一个层次聚类树图。

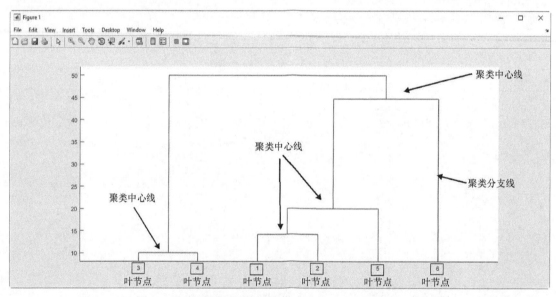

图 6.9　层次聚类树图中的聚类中心线、分支线和叶节点

如前文提到的，聚类中心线的纵坐标表示其所连接的两个子聚类中心的距离，聚类中心线越低，表示子聚类中心的距离越近，反之则越远。其所表示的距离为函数 linkage() 所计算的结果。任何可衡量距离的样本点都可以使用这种方法进行聚类分析。我们可以从两个角度分析树状聚类图。

（1）每个聚类中心包含的样本点。

（2）聚类中心间的距离（相似度）。

对于第一个角度，由于我们想找到属于某个聚类中心的所有样本点，因此需要按照从上至下的顺序浏览树状图。例如，在图 6.8 中可以看到，聚类中心 10 是由样本点 A、B、E、F 组成的。聚类中心 7 直接和聚类中心 10 组成了最顶层的聚类中心，这表明组成聚类中心 7 的样本点 C、D 与其他样本点的距离相对较远。反之，距离较近的其余 4 点是逐个被添加进子聚类中心而组成父聚类中心的，这表示这些样本点距离较近。

现在从距离（相似度）的角度出发来分析图 6.9。我们已经知道，横线表示的是使用函数 linkage() 衡量的所连接的两个聚类中心间的距离。如果我们想知道任意两个聚类中心的距离（相似度），那么可以从下至上浏览聚类树图。如图 6.8 所示，聚类图中最底层的序号 1～6 表示的是原始数据集中样本点的顺序，在图中已经标注了对应的点。这些点逐层地被横线连接起来。任意两个样本点间的距离可以通过寻找最早连接两个样本点的横线的 y 值来获得。例如，如果想知道样本点 A 和 E 之间的距离，那么通过从下向上观察树状聚类图，我们发现最早连接两点的是聚类中心 9。因此得到两样本点间的距离是 20。另外一个细节是，图中横线按从左到右、由低到高的顺序，与函数 linkage() 返回的计算结果中 GroupsMatrix 的行数一致。GroupsMatrix 的第一行，即聚类中心 7 由子聚类中心 3 和 4 组成，距离是 10。最后一行，即聚类中心 11 由子聚类中心 7 和 10 组成，距离是 50，这与图中最低的横线和最高的横线是一一对应的。

6.2.4　验证聚类结果

在之前的章节中，我们学习了如何进行层次聚类和理解树状聚类图。接下来，我们将学习如何衡量层次聚类算法的性能。统计机器学习工具箱提供了完成这一任务所需的全部函数。

之前说过，在树状聚类图中横线的纵轴代表了两个聚类中心的距离，值越大，距离越远，反之越近。这个纵轴值在生物学中被称为同表型距离（cophenetic distance）。我们可以通过计算聚类结果中的同表型距离以及由函数 pdist() 计算的原始数据集中样本点间距离矩阵的相关性，来衡量聚类结果的好坏。这个任务可使用函数 cophenet() 来完成：

```
>> VerifyDistances = cophenet(GroupsMatrix, DistanceCalc)
VerifyDistances =
     0.8096
```

这个指标显示了聚类结果的好坏。在一个好的聚类结果中，聚类中心的构成应该与原始数据集中样本点间的距离有强相关性。函数 cophenet() 正是计算此相关性，其值越接近 1，表示聚类结果越好。

为了进一步改善聚类结果，我们可以使用其他距离指标并重新使用函数 pdist() 计算距离矩阵：

```
>> NewDistanceCalc = pdist(DataPoints, 'cosine')
NewDistanceCalc =
  Columns 1 through 9
    0.0000    0.0000    0.0513    0.0077    0.0000    0.0000            0.0513
  0.0077    0.0000
  Columns 10 through 15
    0.0513    0.0077    0.0000    0.0979    0.0513    0.0077
```

现在使用新距离重新计算 cosine 矩阵，可以重新使用函数 linkage() 对样本进行聚类。与上次不同，这次也将使用新的指标来计算聚类中心间距、样本到聚类中心距离。我们将采用 weighted 算法来计算上述距离。这个算法将计算聚类中心所包括的全部样本的加权平均距离：

```
>> NewGroupsMatrix = linkage(NewDistanceCalc,'weighted')
NewGroupsMatrix =
     3.0000    6.0000    0.0000
     1.0000    7.0000    0.0000
     2.0000    8.0000    0.0000
     5.0000    9.0000    0.0077
```

```
    4.0000    10.0000    0.0746
```

最后重新调用函数 cophenet() 评估聚类结果：

```
>> NewVerifyDistaces = cophenet(NewGroupsMatrix, NewDistanceCalc)
NewVerifyDistaces =
    0.9302
```

结果显示，使用同表型距离和 weighted 算法计算的聚类结果要好于使用默认算法的聚类结果。

6.3 k 均值聚类——基于均值聚类

k 均值聚类算法是分类式聚类法中的一种，它同样也是将原始数据集中的样本分类到多个聚类中心。对于原始数据集，分类式聚类法从随机初始化的划分方法出发，通过迭代将样本划分到不同区域，以提高某一目标值，最终实现聚类结果。

6.3.1 k 均值聚类算法

k 均值聚类算法是 1967 年由麦奎因（MacQueen）提出的一种算法，它根据样本特征值将数据集中的样本分成 k 份。它可以看作高斯混合模型和最大期望（Expectation-Maximization，EM）算法的简化形式，k 均值聚类算法使用欧氏距离来计算样本间的相似度，GMM 算法则使用高斯概率分布函数。

k 均值聚类算法假设每个样本都可表示为来自同一向量空间的特征向量。它的目标是最小化簇内方差（或标准差）。每个聚类中心由簇内所有样本特征向量的均值来表示。

本算法由以下过程迭代式地进行计算。

（1）用户设定聚类中心个数 k。

（2）随机初始化 k 个聚类中心。

（3）样本初始化归类。归类的标准是计算各个样本到每个聚类中心的距离，以及样本点被归类到距离最短的聚类中心。最终，原始数据集中形成 k 簇划分。

（4）更新聚类中心。根据归类结果，重新计算 k 个划分中所有样本点的均值中心，计算结果作为新一轮的 k 个聚类中心。

（5）更新样本点归类结果。使用新的聚类中心，重新计算各个样本到每个聚类中心的距离，样本点被归类到距离最短的聚类中心，形成新的 k 簇划分。

（6）重复步骤 4、5，直到所有样本点所属的聚类中心不再发生变化，或满足一定的迭代次数。

算法初始化时需要预先指定 k 个聚类中心。初始化时，聚类中心的位置非常重要，不同的初始化可能会得到完全不同的结果。最好的选择就是令初始化的聚类中心尽可能地远离彼此。当初始化好聚类中心后，我们就可以根据样本距离最近的聚类中心对每个样本点进行归类，至此算法的初始化完成。接下来使用样本点的归类结果，重新计算 k 个划分中所有样本点的均值中心，计算结果作为新一轮的 k 个聚类中心替代旧的结果。一旦有了新的聚类中心，我们就可以开始进行对样本点进行的归类。这两个步骤将不断重复，直到满足定义好的某种收敛条件。逐步观察计算结果会发现，上述迭代过程将使聚类中心逐渐移动至最佳归类结果。图 6.10 显示了一个已经收敛的算法所返回的 k 个聚类中心。

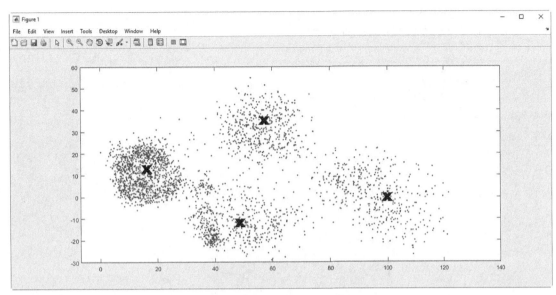

图 6.10 数据集中的 k 个聚类中心

6.3.2 函数 kmeans()

在 MATLAB 中，我们可以使用函数 kmeans() 实现 k 均值聚类算法。它的输入数据为原始数据集，输出数据为与原始数据集行数（样本数）相同的向量，向量中的值对应每个样本所属聚类中心的 ID。

正如前文所说，k 均值算法的目标是最小化簇内每个样本到聚类中心的距离总和。与之前的聚类方法相同，MATLAB 同样提供了多种衡量距离的方法，下面进行简要介绍。

（1）sqeuclidean：平方欧氏距离（默认值）。聚类中心定义为簇内所有样本特征向量的均值。

（2）cityblock：差分绝对值的平方。聚类中心定义为其向量中每个元素都是簇内所有样本对应特征值的中位数。

（3）cosine：1 减去两样本间的余弦值。聚类中心定义为簇内所有样本特征向量正则化到 $[0,1]$ 区间后的均值。

（4）correlation：1 减去两样本的相关性系数。聚类中心定义为，其向量中每个元素都是簇内所有样本对应特征值正则化到均值为 0 且标准差为 1 的正态分布区间的中位数。

（5）hamming：这个指标只能在二元特征向量中使用。聚类中心定义为，其向量中每个元素都是簇内所有样本对应特征值的中位数。

函数 kmeans() 默认使用 k 均值++算法进行算法初始化，并默认使用 sqeuclidean 距离。

现在正式开始代码实现。这里使用一组矿石指标的数据进行举例。文件 Minerals.xls 中保存了多种矿石的硬度和重量指标，首先将其导入 MATLAB：

```
>> Minerals = xlsread('Minerals.xls');
```

在导入 MATLAB 中的矩阵（大小为 2470×7 ）后，我们仅使用前两列：

```
>> InputData = Minerals(:,1:2);
```

通过散点图来观察一下数据集：

```
>> gscatter(InputData(:,1), InputData(:,2))
```

图 6.11 显示了数据集中样本点的分布状况。

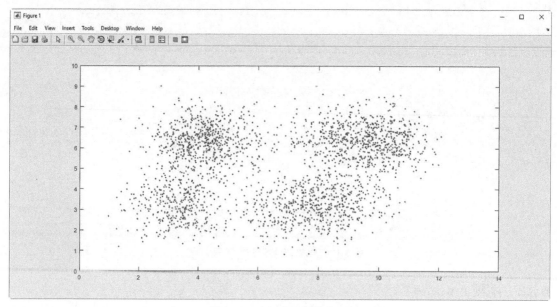

图 6.11   矿石数据集散点图

从图 6.11 可以看出，这些点在二维平面中似乎分为 4 个区域，因此可以设置参数 $k = 4$。因为算法会进行随机初始化，所以为了使结果可重现，先固定随机种子：

```
>> rng(1);
```

这里函数 rgn(1) 将 MATLAB 用于生成伪随机数的随机种子固定为 1，因此接下来无论在哪台机器上执行多少次，计算结果应该都是相同的。现在开始调用函数 kmeans()：

```
>> [IdCluster,Centroid] = kmeans(InputData,4);
```

这里创建了两个矩阵：IdCluster 和 Centroid。IdCluster 是一个保存与原始数据集 InputData 行数（样本数）相同的向量，向量中的值对应每个样本所属聚类中心的 ID。Centroid 则是一个大小为 $k \times 2$ 的向量，这里是 4×2，它保存的是每个聚类中心对应的特征向量。之前提到，这里的结果是使用 k 均值++算法进行初始化以及 sqeuclidean 距离得到的。

现在可以使用聚类结果对原先的散点图进行染色：

```
>> gscatter(InputData(:,1), InputData(:,2), IdCluster,'bgrm','x*o^')
```

图 6.12 显示了 4 个聚类中心的散点图。

在图 6.12 中，一种颜色、形状代表一个聚类。这些颜色和形状能够让我们看清处于聚类分界处的样本点所属类别。可以看出，从实证角度而言，k 均值算法具有很好的聚类效果。

接着可以将聚类中心标记在图 6.12 中：

```
>> hold on
>>
plot(Centroid(:,1),Centroid(:,2),'x','LineWidth',4,'MarkerEdgeColor','k',
'MarkerSize',25)
```

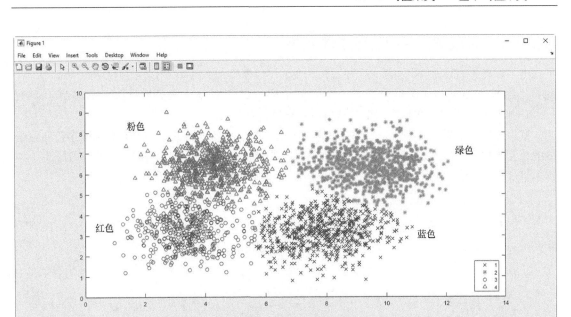

图 6.12 聚类中心散点图

为了强调聚类中心的位置，我们用粗为 4、颜色为黑色、大小为 25 号字的叉号将聚类中心标记在散点图中。

从图 6.13 可以看出，每个聚类中心都是其聚类所含样本点的几何中心。之前提到，这里的聚类中心是最小化样本点距离之和的结果。

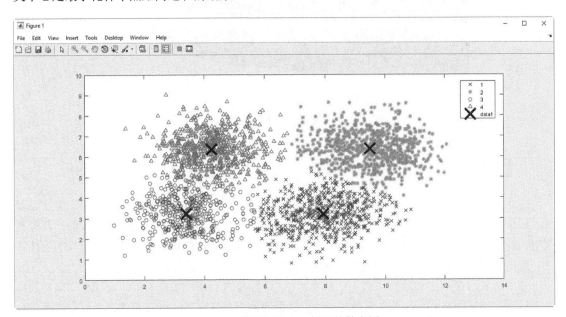

图 6.13 带有聚类中心标记的散点图

仔细观察图 6.13 我们还会发现，邻近边界处的样本点的分类效果并不是很好，有些区域属于不同聚类的样本点杂糅在一起。

6.3.3　silhouette 图——可视化聚类结果

为了搞清楚边界处的聚类效果到底如何，我们可以使用 silhouette 图来可视化函数 kmeans() 的聚类结果。silhouette 图用来衡量一个聚类中样本点距离相邻聚类的样本点有多近。函数 silhouette() 以原始数据集和聚类结果矩阵作为输入参数。

其中，聚类结果矩阵可以是分类变量、数值型向量、字符矩阵或者由聚类名称的字符向量组成的单元向量。函数 silhouette() 将忽略其中的空值或 NaN 值，并对应地忽略原数据集中的样本点。该函数默认使用输入矩阵样本点之间的欧氏距离平方进行计算：

```
>> silhouette(InputData, IdCluster)
```

在图 6.14 中，横坐标表示 silhouette 值，它的取值范围是 $[-1,1]$，其中 1 表示样本点距离相邻聚类中心非常远，0 表示比较近，而 -1 则表示有可能错分了样本点。

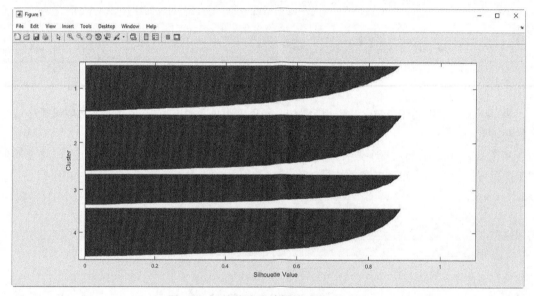

图 6.14　k 均值聚类结果的 silhouette 图

　silhouette 图衡量的是一个聚类中样本点距离其邻近聚类中心的离散程度。

silhouette 图为验证聚类结果的好坏提供了一种可视化方法。图中的值越高，说明聚类结果越好。如果多数样本点的值都很高，则说明聚类结果很好；如果多数样本点的值都比较低，甚至是负值，则说明聚类结果很差，在这种情况下，需要重新考虑算法默认参数的设置情况（初始化算法、距离指标）。因此我们可以使用 silhouette 图来挑选不同的参数设置结果。

基于图 6.14 我们可以看到，当 $k = 4$ 时，绝大多数样本点都有较高的值，而且不同聚类的样本点间没有明显的波动。这可以通过观察每个聚类的图形厚度看出，所有聚类都有相似的厚度。因此可以说之前的算法默认的参数设置是合理的。

为了验证上面的说法，我们令 $k = 3$ 并重新执行算法：

```
>> [IdCluster3,Centroid3] = kmeans(InputData,3);
>> silhouette(InputData, IdCluster3)
```

图 6.15 显示了 $k = 3$ 的结果。

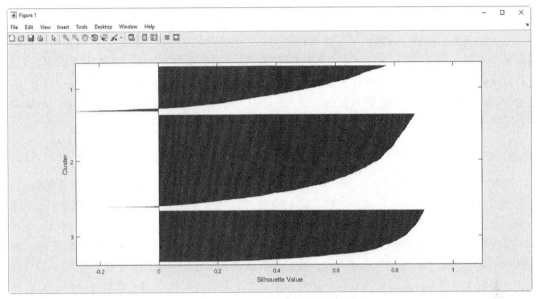

图 6.15　$k = 3$ 的 silhouette 聚类结果图

通过比较图 6.14 和图 6.15，我们可以发现，$k = 3$ 的效果不如之前好。图 6.15 中存在几个问题。首先聚类 1 和 2 中都有负值出现；其次，聚类内样本点的值波动很大；最后，3 个聚类图形的厚度差别也非常大，聚类 2 的厚度明显远大于其他聚类。因此我们说 $k = 4$ 是合理的参数设置。

上面验证了合理的聚类个数，但这是利用可视化的 silhouette 图得出的结论。是否有一种量化的方法能够自动选择 k 值呢？MATLAB 确实提供了这种功能。

为了得到最优的聚类中心个数，我们可以使用函数 evalclusters()。这个函数将自动执行多个参数选项并返回最优参数设置。遗憾的是，只有几个函数支持这个函数：kmeans()、linkage() 和 gmdistribution()。

挑选的标准是使用以下几个指标：CalinskiHarabasz、DaviesBouldin、gap 和 silhouette。下面使用 CalinskiHarabasz 指标来验证 kmeans() 的执行结果：

```
>> EvaluateK =
evalclusters(InputData,'kmeans','CalinskiHarabasz','KList',[1:6])
eva =
  CalinskiHarabaszEvaluation with properties:
    NumObservations: 2470
         InspectedK: [1 2 3 4 5 6]
    CriterionValues: [NaN 3.2944e+03 3.4436e+03 4.3187e+03 3.9313e+03
3.8437e+03]
           OptimalK: 4
```

结果显示，$k = 4$ 是最优结果，这与我们之前可视化的结论是一致的。

6.4　k 中心点聚类——基于样本中心聚类

k 中心点聚类算法与 k 均值聚类算法类似，都是给定 k 个聚类中心，对数据集中的 n 个样本进行聚类。不同的是，k 中心点聚类算法的最小化目标是均方误差而非距离之和。

6.4.1　什么是中心点

与 k 均值算法直接使用簇内所有样本特征向量之和的均值作为聚类中心（这个中心很可能是训练集中不存在的样本点）不同，k 中心点聚类算法是从训练集中挑选 k 个样本点作为聚类中心。这样定义的聚类中心能够使簇内样本到聚类中心距离的均方误差最小。与均值聚类算法相比，本算法对数据集中的噪声和奇异值具有更强的鲁棒性，这是因为均值很容易受前两者影响，但样本点不会因前两者而改变。

6.4.2　函数 kmedoids()

在 MATLAB 中，函数 kmedoids() 用于实现 k 中心点聚类算法，它的输入数据为原始数据集，输出数据为与原始数据集行数（样本数）相同的向量，向量中的值对应每个样本所属聚类中心的 ID。与 kmeans() 相同，此函数默认使用 k 均值++算法进行算法初始化，并默认使用欧氏距离。

现在正式开始代码实现。这次考虑一个货运公司的例子。一家货运公司有多个配送站，为了能够最小化运输成本、最短化配送时间，我们需要从诸多配送站中选择几个作为配送中心，负责对其他子配送站送货。现在需要选出能够使总配送距离最短的配送中心的位置及个数。配送中心的地理坐标已经保存在了文件 PeripheralLocations.xls 中，现在将其导入 MATLAB：

```
>> PerLoc = xlsread('PeripheralLocations.xls');
```

文件中的数据被存储在变量 PerLoc 中，接下来绘制散点图对数据进行初步观察：

```
>> gscatter(InputData (:,1), InputData (:,2))
```

图 6.16 显示了配送站的分布状况。

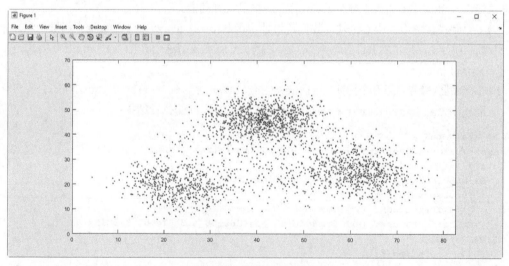

图 6.16　配送站散点图

观察图 6.16，我们初步的印象是这些配送站大体可被分为 3 个区域，这意味着需要设置 3 个配送中心，因此可以假设需要有 3 个聚类，并且将聚类中心设为配送中心。

显然，聚类中心必须是真实已经存在的配送站，而不能是一个数值上的几何中心，因此函数 kmeans() 在这里是不适合的。可以使用函数 kmedoids() 完成这个目标：

```
>> [IdCluster,Kmedoid,SumDist,Dist,IdClKm,info] = kmedoids(PerLoc,3);
```

其中，各个参数的含义如下所示。

（1）IdCluster 包含每个样本点（配送站）所属的聚类中心 ID。

（2）Kmedoid 是 k 个聚类中心（配送中心）的坐标向量（这里是 3 个）。

（3）SumDist 包含每个聚类中所有样本点到中心的距离之和。

（4）Dist 包含每个样本到每个样本中心的距离。

（5）IdClKm 包含每个聚类中心的 ID。

（6）info 包含算法的默认参数。

来看一下 info 中的参数：

```
>> info
info =
  struct with fields:
        algorithm: 'pam'
            start: 'plus'
         distance: 'sqeuclidean'
       iterations: 3
    bestReplicate: 1
```

上述命令返回具有最佳性能的算法类型、所用的参数以及迭代次数。这个算法类型是 pam，是围绕中心点划分的聚类方法（Partitioning around Medoid，PaM）这一术语的缩写。这是解决 k 中心点聚类问题的经典方法，其中第二个参数是选择初始中心点位置所采用的方法，第三个参数是采用的度量方法，这里采用的方法是欧式距离的平方。随后列出的是迭代次数和最优迭代。

图 6.17 标记出了聚类的散点图及聚类中心，与 k 均值部分相同，为了方便观看，我们对颜色和图形进行了相关处理。

```
>> gscatter(PerLoc(:,1), PerLoc(:,2), IdCluster,'bgr','xo^')
>> hold on
>>
plot(Kmedoid(:,1),Kmedoid(:,2),'x','LineWidth',4,'MarkerEdgeColor','k',
'MarkerSize',25)
```

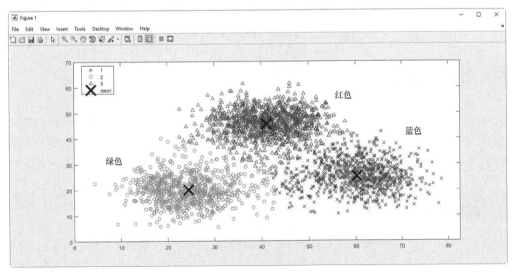

图 6.17 添加聚类结果及聚类中心的散点图

从图 6.17 可以看出，函数 kmedoids() 将上面的样本点分成了由不同颜色表达的 3 个聚类，而且算法所选择的聚类中心也非常醒目。

6.4.3　评估聚类结果

与 6.3.3 节相同，我们也可以使用 silhouette 图从直观上评估算法的聚类效果。silhouette 图衡量一个聚类中样本点距离相邻聚类的样本点有多近。横坐标表示 silhouette 值，它的取值范围是[−1,1]，其中 1 表示样本点距离相邻聚类中心非常远，0 表示比较近，而−1 则表示有可能错分了样本点。图中的值越高，说明聚类结果越好。如果多数样本点的值都很高，则说明聚类结果很好。如果多数样本点的值都比较低，甚至是负值，则说明聚类结果很差，在这种情况下，我们需要重新考虑算法默认的参数设置情况（初始化算法、距离指标）：

```
>> silhouette(PerLoc, IdCluster)
```

从图 6.18 可以看到，只有两个聚类中的两个样本点为负值，并且非常接近 0，而且图形的厚度没有明显、剧烈的波动，几个聚类的图形大体相同。因此可以看出之前 $k=3$ 的参数设置是比较好的。

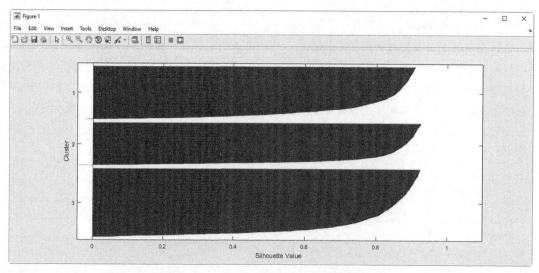

图 6.18　kmedoids 聚类结果 silhouette 图

6.5　高斯混合模型聚类

到目前为止，我们已经讨论了多种聚类方法，这些方法在数学、模型上都很直观。接下来，我们将介绍基于概率分布的方法，这类方法通过假设样本服从于某种概率分布，使用优化算法对数据集拟合概率分布，以期达到最好的聚类效果。在本节中，我们主要介绍参数估计（预先假设概率分布的形状）方法，例如针对连续数据的高斯分布和针对离散数据的泊松分布。

6.5.1　高斯分布

真实世界中，很少有数据集能够符合单一高斯分布（只有一个极值），不过，再复杂的概率分布函数，也可以使用多个高斯分布的线性组合进行一定程度的逼近。由多个同族概率分布函数组合的概率分布，称为混合概率模型。所谓高斯混合模型（Gaussian Mixture Model，GMM），就是指由多个高斯分布函数线性组合而成的、具有多个极值点的概率分布函数。这个概率分布函数可以表示为多个高斯分布的加权平均数，其中每个分布函数代表某个样本属于这个聚类的概率，其权重则由这个聚类在总样本中所占比例的后验概率来表示。我们可以将 GMM 看作由多个期望值聚集在聚类几何中心的高斯分布函数组成的混合分布函数。

6.5.2 MATLAB 中的 GMM 支持

在 MATLAB 中，我们可以使用函数 fitgmdist() 实现 GMM。这个函数将返回一个对数据集拟合后类型为 GMModel、包含 k 个元素的变量，其中每个元素将保存一个拟合参数（均值和方差）的高斯分布。每个元素含有长度为 n（n 为样本的特征向量长度，即特征值个数）的均值向量、大小为 $n \times n$ 的协方差矩阵以及每个高斯分布的混合系数（权重）。

这个函数默认使用 EM 算法对模型参数进行求解。通过某种算法（通常先对数据集使用 k 均值聚类算法）初始化后，EM 算法执行以下两步。

（1）**更新期望值**（Expectation）：对于每个样本，EM 算法重新计算该样本属于各个聚类的后验概率，其结果是一个 $n \times k$ 的后验概率矩阵。

（2）**最大化期望值**（Maximization）：以上面计算的后验概率矩阵为权重，对各个聚类的高斯分布使用最大似然估计，以重新优化参数。

EM 算法不断重复以上步骤，直到算法收敛。由于 EM 算法不能保证收敛到全局最优值，很可能陷入局部最优值，因此收敛结果将受到初始化算法的影响。算法训练完成后，将返回一个 gmdistribution 类型的模型变量，其中包含了模型参数、收敛结果以及其他默认参数等信息。可以使用 (.) 运算符查看这些属性。

现在看一个实际例子。假设在全球各地对两个气候指标进行采集，现在我要对这个数据集按照气候群进行聚类。这些数据保存在 ClimaticData.xls 文件中。首先导入数据：

```
>> Data = xlsread('ClimaticData.xls');
```

导入的数据保存在大小为 1570×2 的变量 Data 中。首先使用散点图初步观察数据集：

```
>> gscatter(Data(:,1),Data(:,2))
```

图 6.19 所示为气候数据集散点图。

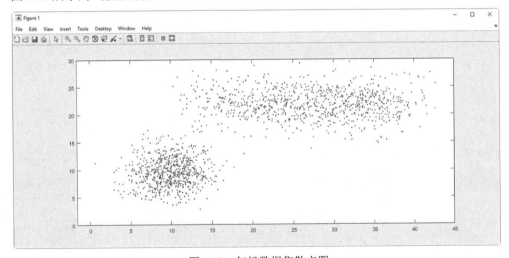

图 6.19　气候数据集散点图

通过观察图 6.19 我们可以看出,图中的样本点按照两个指标(二维特征向量)明显分成两类,因此我们有理由假设聚类数量 $k = 2$。值得注意的是,这两类数据集的分布形状明显不同,左侧的样本点更像圆形,右上方的样本点则像椭圆形。

两个不同形态的聚类代表这个数据集是由混合了源于多个概率分布函数的样本点而组成的。之前我们提到,GMM 模型可用来近似任意形状的概率分布函数。因此这里假设分布函数由两个高斯分布线性组合而成,并使用函数 `fitgmdist()` 进行求解:

```
>> GMModel = fitgmdist(Data,2)
GMModel =
Gaussian mixture distribution with 2 components in 2 dimensions
Component 1:
Mixing proportion: 0.568761
Mean:    27.2418    21.9020
Component 2:
Mixing proportion: 0.431239
Mean:     9.8755     9.5890
```

在这个模型中,我们得到了两个高斯分布,上面的结果显示了其均值。此外,我们还得到了两个混合系数(每个高斯分布在线性组合中的权重)。上文提到,函数 `fitgmdist()` 有多种随机初始化方法,其中包括随机初始化以及使用 k 均值聚类++算法进行初始化等。可以从帮助文档中获得更多信息:

```
>> help fitgmdist
```

为了验证我们确实得到了由两个高斯分布函数组成的混合高斯模型,可以在散点图中画出每个高斯分布函数的等高线图。在 MATLAB 中,`ezcontour()` 可用来绘制等高线图:

```
>> gscatter(Data(:,1),Data(:,2))
>> hold on
>> ezcontour(@(x1,x2)pdf(GMModel,[x1 x2]),[0 45 0 30])
```

图 6.20 显示了原始数据集的散点图,即 GMM 算法所拟合的高斯分布的等高线图。

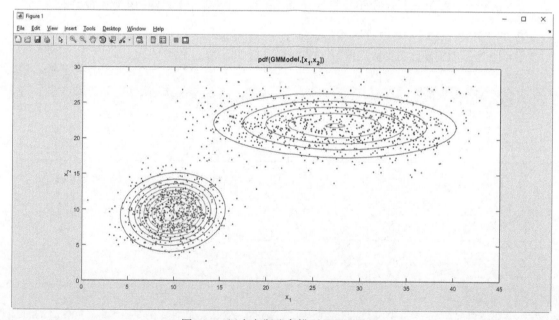

图 6.20　混合高斯分布模型的等高线图

可以看出，两个高斯分布具有明显不同的形态，并且对原始数据集都有很好的拟合效果。

6.5.3 使用后验概率分布进行聚类

我们可以使用函数 cluster() 估计各个聚类的后验概率，并通过最大后验概率方法对每个样本进行聚类。这个函数通过比较每个样本属于各个聚类的概率，给出使概率最大的每个样本的聚类结果（其中每个聚类中心是高斯分布的均值点）：

```
>> IdCluster = cluster(GMModel,Data);
```

函数 cluster() 根据每个样本的成员值对样本进行归类，其中成员值具体是指该样本由某个高斯分布生成的后验概率值，这个函数将具有最高成员值的聚类中心 ID 赋值给各个样本。我们来看看散点图中的聚类结果：

```
>> gscatter(Data(:,1), Data(:,2), IdCluster,'bg','xo')
```

接下来将聚类中心添加到散点图上。之前提到，每个高斯分布的均值就是其聚类中心，可以通过如下代码得到聚类中心坐标：

```
>> CenterCluster = GMModel.mu;
```

接着将聚类中心添加到散点图上：

```
>> hold on
>>
plot(CenterCluster(:,1),CenterCluster(:,2),'x','LineWidth',4,'MarkerEdgeColor',
'k','MarkerSize',25)
```

最后添加分布函数的等高线图：

```
>> ezcontour(@(x1,x2)pdf(GMModel,[x1 x2]),[0 45 0 30])
```

图 6.21 所示的散点图标记出了聚类中心以及每个样本点的聚类结果。

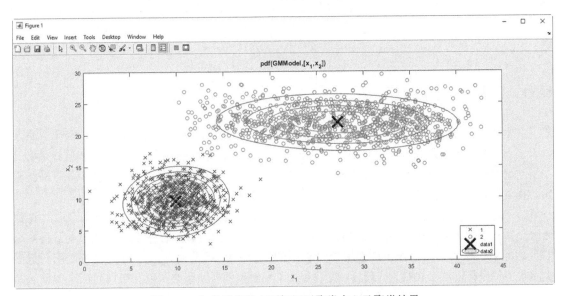

图 6.21 气候聚类散点图标记了聚类中心及聚类结果

最后，我们来展示如何可视化 GMM 算法中估计的高斯概率分布。可以使用函数 gmdistribution()

对高斯分布进行可视化，这个函数将会创建一个 gmdistribution 类型的变量，以保存需要绘制高斯函数所需的信息。首先需要使用 GMM 拟合的多个高斯分布函数的参数创建这个变量，可以使用如下代码先取出参数（均值、协方差），再创建变量：

```
>> mu = GMModel.mu;
>> sigma = GMModel.Sigma;
>> DistObj = gmdistribution(mu,sigma);
```

最后画出三维空间中的高斯分布图：

```
>> ezsurf(@(x,y)pdf(DistObj,[x y]),[0 45],[0 30])
```

图 6.22 展示了由两个高斯分布函数组成的混合高斯模型，清晰地显示了组成混合模型的两个高斯分布函数的形态。

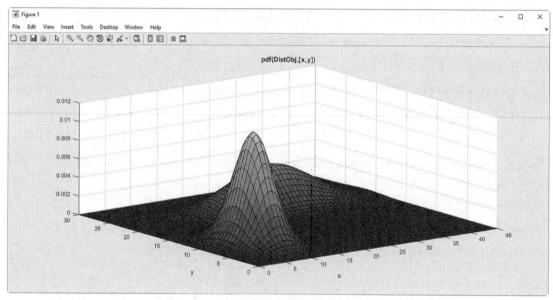

图 6.22　拟合后的高斯混合模型

6.6　总结

在本章中，我们介绍了如何使用 MATLAB 进行聚类分析。首先解释了相似度的衡量方法，学习了近邻测度等概念；接下来介绍了基于这些指标进行聚类的方法，如层次聚类和原型聚类。在层次聚类中，样本是按照从上至下或从下至上的顺序被一一归类的；在原型聚类中，算法将原始数据集划分为多个区域。

对于层次聚类方法，我们介绍了 pdist()、linkage() 和 cluster() 这 3 个函数。这些函数是用从下至上的顺序对数据集中的样本进行层次聚类的，其中函数 pdist() 用于衡量样本间的距离。函数 linkage() 可以用于衡量样本间的近邻测度，而函数 cluster() 能够返回任意聚类水平下每个样本的聚类结果。最后，我们介绍了如何理解树状聚类图以及如何验证聚类算法的效果。

接下来，我们通过 k 均值聚类算法介绍了原型聚类算法，介绍了如何通过迭代的方法渐进地找出多个聚类的聚类中心,同时学习了如何理解 silhouette 图,以及如何通过它区别不同的参数设置而得到的聚类效果的好坏,最后还通过定量的方法对聚类效果进行了衡量。

之后我们介绍了另一种原型聚类算法:k 中心点聚类算法。与 k 均值聚类算法不同的是,这种算法用真实的样本点而非均值作为聚类中心。值得再次强调的是,尽管计算复杂度更高,但 k 中心点聚类算法比 k 均值聚类算法具有更好的鲁棒性,能够更好地应对数据集中的噪声和奇异值。

最后我们介绍了基于概率的距离方法:高斯混合模型。使用多个高斯分布的线性组合,能够近似地逼近任意形状的概率分布。与 k 均值聚类方法相同,GMM 同样需要用户预先指定 k 个概率分布,每个概率分布由长度为 n(样本特征向量的长度)的均值向量和 $n×n$ 的协方差矩阵来表示。可以使用函数 fitgmdist() 在数据集上对 GMM 模型进行参数求解,然后使用函数 cluster() 获得每个样本的聚类结果。最后我们介绍了绘制三维高斯分布等高线图的方法。

在下一章中,我们会介绍在 MATLAB 中实现神经网络的基本知识。我们将学习如何对数据进行预处理,如何使用神经网络拟合数据集、模式识别以及聚类分析,并将学习如何可视化神经网络及其计算结果,以及如何评估、优化神经网络的性能。

第7章
人工神经网络——模拟人脑的思考方式

本章主要内容
- 创建、训练和仿真神经网络
- 拟合数据
- 使用工具箱的 GUI
- 使用工具箱中的函数

人工神经网络是由一系列层次化的，对变量线性组合后又执行非线性变换的函数构建的数学模型。它使用极其简单的数学理论，但通过大量运算层次化结构，能够对任意复杂的数学模型进行精度非常高的逼近。通过神经网络，我们能够模拟诸多复杂的人脑活动，如图像识别、模式识别、语言理解、空间感知等。神经网络结构是对人脑神经元结构的一种简单模仿，网络中的节点相当于人脑中的神经元，连接节点的权重相当于神经元间突触的连接强度。神经网络往往由输入层、多个隐藏层以及输出层构成，浅层神经网络的输出作为深层神经网络的输入，每个隐藏层网络都对输入进行非线性变换。在输入层中，每个节点都对应于样本特征向量中的一个特征值，输出层中的节点则代表模型的计算结果。

MATLAB 提供的神经网络工具箱（Neural Network Toolbox）用于训练、调用模型，并且针对工具箱制作了非常精美可视化的 App，用于构建、训练、可视化以及仿真神经网络。我们可以使用它来进行分类、回归、聚类、降维、时间序列的预测以及动态系统建模与控制。工具箱封装了专门的数据结构和算法，以用于模型的构建、训练和使用。通过这些函数，程序能够通过例子学习并总结出内在规律，用来对输入进行分类。

在本章中，我们将讲述如何使用神经网络来拟合数据、分类及聚类，会学到如何进行数据预处理、构建和训练网络、结果处理、神经网络可视化以及模型评估。我们还将学习如何在调用神经网络前对数据集预先进行划分。

在本章结尾，我们将了解神经网络的基本概念以及如何在 MATLAB 环境中实现神经网络模型，将学会如何准备数据集、如何进行数据拟合，以及了解如何通过工具箱中的函数进行神经网络分析，以理解模型、参数是如何工作的等各种细节。

7.1 神经网络简介

现代计算机能够非常快速、精确、稳定地计算一系列预先设计好的运算，对重复性计算问题具有非常强大的处理能力。这些硬件设备非常强大，但并不智能。在整个过程中，唯一智能的环节是程序员编写程序时，对问题给出的分析和判断并转化成程序命令的过程。如果一个系统想被称为智能系统，那么至少要能够解决一些人类觉得简单、直观的问题。

人工神经网络使用大量的节点、连接权重和网络层次结构，来试图使用数学和计算机技术模拟生物大脑的神经细胞、神经元和突触。在生物大脑中，每个神经元平均连接了数十万个其他神经元，并且拥有不计其数的突触数量。而生物具有智能的秘诀就隐藏在这些神经元及其连接之中。图 7.1 所示为神经网络大脑漫画。

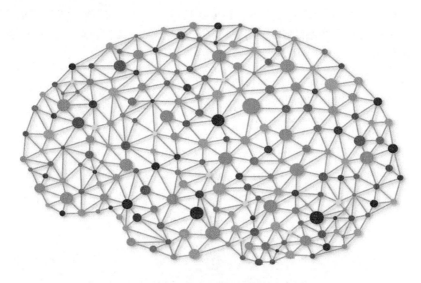

图 7.1 神经网络大脑漫画

这些神经元有的负责接收外部环境的信息，有的负责对外部环境给出反馈，其他神经元负责处理这些信息。这种结构在人工神经网络中被分为 3 层：输入层（input）神经元、输出层（output）神经元和隐藏层（hidden）神经元，如图 7.2 所示。

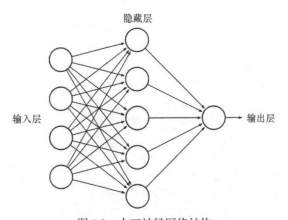

图 7.2 人工神经网络结构

其中，每个神经元都进行非常简单的计算，如果接收到的数值超出一定的阈值，则神经元转为激活状态，并输出某个数值到下一层神经元。如果一个神经元被激活，则它将对下一层与其连接的所有神经元发送一个相同的数值。在这种机制中，每个神经元都可以看作一个缩放器，即通过对接收到的数值进行判断，放大或者缩小收到的数值，然后转发给其他神经元。整个神经网络中的所有阈值（参数）都不需要预先设定，可以使用各种算法包括监督学习算法、非监督学习算法以及强化学习算法通过拟合数据集自动求解参数。

与串行模型按照先后顺序依次处理每个样本不同,每层的神经元都是相互独立的,是并行的,这意味着神经网络可以用来处理非常大的数据量。正因为有了这种并行结构,我们的大脑才得以在瞬间处理极大量的数据信息,例如,通过视觉识别某个物体。从统计学角度来看,完成物体识别这种难度级别的任务需要模型系统有极为优秀的处理噪声的能力(例如,识别房间中的一个杯子时,对数学模型而言,桌子、笔等周围的物体都是噪声)。一旦模型的某个部分受到噪声的影响产生了错误结果,那么整个系统都会产生错误。图 7.3 显示了**串行计算**(serial processing)和**并行计算**(parallel processing)的对比。

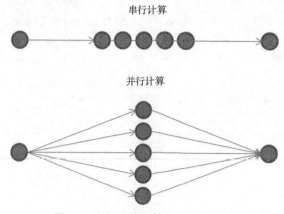

图 7.3 串行计算和并行计算的对比

尽管神经网络的结构、运算都很简单,但是要了解最新的神经网络模型、算法,需要深厚的统计学功底。神经网络强大的拟合能力和极大的规模同时意味着,即使在诸多假设简化的应用情境中,普通的开发者仍然很难直观地对模型结果进行预测。但从工业化、产品化角度来看,神经网络仍然非常具有商业价值。即使它很难理解,但不可否认,一旦具备了大量的历史数据,神经网络就能够从中提取出潜藏的模式,并且具有非常好的拟合结果。

因此,尽管神经网络能够从数据集中提取出有效的模式识别方法,但人脑很难理解神经网络是如何得到结果的,开发者**必须也只能直接接受**这些结果。鉴于这种状况,人们将神经网络这类模型称为黑盒模型,因为人们只能理解模型的输入和输出,而不能理解中间的运算过程,如图 7.4 所示。

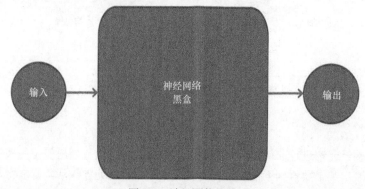

图 7.4 神经网络黑盒

与其他模型相同,仅当具有良好的训练数据集时,神经网络才能够得到好的结果。前文提到,神经网络的参数是通过拟合数据集、训练得到的,这意味着当数据集中有大量样本且样本具有大量特征值时，神经网络会花费大量的时间来训练参数。此外，目前没有理论可以指导何种结构的神经网络适用于何种数据集，因此开发者的经验对于能否得到好的结果至关重要。

神经网络常用于数据集非常大、没有现成的数学理论能够描述某一具体问题等情景中。这些情景包括光学目标识别、人脸识别、高噪声数据集中的模式识别等情景。神经网络也是数据挖掘领域的常用工具，也是用于预测金融或气象分析的技术。近些年，在计算生物领域，神经网络也常用于发现基因、蛋白质中的模式。通过给出一组很长的输入数据，神经网络能够返回最有可能的输出。

7.2 神经网络基础构成

人工神经网络的基本计算单位是神经节点，也就是神经元。人工神经网络中的神经元是对生物学中神经元的一种简化模仿，它通过上一层的连接接收输入数据，将接收到的数据按连接的权重加权求和，再对其进行某种非线性变换后输出。这种模仿建立在生物学中对生物神经元的粗浅认知上。对生物的大脑而言，神经元就是大脑的基本构成单位。人脑的研究者已经发现超过 100种的神经元结构。图 7.5 是对神经元结构极为简化的描述。

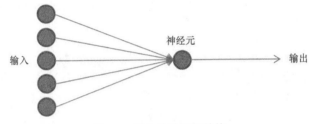

图 7.5 简化的神经元结构

生物神经元中最重要的功能就是在神经元构成的网络中传递电信号。这些神经元通过数以万计的输入神经接收并累积电信号，当累积的信号量超过一定阈值后，就会释放电信号到与之连接的其他神经元。在这个过程中，作为神经元接收输入连接的神经纤维称为**树突**（dentrite），它们和其他神经元的轴突（axon）相连接，并接收从轴突传来的电信号给当前神经元。轴突和树突间的连接点称为**突触**（synapse）。图 7.6 显示了生物学中神经元的基本结构。

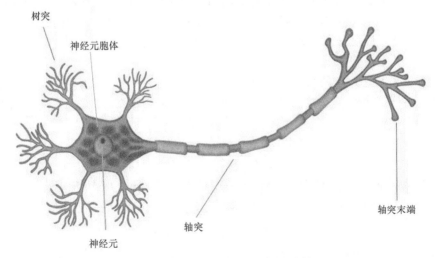

图 7.6 生物学中神经元的基本结构

整个过程中，突触的作用是对传递的电信号进行非线性变换。实际上，一个神经元可以被类似地看作一个开关。平时状态下，神经元处于关闭状态，当电信号不断累积并超过某一阈值后，神经元将被激活并释放电信号。

目前生物学对电信号传播机制的解释是：电信号从神经元轴突的末端经过突触传导到下一个神经元的树突。电信号在树突和轴突上的强度并不重要，重要的是在从轴突传导到树突的连接点上，下一个神经元接收到的信号强度，这取决于它与上一个神经元的连接点（即突触的种类）。生物学研究显示，对于两组（4个神经元）由不同种类突触连接的神经元，即使两组中上层神经元通过轴突发出的电信号强度完全相同，经过突触后，两组中下层神经元树突接收到的电信号完全不同。换个角度而言，突触会对传递的电信号强度进行改变。简言之，当电信号经过突触传递到树突后，神经元会对所有树突接收到的电信号进行加权求和，如果电信号累计超过某一阈值，就会输出电信号。

与生物学的神经元相同，人工神经网络的神经元同样会接收多个来自上层神经元的输入。它将所有输入按照连接权重加权求和，在进行某种非线性变换后，与某一阈值进行比较，如果超过阈值，则输出，如图7.7所示。

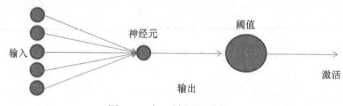

图 7.7   人工神经元结构

神经元所执行的第一个运算是加权求和，这个运算允许神经元接收来自上层神经元的全部信息。为了区别上层网络中不同神经元输出的信息的重要程度，我们需要对接收的每个信息按照其重要程度赋予权重。在这种机制下，每个上层神经元或多或少地对这个神经元是否处于激活状态贡献了数值。这种机制同样存在于生物神经元中。至此，我们描述的神经元运算是非常简单的，接下来的主要问题在于如何模仿生物学中神经元的连接节点——突触。

在描述生物学中的神经元传递机制时已经提到，突触会对传导中的电信号进行数值上的改变。经过改变后，即使发出的信号强度相同，不同的上层神经元对接收信号的神经元的影响也会不同。有些情况下，经过突触改变的信号甚至会对神经元起到抑制作用，会使接收信号的神经元更难被激活。

人工神经元通过两步运算模仿生物学中的这种机制。第一步是上文提到的对来自不同上层神经元的输入信号进行加权。权重是一个与输入值相乘的数值，通过这种加权运算，来自不同上层神经元的信号对接收神经元会有不同程度的影响，如图7.8所示。

如上所述，加权后的神经元会被相加求和：

$$Output = input1*w1 + input2*w2 + input3*w3 + input4*w4 + input5*w5$$

其中每个输入都是一个数值而非向量，现在对输入数据及其参数采用矩阵化来表示：

$$INPUT = (input1, input2, input3, input4, input5)$$

$$W = (w1, w2, w3, w4, w5)$$

这样就可以将上面求和的步骤写成两个向量的内积形式：

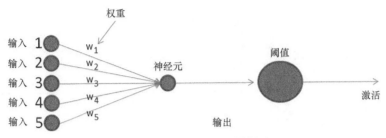

图 7.8 加权后的人工神经元

不熟悉线性代数的读者需要复习一下向量、矩阵以及矩阵乘法的概念。此处的公式与上个公式并没有任何区别，只不过是用矩阵形式表示两个向量中对应的元素相乘，再将所有乘积相加，结果仍然是一个数值，即加权总和而非矩阵。

两个向量的内积一般可看作衡量两个向量相似程度的一种粗略的指标。保持两个向量的长度不变，如果两个向量方向相同，那么内积最大；如果两个向量垂直，那么内积为 0；如果方向相反，则内积最小（且为负数）。从代数角度而言，两个向量的内积就是向量中对应元素的加权求和。

现在我们已经了解了如何用向量的方式表达加权求和，接下来继续介绍人工神经元模拟生物神经元中的第二步，即非线性变换。之前提到，在生物神经网络的电信号传递过程中，最重要的一步就是突触对输出值的改变。这种改变并非简单地加权求和，而是非线性变换。

前文还提到，只有当电信号达到一定阈值，生物神经元才会释放它，这也是非线性变换的一种（如现在非常流行的 ReLU 函数）。那么，如何用数学模型、编程语言来模拟这种非线性变换呢？人工神经网络采取了非常简单的办法——定义激活函数（activation function）[或称为**变换函数**（transfer function），这两种命名完全等价。前一种命名在学术界通用，但 MATLAB 文档中经常出现的是后者]。激活函数选取任意一种非线性函数，对加权求和后的数值进行非线性映射（从输入一个数值到输出一个数值，但这种对应关系是非线性的），并使用映射后的数值作为神经元的输出，如图 7.9 所示。

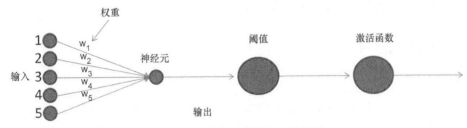

图 7.9 添加激活函数的人工神经元

目前实践中我们用过多种激活函数，这里列举出常用的 4 种：线性方程、分段方程、Sigmoid 函数和双曲正切函数，如图 7.10 所示。

至此，我们已经介绍完人工神经元是如何模拟生物神经元的，接下来将描述人工神经网络的分层结构。也就是说，我们先介绍多个神经元及其连接是如何构成一层神经网络的，再介绍多层神经网络间如何相互连接。

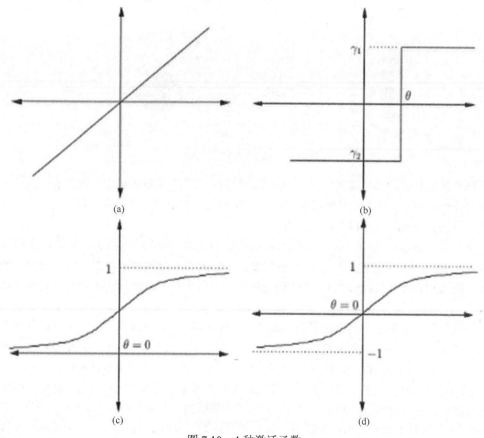

图 7.10   4 种激活函数

图 7.11 显示了下面文字描述的结构：假设有两组神经元，它们有不同的输入和不同的节点，每个输入都和下一层的所有输出节点相连接。其中一组神经元负责发送数据，另一组神经元接收之前的数据，并在上文中描述的多步处理后负责产生输出。假设每一个负责接收数据的神经元，与全部负责发送数据的神经元都存在连接，现在通过给连接赋予权重值，可以通过调整权重来对不同的模式进行定义（虽然负责发送数据的全部神经元对每个接收数据的神经元都发送了相同数据，但因为连接权重不同，不同接收数据的神经元会产生不同的输出结果）。因此，每个权重都定义了当前接收数据的神经元主要受到哪个发送数据神经元的影响。这里将发送数据的神经元称为神经网络中的一层（layer）。

一个神经网络往往是由多层构成的。每加一层神经网络，虽然都扩展了神经网络更加逼近复杂函数的能力，但同时也增加了神经网络的计算复杂度。其中，神经网络的第一层（即输入层），由于没有来自前面的连接，因此每个神经元直接接收输入样本的特征值，并将其直接输入给下一层（即第一层隐藏层）。我们将在输入层和输出层中间的层称为隐藏层。从隐藏层开始，每层中的每个神经元都会执行上文中描述的运算，并将运算结果继续向下一层传递。大体而言，在讨论神经网络的结构时，我们一般是指神经网络有多少隐藏层，每层有多少个神经元，以及最重要的是这些层和神经元间是如何连接的。图 7.11 所示的连接方法，是最基本的一种神经网络——前向传播神经网络。之所以称其为前向传播，是因为在每层中每个神经元的输出值都会向前传递给与之相连的下一层神经元，一直传播到输出层。

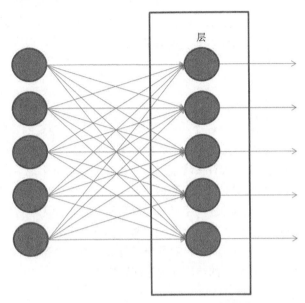

图 7.11 神经网络中某一层的结构图

通过改变神经元间的连接方式，我们能够改变整个神经网络的结构。这不仅是概念、定义的改变，连接方式的改变事实上也改变了整个神经网络参数的求解方式，也直接改变了神经网络逼近其他函数的能力。图 7.12 显示了一个有两层隐藏层的深度前向传播神经网络。

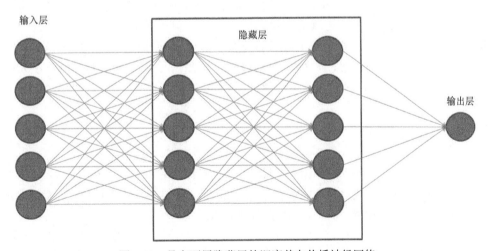

图 7.12 具有两层隐藏层的深度前向传播神经网络

读者可能注意到了用词的变化，之前我们一直称人工神经网络为神经网络，这里将其称为深度神经网络。事实上，学术界对深度神经网络并没有严格的定义，一般而言，隐藏层多于一层的任意神经网络，都可以统称为深度神经网络。所以这个名称纯粹只是命名上的变化，之前描述的所有神经网络的机制、原理仍然适用。在图 7.12 中，我们构建了一个由一层**输入层**、两层**隐藏层**、一层**输出层**组成的深度前向传播神经网络。其中，在输入层和两个隐藏层，每层都具有 5 个神经元；输出层则只有 1 个神经元。一般而言，层数越多、每层神经元越多的神经网络，越能精确地逼近更加复杂的函数。但这并不总是成立的，除了神经网络的深度和神经元个数，神经元、不同层之间的连接方式更为重要，它直接影响神经网络求解参数的算法，很大程度上决定了我们能否训练出精度优良、鲁棒性高的模型。

7.2.1　隐藏层数量

从图 7.12 可以看到，输入层（有 5 个神经元，对应样本特征向量的长度为 5，即每个样本有 5 个特征值）和输出层（1 个神经元，即一个数值结果）是由问题、数据集和任务本身决定的，我们并不能人为地进行任何更改。只有在隐藏层上，我们才能够自由地更改层数、神经元数量和连接方式。隐藏层的层数（即神经网络的深度和每层包含的神经元数量）决定了神经网络的大小。目前没有理论可以指导何种结构的神经网络能够适应何种问题，即无法针对具体问题对神经网络的结构、连接方式从理论层面进行优化，因此神经网络的设计完全是凭借主观经验的。一个简单选择最优结构的方法是，从简单到复杂，针对同一数据集训练多个结构的神经网络，然后根据它们在验证集上的实际表现，选择最优的结构作为最终胜出者。

7.2.2　每层的节点数量

前文提到，输入层和输出层的节点数量是由研究的问题所决定的。输入层的节点个数与样本特征向量的长度相同，每个神经元接收一个特征值作为输入数值；输出层的节点个数取决于研究目标所需的个数，例如对于分类问题，输出层的节点个数取决于分类标签的数量，有多少个类别就有相应数量的神经元。

因此，神经网络的隐藏层才是我们研究的重点。前文提到，目前没有理论可以指导隐含层的设计方法。合适的网络结构取决于输入层的大小、训练集的大小、研究问题的复杂程度、输出层的大小和其他诸多因素。大型的深度神经网络能够极好地拟合训练集，但往往具有过拟合的风险；过小的神经网络则很容易拟合不足，导致精度下降。另外，大型的神经网络具有很高的计算复杂度，需要很长时间来训练。总之，神经网络的结构设计目前仍依赖于经验。

7.2.3　神经网络训练方法

至此我们已经看到，神经网络是由大量极其简单的数学运算集合而成的，而且这些运算可以并行处理。其中神经元间的连接是研究重点，因为这些连接代表神经元间的权重，最能决定网络结构。这些权重无须预先设置，而是在训练阶段进行求解的。

在训练阶段，神经网络采取先前向传播计算结果，后反向传导误差梯度（通过比较输出神经元与目标值得到）的形式更新网络中的连接权重，再通过调整连接权重来影响前向传播的计算结果。整个过程不断重复，直至参数收敛（或满足一定停止条件）。为了得到具有足够鲁棒性的结果，往往需要大量的样本对神经网络进行训练。图 7.13 所示为训练阶段的流程图。

具体每次迭代参数是如何更新的，取决于使用的训练算法。目前只需要粗略理解训练的流程，我们将在后面实战部分具体讲述训练算法。

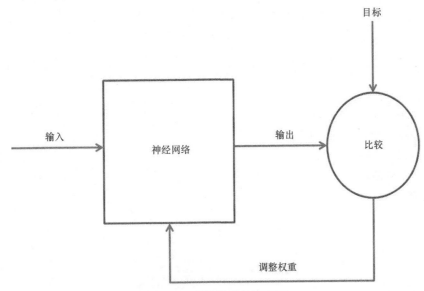

图 7.13 训练阶段的流程图

7.3 神经网络工具箱

MATLAB 中的神经网络工具箱封装了诸多算法、预训练模型及其可视化 App，可供用户训练、可视化和仿真神经网络。这些工具不仅能够处理**浅层神经网络**（只有一层隐藏层），对**深度神经网络**（多个隐含层）同样有效。通过这些工具，我们能够很简单地完成分类、回归、聚类、降维、时间序列预测以及动态系统建模与控制等任务。

神经网络工具箱有多种方法可以调用，下面列举了最常用的 4 种用法。

（1）GUI 直接调用：我们可以通过在命令行窗口中执行 nnstart 命令打开工具箱的用户界面。我们通过这个界面能够可视化地完成函数拟合（nftool）、模式识别（nprtool）、聚类分析（nctool）和时间序列分析（ntstool）这些任务。

（2）代码直接调用：GUI 界面的本质就是通过图形化方式调用工具箱中封装好的函数，其好处是非常简便、易于学习，但是在实践中问题的复杂度往往高于 GUI 界面的封装程度。直接使用工具箱中的函数能够带给我们更大的自由度，适应更加困难的问题。

（3）用户定制神经网络结构：通过 GUI 界面，我们甚至可以直接定制自己需要的网络结构，如隐藏层数、每层神经元的数量甚至神经元的连接方式。工具箱的算法与定制网络结构的 GUI 无缝衔接，使我们可以对自己定义的任意结构的神经网络加以训练。

（4）更改工具箱源代码：对于极度复杂的问题，工具箱中函数的封装也不足以处理。幸运的是，绝大多数函数都是用 MATLAB 代码编写的，用户可以直接更改源代码。工具箱中函数的源代码本身就是我们学习神经网络和在 MATLAB 中实现神经网络的绝佳资源。通过修改源代码，我们能更好地学习神经网络，并且能够最大程度地适应复杂问题。

可以看到，MATLAB 给各种层次的用户（从初学者到专家），都提供了非常便利的各种工具，以简化工作量。实际上，不仅是初学者，即使是神经网络专家，在熟悉 MATLAB 实现的过程中，也可以通过 GUI 先进行可视化操作，学习每一步操作生成的 MATLAB 代码，然后结合函数文档编写程序。这种学习方式非常简单直观，能够极大地提高学习效率。

无论选择哪种方法使用 MATLAB 工具箱，我们在使用神经网络进行建模前都应考虑以下问题（见图 7.14）。

（1）数据收集。

（2）构建神经网络。

（3）设置神经网络的相关参数。

（4）初始化权重参数和偏置项。

（5）训练神经网络。

（6）验证神经网络。

（7）测试神经网络。

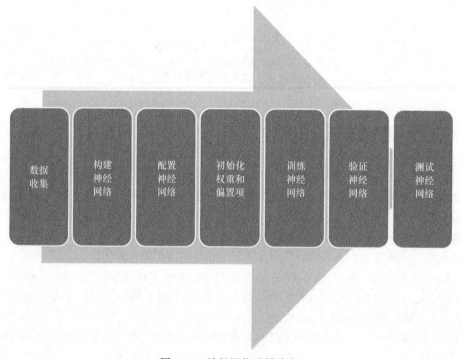

图 7.14　神经网络建模流程

建模的第一步是收集想要处理的数据，这一步通常在使用 MATLAB 前就已经执行完毕。显然，收集到的数据质量直接决定着模型结果的好坏。如果数据集本身存在样本匮乏、偏误等问题，那么数据会有噪声污染，再强大的模型架构也无法得出优秀的结果。

第二步是构建神经网络。这里，工具箱提供了许多可供调用的便利函数和算法。在这个步骤中，我们将创建一个神经网络对象，用于保存定义的与神经网络相关的全部信息。这个对象有许多非常重要的属性值，如下所示。

（1）General：关于此神经网络的一些宏观参数。

（2）Architecture：此神经网络的架构参数的数量（输入变量、层数、权重数据、输出变量、目标变量等）以及不同层间是如何连接的。

（3）Subobject structures：单元类型变量。保存输入变量、每层结构、权重数据、输出变量、目标变量等。

（4）Functions：保存初始化、训练、评估神经网络所用的算法、函数信息。

（5）Weight and bias values：保存神经网络算法所训练的参数（算法优化的参数结果），如神经网络的权重。

第三步涉及配置神经网络的各项参数，例如输入、目标变量所使用的数据，输入、输出变量的维度，数据预处理算法等参数。这一步通常是在训练阶段由工具箱自动完成的，如果需要修改默认值以适应更复杂的问题，则需要人为提前修改。

第四步涉及初始化权重参数和每一层的偏置项数值，这些将是算法在第一次迭代时使用的数值。一般而言，这些参数值是工具箱自动初始化的，但是用户仍可以手动进行更改。

第五步是训练神经网络，在这个过程中，算法会迭代地修改权重值和偏置项值，以渐进地优化神经网络的表现。这是整个建模流程中最重要的阶段，训练算法的好坏不仅影响模型对训练集的拟合精度，还会影响模型在应用到未知数据集（测试集或生产环境）时的泛化能力。在这一步中，数据集的样本将以随机顺序输入模型中进行训练（通常训练集占总数据集的70%）。

第六步是验证神经网络。工具箱大约会选取数据集中剩余样本的一半（约占整个数据集的15%），将其作为验证集输入神经网络，用于验证训练过程中模型的表现。验证结果用于判断当前神经网络对训练集的拟合程度。如果在拟合结果低于预期，那么需要回到第二步，重新设计和构建神经网络进行训练。

最后一步是测试神经网络。在这一步中，数据集最后的15%样本会输入至神经网络，其结果作为评估神经网络最终泛化能力的依据。

图7.15显示了整个数据集是如何被划分为训练集、验证集、测试集的。

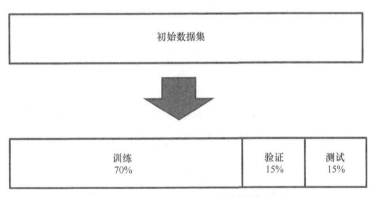

图 7.15　神经网络工具箱数据集划分比例

我们在前面章节中已经详细叙述了划分为3个数据集的原因，即每个数据集的目的。这里我们再简单复习一遍。

（1）**训练集**：训练集中的样本用于求解模型参数。在神经网络模型中，参数就是指权重参数和偏置项。

（2）**验证集**：在训练完毕后，验证集中的样本将被用作输入参数，模型在验证集上的表现用于衡量模型对训练集的拟合能力。如果验证集表现不足，则证明当前模型不具备拟合数据集的能力，需要重新设计模型以进行训练、验证。

（3）测试集：模型在测试集样本上的表现被视为对模型泛化能力的最终测试。通过观察测试集误差，我们能够观察到过拟合、拟合不足等问题。测试集的表现是评估模型好坏、挑选最终模型的标准。

至此，我们已经介绍了使用神经网络工具箱建模神经网络的整个流程。但是在动手操作前，我们需要学习最后一项功能——样例数据集。之前提到，数据收集通常是在使用 MATLAB 前已经完成的，这意味着存储数据的格式必须适合导入到 MATLAB 中。在学习阶段，往往还没有实际问题的数据集。无须担心，MATLAB 提供了大量可供测试模型、学习工具箱使用的样本数据集。

对于神经网络工具箱，MATLAB 提供了几个样例数据集。在应用实际数据集前，我们可以先通过这些样本数据集来建立、调试模型和程序代码。可以使用如下代码查看可用的数据集：

```
>> help nndatasets
Neural Network Datasets
  ------------------------

    simplefit_dataset    - Simple fitting dataset.
    abalone_dataset      - Abalone shell rings dataset.
    bodyfat_dataset      - Body fat percentage dataset.
    building_dataset     - Building energy dataset.
    chemical_dataset     - Chemical sensor dataset.
    cho_dataset          - Cholesterol dataset.
    engine_dataset       - Engine behavior dataset.
    vinyl_dataset        - Vinyl bromide dataset.
```

上述代码展示了所有神经网络工具箱适用的数据集名称及概述。注意，所有数据集的命名格式都是 name_dataset。这些数据集中都会存在 nameInputs 和 nameTargets 这两个变量。例如，可以通过如下代码加载数据集：

```
>> load abalone_dataset
```

这段代码将会加载 abaloneInputs 和 abaloneTargets 到工作空间中。如果要用其他变量名命名这两个变量，那么可以使用如下代码：

```
>> [Input,Target] = abalone_dataset;
```

上述代码会将输入变量、目标变量加载到名为 Input 和 Target 的两个变量中。接下来，可以使用如下命令获取数据集的详细描述：

```
>> help abalone_dataset
```

图 7.16 显示了操作在 MATLAB 环境中的结果。可以看到，在数据集描述中可以获取特征值数量、特征值名称、变量列表等信息，并且还简单列举了可以使用数据集的情形。

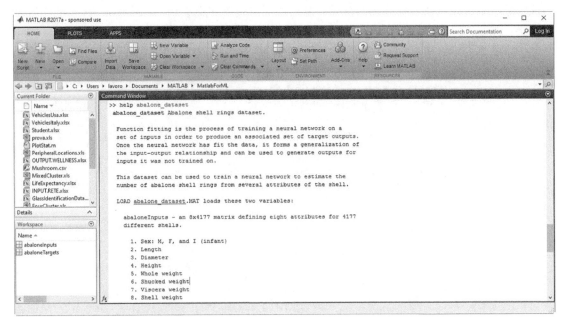

图 7.16 加载 abalone_dataset 后的 MATLAB 结果

7.4 工具箱的用户界面

图形用户界面（GUI）的全称是 Graphical User Interface，它通过各种按钮、选项与用户进行可视化交互，并将结果也通过图形显示出来。由于其易于理解，因此即便是初学者，也可以通过 GUI 界面，完成非常复杂、极具挑战性的任务。但需要清楚的是，与这些按钮、选项进行交互只是表面现象，这些可视化工具仍然按照用户输入的参数，通过调用工具箱中的函数进行运算，这些函数与我们编写程序、阅读帮助文档时用到的函数完全相同。简言之，在参数相同的情况下，通过 GUI 执行的运算和通过编写代码执行的运算没有任何区别。

为了使建模神经网络尽可能简单，神经网络工具箱提供了一系列 GUI 功能。所有这些界面都通过函数 nnstart() 开始运行。这个函数是拟合、模式识别、聚类、时间序列分析等一系列 GUI 的入口：

```
>> nnstart
```

上述代码将打开名为 Neural Network Start（nnstart）的界面，如图 7.17 所示。这个界面提供了工具箱所有功能的入口，可以看到，通过这个界面可以解决 4 类问题：数据拟合（nftool）、模式识别（nprtool）、聚类（nctool）和时间序列分析（ntstool）。

工具箱针对上面每类问题提供了非常简便、易于使用的 GUI。其中，第一个工具 nftool 用于解决拟合问题。在拟合问题中，神经网络用于实现任意一系列由输入数据到输出数据组成的数据集的映射函数。拟合 App 能够帮助用户选择数据集，创建和训练神经网络，以及通过均方误差、回归分析来评估训练结果。拟合 App 的详细内容参见 7.5.1 节。

第二个工具 nprtool 协助用户处理模式识别问题。在模式识别问题中，我们需要使用神经网络对输入数据按照某种类别标签进行分类。同样，这个工具提供了一系列 GUI 以帮助我们选择数据集、创建和训练神经网络，以及通过混淆矩阵和交叉熵（cross-entropy）来评估训练结果。

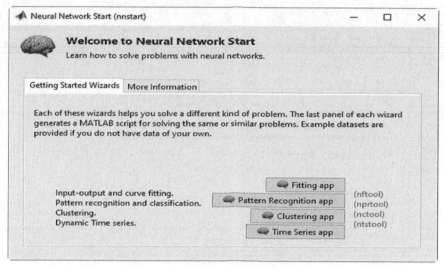

图 7.17　神经网络工具箱初始界面

第三个工具 nctool 用于处理聚类问题。在聚类问题中，我们使用神经网络通过衡量样本间的相似度对数据集进行聚类。同样，这个工具箱提供了丰富的 GUI 以帮助用户选择数据集、创建和训练神经网络，并通过一系列可视化图表来评估训练结果。

最后一个工具 ntstool 用于解决在复杂动态系统中与非线性时间序列相关的问题。动态神经网络工具箱可解决非线性函数的拟合、预测、过滤等问题。时间序列分析的一大类任务就是基于历史数据对未来数据进行预测，这个工具能够解决 3 类问题：带有外生变量的非线性自回归问题、非线性自回归问题和非线性函数拟合。

7.5　使用神经网络进行数据拟合

数据拟合是指根据数据集中的样本和目标值关系，使用数学模型构建从输入到输出的映射关系，即从数据集的样本中学习代表其映射关系的函数。其最简单的一种用途就是通过拟合的函数，应用插值法填补空缺数据，即给定某个数据集中缺失的输入，通过拟合的函数计算出新样本。这里谈到数据拟合，多指回归问题，即函数能够多大程度地逼近尽可能多的样本点。除了用于插值，数据拟合所得函数同样可用于可视化数据集、基于历史数据预测未来，以及发现多个变量间的联系，如图 7.18 所示。

前面已经介绍过如何使用回归方程对数据集中由样本构成的曲线进行拟合。通过之前的模型我们发现，这些模型并不总是有效的，没有模型能够完美拟合数据集中的全部样本点。对于拟合效果较差的模型，我们甚至无法通过拟合结果预测未来趋势。这些非常复杂的拟合场景往往是由两大类原因造成的：第一种是问题、数据集本身就非常复杂，难以拟合；第二种原因则更加常见，即真实数据在收集过程中无法避免会受到噪声污染。有些噪声是正常现象，代表了样本个体的特征。更加隐蔽的是，有些"噪声"的出现并非是因为样本个体所造成的波动，问题背后的原因包含诸多不为人所知、无法观测到的变量（如股价波动），它们被误认为噪声。无论是哪种现象，传统的频率学派、统计学派的模型都难以应对这种级别的复杂度。人工神经网络虽然在数学上极为简单，但是通过大规模、层次化运算，它具有极为强大的拟合能力，非常善于处理此类问题，在实际应用中往往具有极好的效果。

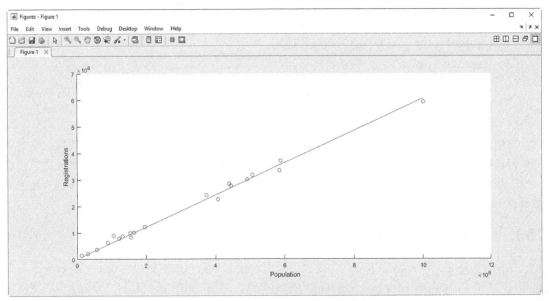

图 7.18　使用线性函数对数据集进行拟合

对于神经网络，所谓拟合就是指训练阶段通过输入数据集中的样本求解连接权重中的参数的过程。一旦参数求解完毕，训练后的神经网络就是一个从输入数据到输出数据的映射函数，构建了从样本特征向量到目标值的映射关系，并可以用于之前提到的各种应用场景中。

之前讲过，神经网络工具箱大体上分为 4 种调用方法，其中最常用于完成拟合问题的方法是：通过 GUI nftool 来调用；通过工具箱中函数直接编程来使用。

初学者最好从 nftool 这个 App 开始学起。因为这些编辑好的图形界面，已经集成了由 MATLAB 封装好的神经网络建模所需的各种流程、参数设置。通过 GUI 进行学习能够极大地降低学习成本。同时需要再次指出的是，用户与 GUI 的交互（如鼠标点击等）同样会生成 MATLAB 代码，无论初学者还是专家，通过学习这些代码也能极大地降低之后脱离 GUI 直接使用函数编写程序的学习成本。

事实上，GUI 提供了一系列精准排序后的对话框，我们只需按照顺序单击按钮、选择菜单选项，就能用 GUI 完成与手工编写程序完全相同的工作。换句话说，我们无须了解构建、训练神经网络的全部代码。

更好的是，一旦完成了 GUI 的全部操作，我们就可以选择让 GUI 自动生成它所调用的全部代码。通过学习这些代码，我们能够理解之前一系列与图形界面交互背后进行的代码级别的详细调用流程。通过这种方法，我们可以非常快速地学会在某个步骤怎样使用某些函数。

下面开始应用 App 操作神经网络。与之前相同，无论学习什么模型，都要先导入数据集。为了简便，我们在这里使用 MATLAB 提供的样本数据集。MATLAB 提供了诸多数据集，其中每个数据集都有最适合的应用场景。可以通过 help 命令查看这些帮助文档：

```
>> help nndatasets
```

上述代码会按照类别输出诸多数据集的信息。这里选取几个与曲线拟合相关的数据集进行展示。

（1）simplefit_dataset：简单地展示拟合场景的数据集。

（2）abalone_dataset：鲍鱼壳周长数据集。

（3）bodyfat_dataset：体脂数据集。

（4）building_dataset：建筑耗能数据集。

（5）chemical_dataset：化学物质探测器数据集。

（6）cho_dataset：胆固醇数据集。

（7）engine_dataset：发动机数据集。

（8）vinyl_dataset：乙烯溴化物数据集。

当然，除了 MATLAB 提供的样例数据集，我们也可以使用要解决的实际问题的数据集。通过学习样例数据集，我们可以很好地了解神经网络 App 规定的输入数据和目标数据的格式，这能够对收集实际样本时进行指导。收集完实际样本数据后，我们可以根据第 2 章中所学到的知识将数据导入到 MATLAB 中。

7.5.1　如何使用拟合 App（nftool）

在拟合问题中，神经网络本身作为映射函数能够建立从输入数据到目标数据的映射关系。拟合 App 能够帮助我们选择数据、构建和训练神经网络，并通过均方误差和回归分析衡量模型泛化能力。为了使用 Neural Fitting APP，我们应先在 MATLAB 的命令行对话框中输入如下代码：

```
>> nftool
```

接下来打开**拟合 App** 的欢迎页面，如图 7.19 所示。

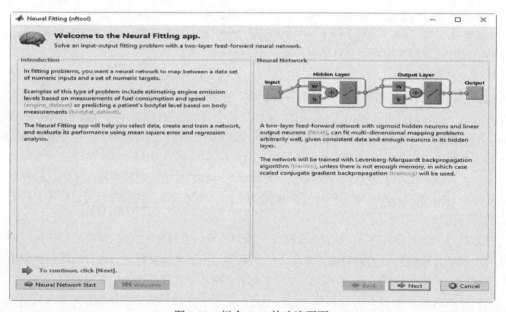

图 7.19　拟合 App 的欢迎页面

拟合 App 的欢迎页面对此 App 的主要功能进行了简要介绍，并提醒我们在 App 中已经集成了一些可立即使用的例子。更重要的是，它对能够创建的神经网络结构进行描述。

拟合 App 使用包含一个隐藏层的前向传播神经网络建立从输入到输出的映射函数。在前向神经网络（见图 7.20）中，连接只能前向传播计算结果，不会形成从后向前的回环结构。因此在这种网络中，信息只能向单一的方向流动，即从输入层向输出层的方向流动，中间不会出现环状连接。在训练阶段，只有连接权重会发生改变。

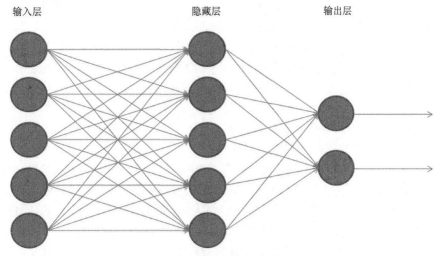

图 7.20　前向传播神经网络

在欢迎页面的底层有一些可以操作的按钮。通过单击右下角的按钮，可以向前、向后浏览不同阶段的操作页面。如当前页面所示，单击 Next 按钮执行下一步。

图 7.21 所示为一个新的窗口，这里可以选择要被拟合的数据集，它有两个选项。

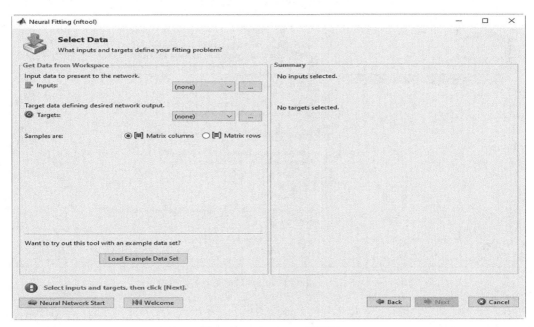

图 7.21　Select Data 对话框

（1）Get Data from Workspace：从工作空间中获取数据。

（2）Load Example Data Set：加载 MATLAB 提供的样例数据集。

第一个选项使我们能够导入自定义的实际数据集。数据集必须至少包含两个变量：一个变量保存特征值矩阵，另一个变量保存目标向量。如前所述，为了方便理解工具箱规定的数据，我们可以先加载样例数据集，学习一下在 MATLAB 提供的样例数据集中是如何组织数据的。

从图 7.21 可以看到，在 Get Data from Workspace 区域中，有两个区域需要进一步填充。

（1）Input data to present to the network：需要输入神经网络的数据变量。

（2）Target data defining desired network output：神经网络目标变量。

这两个区域都包含选择被加载到工作区的变量的下拉菜单，也可以通过单击省略号按钮，使用 MATLAB 的导入数据功能将数据导入工作区。设定好输入、目标数据后，我们还需要最后指定数据集的排列方式。

（1）Matrix columns：每列代表一个样本。

（2）Matrix rows：每行代表一个样本。

默认选项是 Matrix columns，它代表在输入变量中，每列代表一个样本的特征向量。如果选择 Matrix rows，则表示矩阵中每行代表一个样本。至此，数据集及其格式已经全部设置完毕。窗口下方的选项使我们能够在这一步中加载 MATLAB 提供的样例数据集。我们强烈建议初学者先加载样例数据集然后进行学习，因为这样可以避免初学者执行数据清洗、格式整理等与神经网络完全无关的数据预处理工作。通过使用样例数据集，我们可以以最快的速度、最高的质量熟悉神经网络 App。单击 Load example dataset 按钮，会弹出 Fitting Data Set Chooser 对话框，如图 7.22 所示。

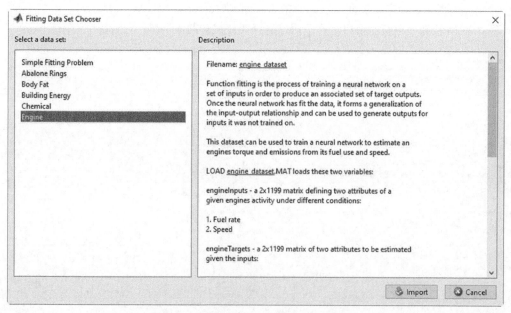

图 7.22　Fitting Data Set Chooser 对话框

在这个对话框中，选择了可以加载的全部数据集。显示在对话框界面右侧的是对选中的数据集进行的简要介绍。这里选取 engine_dataset 数据集。这个数据集可用于训练一个基于发动机燃料和转速数据能够预测发动机转矩的神经网络。这个数据集包含以下两个变量。

（1）engineInputs：为 2×1199 的数值型矩阵，包含燃料数据和速度数据这两个特征值。

（2）engineTargets：为2×1199的数值型矩阵，包含需要预测的两个目标变量为扭矩和氮氧化物排放量。

总结一下为导入 engine_dataset 所进行的操作。首先在图 7.22 所示的 Fitting Data Set Chooser 窗口中单击 Import 按钮，之后会回到图 7.21 所示的 Select Data 窗口，这时 App 已经自动向 MATLAB 中加载了两个矩阵：engineInputs 和 engineTargets 矩阵。同时，这些矩阵的相关设置也已经自动显示在对话窗口的 Get Data from Workspace 区域。至此，可以单击 Next 按钮继续进行下面的操作，如图 7.23 所示。

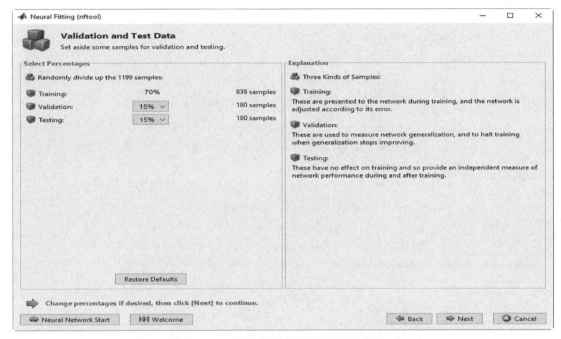

图 7.23　验证和测试神经网络对话窗口

在图 7.23 所示的 Validation and Test Data 窗口中，工具箱会自动对数据集进行分割。按照 70%、15% 和 15% 的比值将数据集分为训练集、验证集和测试集 3 个部分。其中训练集的比例是固定不变的，其他两个数据集的比例是可以随意调整的。

> 这里再次回顾 3 个数据集的作用：训练集用于求解神经网络中的参数；验证集能够衡量训练后的模型对训练集拟合的好坏，如果验证集的效果不达标，那么需要重新设计神经网络并进行训练；测试集能够用来衡量神经网络的泛化性能——神经网络在测试集上的表现是衡量其性能好坏的最终标准。

接下来单击 Next 按钮，进入 Network Architecture 窗口，如图 7.24 所示。

其中显示了默认的神经网络结构，包含一个隐藏层的前向传播神经网络，并且以 Sigmoid 函数作为激活函数；输出层则以简单的线性函数作为激活函数，其中隐藏层默认包含 10 个神经元。如果训练结果的表现不尽如人意，那么可以通过增加神经元数量使训练集上的拟合效果得到改进（但过多神经元可能出现过拟合问题）。在设置好隐藏层后，我们可以继续单击 Next 按钮，进入 Train Network 窗口，如图 7.25 所示。

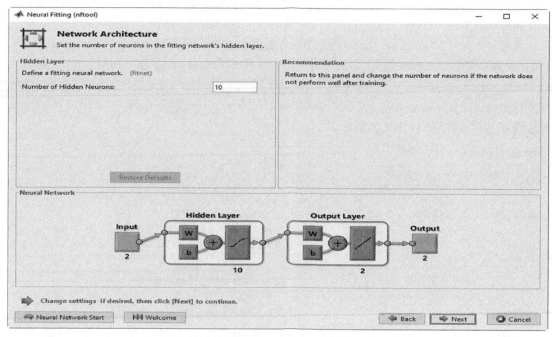

图 7.24　Network Architecture 窗口

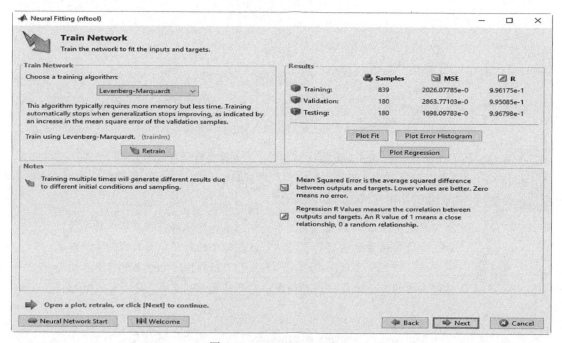

图 7.25　Train Network 窗口

在这个窗口中，可以选择 3 种算法中的一种作为神经网络的训练算法。

（1）Levenberg-Marquardt(`trainlm`)：适用于绝大多数神经网络。

（2）Bayesian Regularization(`trainbr`)：适用于小数据集、噪声较多的数据集，但训练时间更长。

（3）Scaled Conjugate Gradient(`trainscg`)：适用于大数据集。这个算法以梯度作为神经网络更新权重的依据，而非雅克比矩阵，因此在内存使用上效率更高。

我们选择 Levenberg-Marquardt 作为神经网络训练算法。一旦选择训练算法，就可以单击 Train 按钮开始神经网络训练。训练过程将不断迭代，直至验证集上的误差连续 6 次迭代后都不再下降。训练结束后，Results 区域中会显示验证集上的 MSE 和 R 值作为对训练结果好坏的衡量。

 Mean Sqared Error（MSE）是神经网络输出向量与目标向量加权平均后的均方误差，MSE 值越小，训练效果越好。Regression(R)则衡量输出向量与目标向量的相关性，1 代表非常相关，0 则代表相关性极低。因此相关性系数越大，训练效果越好。

如果对训练结果不满意，则可以重新训练（随机初始化结果会影响神经网络的表现，因此每次训练结果会不同），或者更改神经网络结构再次训练。可以通过单击 Back 按钮回到设置神经网络参数的对话框，更改完毕后，再单击 Next 按钮回到 Train Network 窗口。这些操作将赋予神经网络新的初始化权重或者新的结构，并有可能带来拟合效果上的改进。此外，在 Train Network 窗口的 Results 部分时，还有 3 个按钮：Plot Fit（绘制每次 1 训练迭代中模型的表现）、Plot Error Histogram（绘制误差箱形图）和 Plot Regression（绘制相关性系数图）。这些图提供的信息对评估训练结果至关重要。例如，我们可以通过绘制误差箱形图，来进一步研究训练算法产生的结果，如图 7.26 所示。

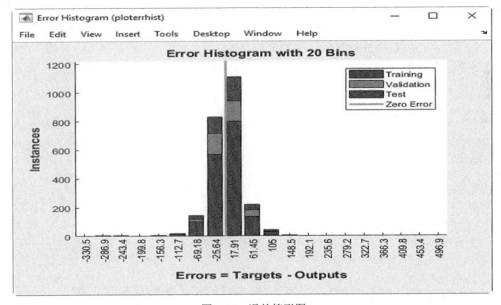

图 7.26 误差箱形图

在误差箱形图中，蓝色条形代表训练数据，绿色条形代表验证数据，红色条形代表测试数据，由此可以让我们看清楚误差的分布状态。如果误差呈正态分布，则意味着训练结果较好。此外，误差柱状图也能够让我们观察到奇异值，即训练误差显著大于平均水平的样本点。另外，还可以通过绘制相关性系数图来评价训练结果，如图 7.27 所示。

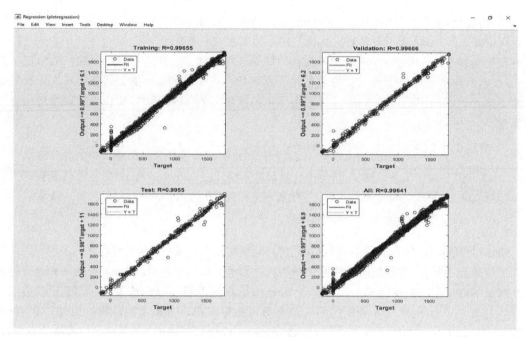

图 7.27 相关性系数图

图 7.27 显示了以目标向量为横轴、以输出向量为纵轴绘制的训练集、验证集、测试集及全体数据集中样本点相关性系数图。对于一个表现优秀的系统，相关性的分布应该尽可能靠近 45°，即模型输出与目标值基本相等。从图 7.27 可以看到，模型拟合效果非常好，因为在 4 幅图中所有 R 值都高于 0.99。与之前分析方法的作用相同，我们可以通过相关性系数图评价训练结果的好坏，如果结果不达标，则可以返回之前步骤重新训练神经网络。

单击当前对话窗口中的 Next 按钮，打开 Evaluate Network 窗口，如图 7.28 所示。

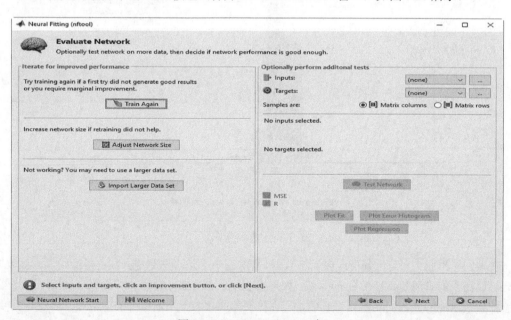

图 7.28 Evaluate Network 窗口

在当前窗口中，我们可以通过在测试集上运行之前训练好的神经网络来评估当前神经网络的泛化能力。当前界面集成了以下工具。

（1）工具箱提供了多种评估泛化能力的方法。

（2）加入新的数据并扩充现有的测试集以进行测试。

（3）重新训练神经网络。

（4）添加更多的神经元。

（5）使用更大的训练集。

与之前的模型相同，如果训练集、验证集上的表现很差，那么可以通过增加神经元数量对结果进行改善。然而在训练集、验证集上有良好表现，而在测试集上表现很差的神经网络则会出现对训练集的过拟合现象。我们可以通过减少神经元数量避免这一现象。如果交替出现以上两个问题，那么说明当前隐藏层的神经网络不足以拟合数据集，需要使用更加深度的神经网络进行拟合。

单击 Next 按钮，进入 Deploy Solution 界面。通过这个界面，我们可以导出当前训练好的神经网络模型，以便能够重复用于生产环境。部署页面如图 7.29 所示。

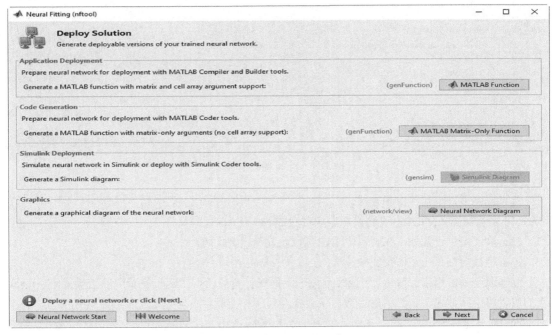

图 7.29 Deploy Solution 窗口

这里提供了如下 4 种部署方式。

（1）导出支持 matrix 和 cell 数据类型的 MATLAB 函数。

（2）导出仅支持 matrix 类型，不支持 cell 类型的 MATLAB 函数。

（3）导出 Simulink 图。

（4）导出神经网络结构图。

通过这些选项，我们能够生成可复用的 MATLAB 函数或者 Simulink 图，以在 MATLAB 的 Simulink 产品中对神经网络进行仿真。这些导出结果能够直接在 MATLAB 中编译成独立的应用程序，并在其他应用场景中直接使用。此外，正如之前提到的，在这里生成的 MATLAB 代码脚本或是 Simulink 图是非常好的学习资源，能够帮助我们快速理解 GUI 背后所执行的操作，快速学习神经网络工具箱的使用流程。可以直接单击界面右侧的按钮进行选择（MATLAB 函数只支持 `matrix` 类型的 MATLAB 函数、Simulink 图、神经网络结构图）。

单击 Next 按钮进入 Save Results 界面，如图 7.30 所示。

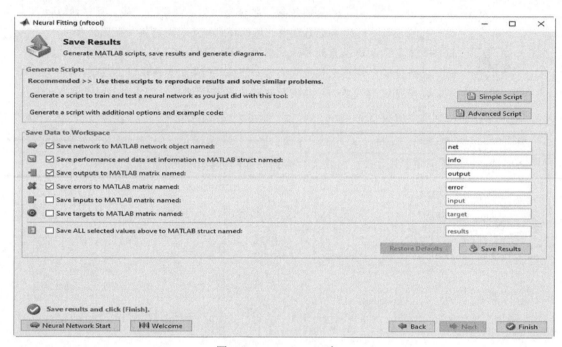

图 7.30　Save Results 窗口

这里提供了以下几种保存方法。

（1）按照之前在 GUI 中的设置，生成对应的 MATLAB 代码文件。

（2）除了用户设置外，在脚本中添加其余设置及示例代码。

（3）将数据保存在工作空间中。

能够通过单击相应的按钮，生成之前图形界面操作背后所调用的工具箱中的函数代码。另外，我们可以将中间过程、计算结果等数据保存在当前工作空间中；可以选择需要保存的变量，并在文本框中对其进行重命名，设置完毕后单击 Save Results 按钮进行保存。在所有操作都完成后，单击 Finish 按钮退出 App。

多么神奇啊！我们几乎没做什么就完成了构建神经网络的任务，能够这么轻松，多亏了 MATLAB 及其提供的 `nftool` App。

7.5.2　脚本分析

之前我们不断重复，虽然表面上是在单击 GUI 与图形界面进行交互，但本质上是通过图形界面窗口对 MATLAB 已经封装好的工具箱函数进行可视化调用。调用的结果与直接使用工具箱函数编写 MATLAB 代码产生的结果没有任何区别。也就是说，通过研究与 GUI 的交互所产生的 MATLAB 代码，我们就能够学会如何脱离 GUI 直接使用工具箱函数编写程序。通过这种方法可以大大简化学习难度，可以非常清晰地看到使用 MATLAB 构建神经网络需要经过哪些步骤，每一步需要按什么顺序调用什么函数。更好的是，这些由 GUI 生成的代码是可以直接被 MATLAB 执行的，具有极强的可复用性。通过修改这些代码，我们能够按照实际问题的具体需求对其进行个性化定制。接下来学习本章中所涉及的一系列操作所生成的代码：

```
inputs = engineInputs;
targets = engineTargets;
hiddenLayerSize = 10;
net = fitnet(hiddenLayerSize);
net.divideParam.trainRatio = 70/100;
net.divideParam.valRatio = 15/100;
net.divideParam.testRatio = 15/100;
[net,tr] = train(net,inputs,targets);
outputs = net(inputs);
errors = gsubtract(outputs,targets);
performance = perform(net,targets,outputs)
view(net)
figure, plotperform(tr)
figure, plottrainstate(tr)
figure, plotfit(targets,outputs)
figure, plotregression(targets,outputs)
figure, ploterrhist(errors)
```

在习惯了可视化 App 的简便操作后，一下子看到这么多代码可能会很头疼。稍安勿躁，如果读者仔细阅读代码，则会发现这些代码实际以极为精炼的语言，简短、精确地描述了之前如鼠标、键盘操作所完成的内容。事实上，我们整章诸多图形界面操作，使用上面的代码表述只有短短的 17 行！这充分体现了尽管直接编写代码更加抽象、对初学者难度较高，但却是高效利用 MATLAB 的最好方法！接下来一行行地分析上面的代码。首先来看前两行代码，它们定义了神经网络的输入矩阵、目标向量：

```
inputs = engineInputs;
targets = engineTargets;
```

第 3～4 行代码负责构建神经网络。其中第 3 行代码定义了隐藏层中神经元的数量为 10 个。这正是前面在对话窗口中选用的默认数值。第 4 行调用工具箱函数 fitnet() 正式创建了神经网络。之前提到，nftool 的默认模型是只包含一层隐藏层，使用 Sigmoid 函数作为隐含层激活函数，使用线性函数作为输出层激活函数的前向传播神经网络。这个神经网络根据之前定义的目标向量 engineTargets 的大小，默认创建两个输出神经元（分别输出扭矩和氮氧化物排放量）：

```
hiddenLayerSize = 10;
net = fitnet(hiddenLayerSize);
```

第 5～7 行代码对数据集进行定义。它们定义了 3 个数据集（训练集、验证集、测试集）在整个数据集中所占比例：

```
net.divideParam.trainRatio = 70/100;
net.divideParam.valRatio = 15/100;
```

```
net.divideParam.testRatio = 15/100;
```

第 8 行对神经网络进行训练。在训练过程中，工具箱会默认打开一个名为 Neural Network Training 的窗口。这个窗口将展示整个训练过程（如误差的变化过程）。通过这个窗口，我们还可以随时停止训练。这里使用了 Levenberg-Marquardt 算法（即默认算法 trainlm）作为神经网络的训练算法。之前提到，除了上面的算法，工具箱还提供了另外两个算法 Bayesian Regularization（trainbr）和 Scaled Conjugate Gradient（trainscg）。如果想要更改默认训练算法，则只需要使用命令 net.trainFcn='trainbr' 或者 net.trainFcn='trainscg'，这里使用默认值即可：

```
[net,tr] = train(net,inputs,targets);
```

第 9～11 行对训练好的神经网络进行评估。训练结束后，我们可以使用神经网络对任意样本的特征向量计算输出向量。下面的代码利用神经网络输出值 outputs 计算其数据集中目标向量（真实值）的误差 errors，并进一步将其用于计算神经网络泛化能力指标 performance：

```
outputs = net(inputs);
errors = gsubtract(outputs,targets);
performance = perform(net,targets,outputs)
```

第 12 行代码则生成了神经网络结构图：

```
view(net)
```

最后一段代码负责绘制之前 GUI 中使用的一系列图表：

```
figure, plotperform(tr)
figure, plottrainstate(tr)
figure, plotfit(targets,outputs)
figure, plotregression(targets,outputs)
figure, ploterrhist(errors)
```

之前提到，多次重复神经网络的建立、训练过程会得到多个不同结果，这是由初始化模型权重参数每次都不同而造成的。但实际上，每次重复执行时，3 个数据集（训练集、验证集、测试集）包含的样本也不相同。但这与工具箱有关，与神经网络模型本身无关。

7.6　总结

在本章中，我们介绍了如何使用人工神经网络模拟人脑的思考：首先介绍神经网络的概念，并将生物学概念与数学模型概念进行深入的比对；接着选取一个非常简单的神经网络结构来介绍神经网络的使用流程，即如何定义输入和输出、如何定义神经网络架构、如何选取激活函数、如何训练神经网络以及如何评估神经网络。

然后，我们学习了如何选取隐含层的数量以及每层隐含层所包含的神经元数量，并且学习了训练算法；接着学习了神经网络工具箱，展示了它提供的诸多算法、应用场景、预训练模型、样例数据集，以及能够建立、训练、测试、仿真和可视化的 App。最后通过 GUI 的欢迎页面，了解了这个 App 包含 4 大应用：拟合、模式识别、聚类和时间序列分析。

在本章结尾，我们以拟合数据集为例说明如何使用神经网络 GUI，学习了如何使用 nftool，最后根据 GUI 操作生成的脚本分析了如何使用 MATLAB 代码构建神经网络。

在下一章中，我们将讲述如何使用 MATLAB 进行降维操作。我们将介绍特征选择和特征提取的区别，还将了解如何正确地对原始数据集的冗余信息进行降维处理，并探讨主成分分析的相关话题。

第8章
降维——改进机器学习模型的性能

本章主要内容

- 分步回归
- 主成分分析

在处理大数据时，我们往往会遇到非常复杂的问题。例如，如何针对数百个变量构建数学模型，且保持计算可解呢？很多简单的数学模型、算法的计算复杂度随特征向量的维度呈指数级增长，尽管有解析解，但实际上计算机可能需要几个月甚至几年才能得出结果，这种模型、算法称为计算不可解。如何对数百维向量进行可视化呢？人们只能理解三维图形，加上颜色、形状，可以可视化五维数据，但更高维度的可视化需要许多技巧。学术界针对高维数据中的数据处理问题研究了一系列方法，其中最常用的一种称为**降维**（dimensionality reduction）处理。降维是指将一组高维数据映射到低维数据，同时尽最大可能减小信息损失的数据处理方法。通常用特征选择和特征提取这两种方法来实现这个目标。特征选择是直接在高维数据中选取少数维度数据代表整体；特征提取则通过建立高维数据到低维数据映射关系的方法，降低特征矩阵的维度。

降维方法之所以有效，是因为真实世界的数据集中普遍存在两种现象：噪声（noise）和信息冗余（特征值矩阵的多个维度相关性极高，多个变量均衡量目标的同一属性。例如圆的直径、半径和周长这 3 个特征值是线性相关的，已知一个值可以没有信息损失地计算出另外两个值）。通过降维方法，能够找出特征值矩阵中最不具有相关性的几个维度，并只使用这些维度代表整个特征值矩阵，继续后面的建模、求解等工作，以降低计算难度。降维具有多种用处，例如，对于噪声高的数据集，降维能够在很大程度上去除噪声；几十、数百维的模型是人脑无法理解的，降低维度可以增强模型的可解释性；降维后的结果更易于可视化等。

在本章中，我们将学习如何进行特征选择和特征提取，了解不同方法适用的不同场景及其优缺点。

学完本章后，读者将了解多种降维方法，以及特征选择和特征提取的区别，并能够针对不同数据集选择最合适的方法进行降维。

8.1 特征选择

一般而言，处理高维数据时，降维将使用输入数据集中最有代表性（最不相关）的几个维度并丢弃其他维度。这往往能够带来更好的结果，例如，使模型具有更强的泛化性能。特征选择是一种降维方法，能够通过一系列的优化和运算，发现数据集中最显著的几维特征值。特征选择通过降低输入特征值矩阵的维度，使用只能在小特征矩阵上应用的简单模型，或者基于非常强的假设（例如线性方程假设特征值间没有多重共线性）对大型矩阵进行处理。图 8.1 显示了特征选择的主要流程。

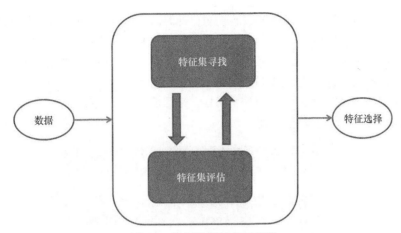

图 8.1　特征选择的主要流程

通常，大型矩阵中会有诸多冗余信息甚至错误信息（噪声）。特征选择能降低特征值矩阵的维度，可以帮助研究人员建立更有效的模型，例如，特征选择能够显著降低运算量，提高 CPU 和内存的使用效率。特征选择的作用通常表现在以下几个方面。

（1）清理数据集（减少噪声），使数据集更易于理解。

（2）减少模型变量，增强模型的可解释性。

（3）减少求解时间。

（4）降低特征值间的关联度，避免过拟合问题，增强模型泛化能力。

特征选择是指在特征值矩阵中，使用迭代的方法不断比较各种组合的计算结果，选择一组数量较少的特征值子集来代替原有的高维矩阵。具有最小误差的特征值组合将被选为最终结果，并用于后续模型中。

在进行特征选择前，首先需要制订特征选择的标准。通常选用由不同特征组合训练出的模型，以训练集上的误差指标作为评选标准。基于这种方式选择出的特征值组合能够使模型在数据集上拥有最佳表现。当然，这种方法有非常强的局限性，只适用于较小的数据集以及计算复杂度较低的模型。

如果需要从诸多特征值中选择几种最有效的特征值，但不能对特征值进行二次处理，必须使用原始特征值，那么特征选择是最为合适的。另外，在处理不易进行数值映射（如类别数据）的数据类型时，它也极为有效。

8.1.1　分步回归

在开始讲述回归分析（见第 4 章）前，我们提到回归分析有两种用途，其中一种是使用由回归结果得到的权重来理解自变量对因变量的解释程度。换句话说，使用这种方法，我们能够选择对因变量影响更大的自变量，我们通过回归方程中自变量的权重，能够确定每个自变量对因变量的重要程度有多大。权重绝对值越大，自变量对因变量的影响力就越高。分步回归正是一种逐个向回归方程中添加自变量，以找到最能解释因变量的自变量组合的方法。在多种自变量逐个添加的算法中，有 3 种方式最常用。

（1）**前向方法**：先计算所有自变量与因变量的相关性系数，接着按照系数从大到小的顺序，逐个向拥有零个自变量的回归方程中添加自变量进入回归方程，直到添加变量对改进回归方程拟合效果不再产生显著影响，停止加入新的自变量。此时产生的自变量组合就是特征选择结果。

（2）**后向方法**：先计算所有自变量与因变量的相关性系数，接着按照系数从小到大的顺序，从使用全部自变量作为回归方程的方程中逐个剔除自变量，直到剔除自变量后对拟合结果产生显著影响，停止剔除。此时产生的自变量组合就是特征选择结果。

（3）**双向方法**：按照多种拟合结果评价指标，来回地添加、剔除变量。

图 8.2 显示了 3 种选择算法的梗概。

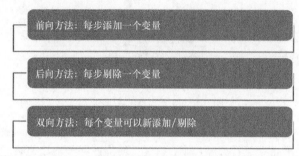

图 8.2　前向、后向、双向特征选择方法

为了进一步理解分步回归是如何挑选特征的，我们使用 MATLAB 一步步地编写代码，以实现分步回归。

8.1.2　MATLAB 中的分步回归

在 MATLAB 中，分步回归作为建模前筛选特征值的重要手段已经被自动化了。MATLAB 提供的函数 stepwiselm() 用于建立分步回归方程，这个方程将返回一个线性模型，以逐步添加或删除用户指定特征值矩阵中的特征值。用户可以选择函数 stepwiselm() 是用前向、后向还是双向算法进行特征选择。这个函数先根据属性 modelspec 创建一个初始化方程，接着不断添加、删除特征值，并对每次迭代后模型的拟合能力进行比较。通过多次迭代，最具影响力的特征值会被加入线性方程中，影响力小的特征值则被剔除出方程。

每次迭代时，算法都会按照变量 Criterion 所设定的比较准则对特征值进行挑选，之后对模型计算结果计算 p 值或者进行 F 检验，以衡量加入、剔除特征值对模型拟合能力所产生的影响。如果一个特征值还没有被加入模型，那么假设检验的原假设是加入这个特征值对模型的拟合能力不产生影响，即这个特征值的系数为 0。如果求解参数后，该特征值的系数显著不为 0，那么否定原假设并将特征值加入方程。相反，如果特征值已经包含在模型中，那么可以确定原假设则是该特征值的系数为 0。如果该特征值的系数显著为 0，那么接受原假设并将特征值剔除出方程。

分步回归的具体实现步骤如下。

（1）初始化模型。

（2）如果存在一些未被加入方程的特征值，并且其 p 值小于加入模型的阈值，则加入具有最小 p 值的特征值，并重复这一步；否则，继续执行第三步。

（3）如果存在一些加入模型中的特征值，且其 p 值大于剔除出模型的阈值，则将 p 值最大的特征值剔除出模型，并返回第二步；否则，结束算法。

即使原始特征矩阵相同，分步回归的最终结果也会随着模型初始化的不同、特征值加入及剔除的顺序不同等因素而改变。当没有特征值被添加或剔除出模型时，算法停止并以所返回该次迭代的特征值组合作为最终结果。

接下来，我们以加州大学尔湾分校机器学习数据集中的真实数据为例学习分步回归。

这里使用 Yacht Hydrodynamics 数据集进行学习。这个数据集记录了帆船在行驶过程中的流体动力学数据，如加速度和方向。在实际生活中，帆船设计非常重要的一步就是评估不同帆船参数对其在水中阻力所产生的影响，阻力预测的精确程度直接影响帆船设计的商业价值。其中帆船的船体数据和速度是非常重要的两个指标。在这个数据集中，输入数据主要包含船体的几何参数、Froude 系数等指标，目标向量则是每单位质量受到的阻力。数据集包括浮力的纵向中心坐标、菱形系数、长度迁移系数、船宽吃水比例、船长吃水比例、Froude 系数和每单位质量受到的阻力等指标。

首先需要从加州大学尔湾分校机器学习数据集中下载数据，并将其保存到当前文件夹。MATLAB 提供的函数 `websave()` 可以用于完成这项工作：它能够访问用户指定的 URL 地址，下载数据，新建并保存到当前文件夹中的文件。

使用函数 `websave()` 将数据保存在名为 `yacht_hydrodynamics.csv` 的文件中：

```
>> websave('yacht_hydrodynamics.csv',url);
```

接着对文件中的变量按照上文介绍的顺序进行命名：

```
>> varnames = {'LongPos'; 'PrismaticCoef'; 'LengDispRatio';
'BeamDraughtRatio'; ' LengthBeamRatio ';'FroudeNumber';'ResResistance'};
```

现在可以将数据读取到 `table` 类型的变量中：

```
>> YachtHydrodynamics = readtable('yacht_hydrodynamics.csv');
>> YachtHydrodynamics.Properties.VariableNames = varnames;
```

至此，MATLAB 的工作空间中已经导入了数据，并保存为 `table` 类型的变量。现在可以进行分步回归了。图 8.3 显示了名为 YachtHydrodynamics 的数据集。

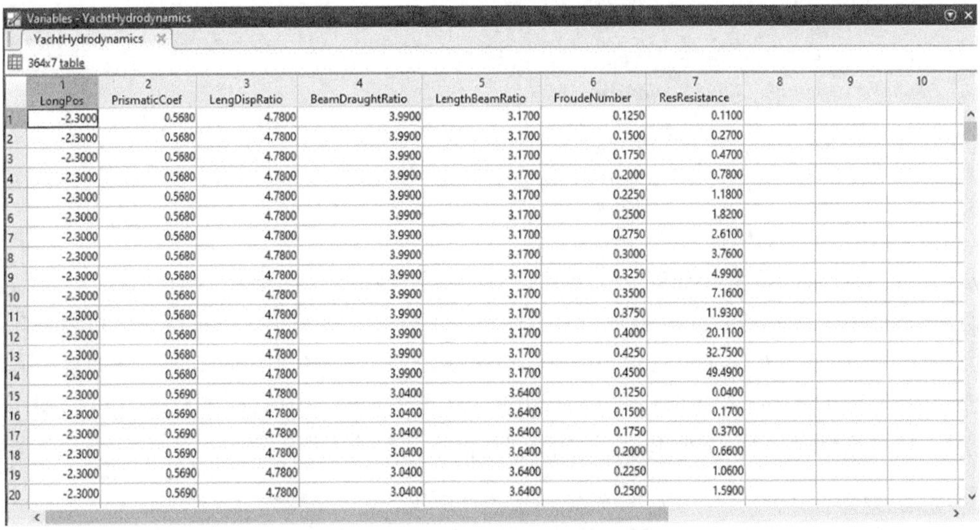

	1 LongPos	2 PrismaticCoef	3 LengDispRatio	4 BeamDraughtRatio	5 LengthBeamRatio	6 FroudeNumber	7 ResResistance	8	9	10
1	-2.3000	0.5680	4.7800	3.9900	3.1700	0.1250	0.1100			
2	-2.3000	0.5680	4.7800	3.9900	3.1700	0.1500	0.2700			
3	-2.3000	0.5680	4.7800	3.9900	3.1700	0.1750	0.4700			
4	-2.3000	0.5680	4.7800	3.9900	3.1700	0.2000	0.7800			
5	-2.3000	0.5680	4.7800	3.9900	3.1700	0.2250	1.1800			
6	-2.3000	0.5680	4.7800	3.9900	3.1700	0.2500	1.8200			
7	-2.3000	0.5680	4.7800	3.9900	3.1700	0.2750	2.6100			
8	-2.3000	0.5680	4.7800	3.9900	3.1700	0.3000	3.7600			
9	-2.3000	0.5680	4.7800	3.9900	3.1700	0.3250	4.9900			
10	-2.3000	0.5680	4.7800	3.9900	3.1700	0.3500	7.1600			
11	-2.3000	0.5680	4.7800	3.9900	3.1700	0.3750	11.9300			
12	-2.3000	0.5680	4.7800	3.9900	3.1700	0.4000	20.1100			
13	-2.3000	0.5680	4.7800	3.9900	3.1700	0.4250	32.7500			
14	-2.3000	0.5680	4.7800	3.9900	3.1700	0.4500	49.4900			
15	-2.3000	0.5690	4.7800	3.0400	3.6400	0.1250	0.0400			
16	-2.3000	0.5690	4.7800	3.0400	3.6400	0.1500	0.1700			
17	-2.3000	0.5690	4.7800	3.0400	3.6400	0.1750	0.3700			
18	-2.3000	0.5690	4.7800	3.0400	3.6400	0.2000	0.6600			
19	-2.3000	0.5690	4.7800	3.0400	3.6400	0.2250	1.0600			
20	-2.3000	0.5690	4.7800	3.0400	3.6400	0.2500	1.5900			

图 8.3 YachtHydrodynamics 数据集

首先输出数据集的统计特征：

```
>> summary(YachtHydrodynamics)
Variables:
    LongPos: 364×1 double
        Values:
            Min             -5
            Median          -2.3
            Max             60.85
    PrismaticCoef: 364×1 double
        Values:
            Min             0.53
            Median          0.565
            Max             0.6
            NumMissing      112
    LengDispRatio: 364×1 double
        Values:
            Min             0.53
            Median          4.78
            Max             5.14
            NumMissing      56
    BeamDraughtRatio: 364×1 double
        Values:
            Min             2.81
            Median          3.99
            Max             5.35
            NumMissing      56
    LengthBeamRatio: 364×1 double
        Values:
            Min             2.73
            Median          3.17
            Max             4.24
            NumMissing      56
    FroudeNumber: 364×1 double
        Values:
            Min             0.125
            Median          0.325
            Max             3.51
            NumMissing      56
    ResResistance: 364×1 double
        Values:
            Min             0.01
            Median          1.79
            Max             62.42
            NumMissing      56
```

从结果可以看到，这个数据集中有相当多的缺失值（NumMissing，即空值或 NaN）。然而空值对函数 stepwiselm() 并没影响，因为这个函数默认忽略空值。之前提到，可以使用函数 ismissing()、standardizeMissing() 和 rmmissing() 对空值进行处理，相关内容参见第 3 章。

为了避免空值对算法产生潜在的不良影响，这里先将有空值的样本删去。可以使用函数 rmmissing() 对任意 array 和 table 类型的变量进行此项工作：

```
>> YachtHydrodynamicsClean = rmmissing(YachtHydrodynamics);
```

为了确认有缺失值的样本确实被移除了，我们可以比较移除前后两个矩阵的大小：

```
>> size(YachtHydrodynamics)
ans =
```

```
   364       7
>> size(YachtHydrodynamicsClean)
ans =
   252       7
```

其中变量 `YachtHydrodynamicsClean` 的行数更少，因为有缺失值的样本被删除了。为了进一步确认，我们可以重新输出变量的统计信息：

```
>> summary(YachtHydrodynamicsClean);
```

可以看到，这里已经没有缺失值了（为了节省空间，这里省略输出结果）。使用 MATLAB 的一个最佳实践是，可以使用 `matrix` 类型的变量来保存特征值矩阵，使用 `array` 类型的变量保存目标向量。因为之前使用 `table` 类型的变量保存原始数据，所以这里需要转化变量类型：

```
>> X =table2array(YachtHydrodynamicsClean(:,1:6));
>> Y =table2array(YachtHydrodynamicsClean(:,7));
```

在将变量输入到函数 `stepwiselm()` 前，首先观察原始数据集 `YachtHydrodynamicsClean`。我们可以使用散点图，分别打印出目标向量对每个特征值的散点图：

```
>> subplot(2,3,1)
>> scatter(X(:,1),Y)
>> subplot(2,3,2)
>> scatter(X(:,2),Y)
>> subplot(2,3,3)
>> scatter(X(:,3),Y)
>> subplot(2,3,4)
>> scatter(X(:,4),Y)
>> subplot(2,3,5)
>> scatter(X(:,5),Y)
>> subplot(2,3,6)
>> scatter(X(:,6),Y)
```

粗略观察图 8.4，我们不难发现，第 6 个特征值与因变量具有极强的相关性（图 8.4 右下角所示的散点图）。接下来看一下分步回归的输出结果与我们的观察是否一致。

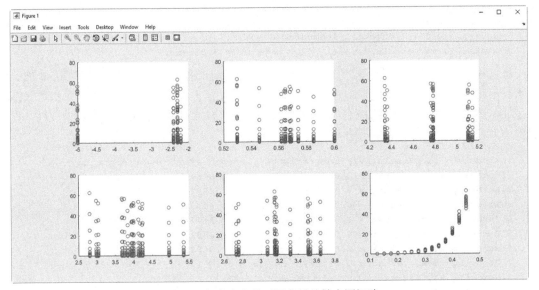

图 8.4　每个自变量对因变量的散点图矩阵

可以使用如下代码构建对船体——阻力数据集的分步回归模型：

```
>> Model1 = stepwiselm(X,Y,'constant','ResponseVar','ResResistance')
1.Adding x6, FStat = 470.0273, pValue = 2.334071e-59
Model1 =
Linear regression model:
    ResResistance ~ 1 + x6
Estimated Coefficients:
                   Estimate        SE         tStat        pValue
                   _____     _____     _____     _____

    (Intercept)    -24.074       1.6799       -14.33      2.0954e-34
    x6              119.55       5.5142        21.68      2.3341e-59
Number of observations: 252, Error degrees of freedom: 250
Root Mean Squared Error: 8.82
R-squared: 0.653,  Adjusted R-Squared 0.651
F-statistic vs. constant model: 470, p-value = 2.33e-59
```

可以看到，算法从一个常数开始，逐渐添加变量进入回归方程，并且最终判定只有 $x6=$ FroudeNumber 对目标向量具有显著的解释作用（权重显著不为 0）。接下来尝试后向算法，逐渐从回归方程中剔除变量的结果，并比较与上面的结果是否相同：

```
>> Model2 = stepwiselm(X,Y,'linear','ResponseVar','ResResistance')
1.Removing x5, FStat = 1.568e-05, pValue = 0.99684
2.Removing x4, FStat = 0.0021018, pValue = 0.96347
3.Removing x1, FStat = 0.014617, pValue = 0.90387
4.Removing x3, FStat = 0.029568, pValue = 0.86361
5.Removing x2, FStat = 0.62393, pValue = 0.43034
Model2 =
Linear regression model:
    ResResistance ~ 1 + x6
Estimated Coefficients:
                   Estimate        SE         tStat        pValue
                   _____     _____     _____     _____

    (Intercept)    -24.074       1.6799       -14.33      2.0954e-34
    x6              119.55       5.5142        21.68      2.3341e-59
Number of observations: 252, Error degrees of freedom: 250
Root Mean Squared Error: 8.82
R-squared: 0.653,  Adjusted R-Squared 0.651
F-statistic vs. constant model: 470, p-value = 2.33e-59
```

可以看到，即使从包含全部自变量的回归方程中开始逐步剔除变量，仍然只有变量 $x6$ 被保存下来。不同的是，这次算法对每个变量的显著性水平都进行了计算，并且可以看到每次迭代都剔除了 p 值最高的自变量。接下来使用双向算法对包含交叉项（有两个自变量乘积项的线性方程）的回归方程进行试验：

```
>> Model3 = stepwiselm(X,Y,'interactions','ResponseVar','ResResistance')
1.Removing x4:x6, FStat = 2.038e-05, pValue = 0.9964
2.Removing x2:x3, FStat = 7.8141e-05, pValue = 0.99295
3.Removing x1:x3, FStat = 0.0030525, pValue = 0.95599
4.Removing x1:x4, FStat = 0.0016424, pValue = 0.96771
5.Removing x4:x5, FStat = 0.006498, pValue = 0.93582
6.Removing x3:x4, FStat = 0.0022245, pValue = 0.96242
7.Removing x2:x4, FStat = 0.031089, pValue = 0.86019
8.Removing x4, FStat = 0.022261, pValue = 0.88152
9.Removing x1:x6, FStat = 0.038943, pValue = 0.84373
```

```
10.Removing x2:x5, FStat = 0.051739, pValue = 0.82026
11.Removing x3:x5, FStat = 0.03084, pValue = 0.86074
12.Removing x1:x5, FStat = 0.027003, pValue = 0.86961
13Removing x1:x2, FStat = 0.030884, pValue = 0.86065
14Removing x1, FStat = 0.014759, pValue = 0.90341
15.Removing x5:x6, FStat = 0.083209, pValue = 0.77324
16.Removing x5, FStat = 0.001841, pValue = 0.96581
17.Removing x3:x6, FStat = 0.18793, pValue = 0.66503
18.Removing x3, FStat = 0.029651, pValue = 0.86342
19.Removing x2:x6, FStat = 1.7045, pValue = 0.1929
20.Removing x2, FStat = 0.62393, pValue = 0.43034
Model3 =
Linear regression model:
    ResResistance ~ 1 + x6
Estimated Coefficients:
                    Estimate      SE        tStat        pValue

    (Intercept)     -24.074     1.6799     -14.33     2.0954e-34
    x6               119.55     5.5142      21.68     2.3341e-59
Number of observations: 252, Error degrees of freedom: 250
Root Mean Squared Error: 8.82
R-squared: 0.653,  Adjusted R-Squared 0.651
F-statistic vs. constant model: 470, p-value = 2.33e-59
```

尽管顺序不同，但是双向算法的结果仍然与之前两个算法的结果相同。这个算法成对地比较自变量间的相互关系，并在每次迭代后都将 p 值最高的自变量剔除出模型。

接下来使用包含交叉项和全部自变量的二次方程进行试验。初始化模型中有针对所有自变量的二次项、交叉项、一次项和截距变量。与之前相同，显著性最低的项会被算法移出方程。这里之所以使用二次项，是因为在图 8.4 中变量间似乎存在二次关系。代码如下：

```
>> Model4 =
stepwiselm(X,Y,'quadratic','ResponseVar','ResResistance','Upper','quadratic
')
Removing x1:x2, FStat = Inf, pValue = NaN
Removing x1:x3, FStat = Inf, pValue = NaN
Removing x1:x4, FStat = -Inf, pValue = NaN
Removing x4:x6, FStat = 9.5953e-05, pValue = 0.99219
Removing x2^2, FStat = 0.0082475, pValue = 0.92772
Removing x1^2, FStat = 0.040083, pValue = 0.8415
Removing x1:x5, FStat = 0.081041, pValue = 0.77615
Removing x4^2, FStat = 0.11143, pValue = 0.73882
Removing x2:x5, FStat = 0.010871, pValue = 0.91705
Removing x5^2, FStat = 0.023037, pValue = 0.87949
Removing x2:x3, FStat = 0.0091051, pValue = 0.92406
Removing x4:x5, FStat = 0.10571, pValue = 0.74537
Removing x3^2, FStat = 0.05183, pValue = 0.82011
Removing x3:x5, FStat = 0.0016867, pValue = 0.96727
Removing x3:x4, FStat = 0.0023858, pValue = 0.96108
Removing x1:x6, FStat = 0.18625, pValue = 0.66644
Removing x1, FStat = 0.040299, pValue = 0.84107
Removing x5:x6, FStat = 0.39137, pValue = 0.53217
Removing x5, FStat = 0.0053964, pValue = 0.9415
Removing x2:x4, FStat = 0.56395, pValue = 0.4534
Removing x4, FStat = 0.012446, pValue = 0.91126
Removing x3:x6, FStat = 0.888, pValue = 0.34695
```

```
Removing x3, FStat = 0.13971, pValue = 0.70889
Model4 =
Linear regression model:
    ResResistance ~ 1 + x2*x6 + x6^2
Estimated Coefficients:
                     Estimate       SE        tStat         pValue

    (Intercept)       -1.7269     19.175     -0.09006       0.92831
    x2                71.135      33.777       2.106        0.036212
    x6               -198.69      64.67      -3.0723        0.0023618
    x2:x6            -314.14     110.87      -2.8334        0.0049859
    x6^2              861.56      28.389      30.349        2.6482e-85
Number of observations: 252, Error degrees of freedom: 247
Root Mean Squared Error: 4.06
R-squared: 0.927,  Adjusted R-Squared 0.926
F-statistic vs. constant model: 787, p-value = 3.1e-139
```

这次算法返回了较为复杂的模型。其中不仅包含 x6，还包含其二次项 $x6^2$，甚至包含了 x2 以及两者的交叉项 x2×x6。虽然模型更加复杂，但是从拟合结果中可以看到（R^2=0.927，调整后的R^2 = 0.926，p值 =3.1e-139），模型对数据集有了更强的解释能力。

我们已经看到，从不同的初始模型出发，函数 stepwiselm() 会返回不同选择结果。我们来对之前的选择结果进行比较，首先比较不同特征值组合的 R^2 值：

```
>> RSquared = [Model1.Rsquared.Adjusted,Model2.Rsquared.Adjusted,
              Model3.Rsquared.Adjusted,Model4.Rsquared.Adjusted]
RSquared =
    0.6514    0.6514    0.6514    0.9261
```

可以看到，前 3 个模型的结果基本相同，第 4 个结果明显更好。我们可以通过绘制拟合残差图来进一步比较几组结果。这里可以使用函数 plotResiduals() 对模型拟合的残差结果进行绘制，它将利用用户指定的残差图类型。这里针对拟合结果绘制残差图：

```
>> subplot(2,2,1)
>> plotResiduals(Model1,'fitted')
>> subplot(2,2,2)
>> plotResiduals(Model2,'fitted')
>> subplot(2,2,3)
>> plotResiduals(Model3,'fitted')
>> subplot(2,2,4)
>> plotResiduals(Model4,'fitted')
```

 残差是模型输出结果和真实值间的差值。残差代表模型对数据集的拟合误差。

我们绘制了 4 组结果的残差图，如图 8.5 所示。

从图 8.5 可以看到，前 3 个模型的误差水平完全相同。4 幅图都显示出了模型残差与目标值间的非线性关系。然而，第 4 个模型的残差显然更加集中。可以通过比较 4 组结果残差的分布区间作进一步观察：

```
>> Rrange1 = [min(Model1.Residuals.Raw),max(Model1.Residuals.Raw)];
>> Rrange2 = [min(Model2.Residuals.Raw),max(Model2.Residuals.Raw)];
>> Rrange3 = [min(Model3.Residuals.Raw),max(Model3.Residuals.Raw)];
```

```
>> Rrange4 = [min(Model4.Residuals.Raw),max(Model4.Residuals.Raw)];
>> Rranges = [Rrange1;Rrange2;Rrange3;Rrange4]
Rranges =
  -10.9093    32.6973
  -10.9093    32.6973
  -10.9093    32.6973
   -6.8535    16.3131
```

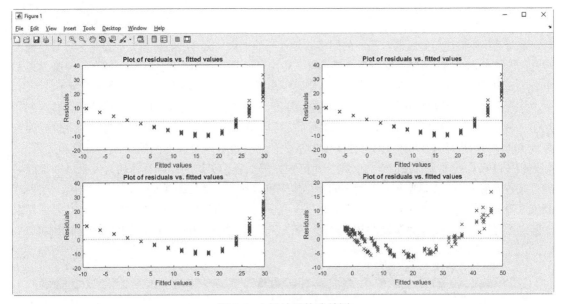

图 8.5 4 组结果的残差图

可以确认，更加复杂的模型（第 4 个模型）中残差波动的标准差更小（因为上面结果中残差分布的区间更小）。

8.2 特征提取

当数据集达到普通程序和硬件无法处理的规模时，我们必须建立从大数据矩阵到低维矩阵的映射关系。这种从特征值矩阵到函数处理后低维矩阵的映射关系称为**特征提取**。特征提取基于原始数据集，通过某种方式对这些特征值进行二次加工，产生新的、数量更少的特征值以代替原始数据集。这种方式能够显著降低特征矩阵中信息的冗余水平。整个过程如图 8.6 所示。

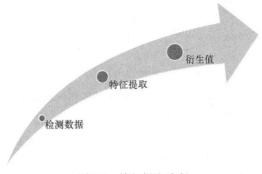

图 8.6 特征提取流程

通过从诸多特征中提取出更小的特征集合，不仅接下来的数学模型的计算速度会加快，拟合表现可能会提高，也会大大提升模型的可解释性。这个过程能够基于原始特征矩阵衍生出新的特征值指标，这个新的特征值数量更少的特征矩阵往往具有更少的噪声。因此它能够提高分类准确度，同时也提升分类的计算效率。如果特征提取的效果足够好，那么使用降维后的特征值矩阵往往能够获得至少和使用原始特征矩阵一样好的拟合效果。

主成分分析

在对高维矩阵进行建模时，最大的困难就是太高的维数（太多的特征值）会给绝大多数理论上较为简单的概率、频率模型造成维度灾难（模型的计算复杂度随着维度呈指数级增长）。从数学模型上着手，构建能够处理大型矩阵的模型，往往需要有更高深的数学知识，这是大多数人所不具备的。

幸运的是，我们可以对原始大型矩阵进行降维，使这些较为简单的模型也能处理这些问题。之所以能够降维，很大程度上归功于在这些大型矩阵中许多特征值之间具有极强的相关性。因为在现实世界中同一问题的同一属性往往可以从多个角度进行衡量（如圆的半径、直径和周长）。如果相关度极高的多个特征值存在于同一矩阵中，那么我们说这个矩阵存在信息冗余。如果能够通过某种映射关系，以这些相关度极高的指标作为输入数据，将其计算为一个统一的指标，实现从高维矩阵到一维向量的映射，那么在很大程度上我们只需使用映射后的一维向量，就能代替原高维矩阵进行建模计算。这就是降维的基本思路，图 8.7 显示了矩阵中两组相关度极高的几个指标。

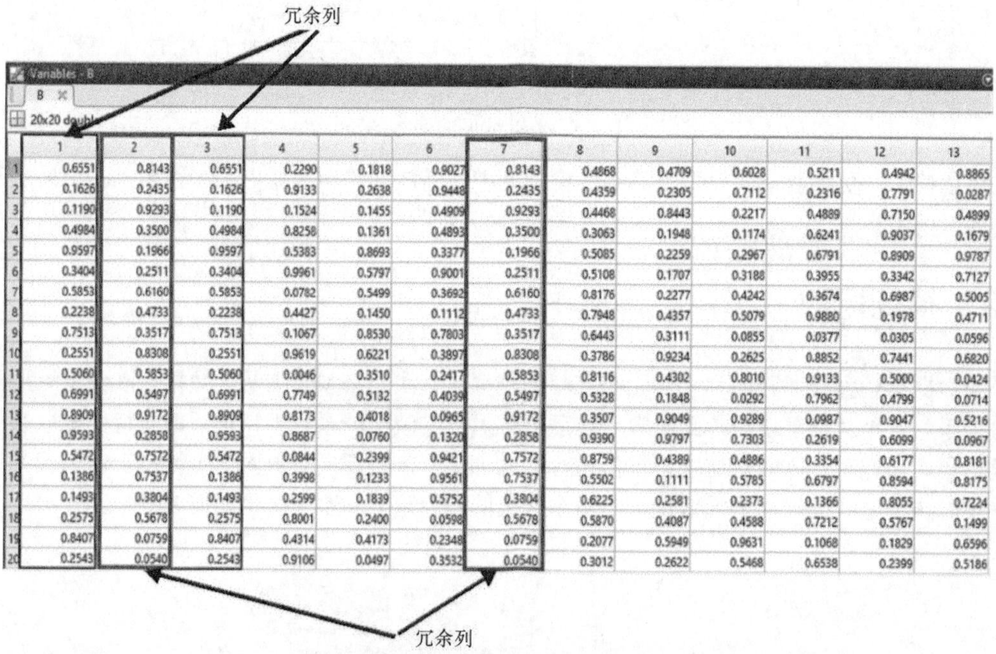

冗余列

	1	2	3	4	5	6	7	8	9	10	11	12	13
1	0.6551	0.8143	0.6551	0.2290	0.1818	0.9027	0.8143	0.4868	0.4709	0.6028	0.5211	0.4942	0.8865
2	0.1626	0.2435	0.1626	0.9133	0.2638	0.9448	0.2435	0.4359	0.2305	0.7112	0.2316	0.7791	0.0287
3	0.1190	0.9293	0.1190	0.1524	0.1455	0.4909	0.9293	0.4468	0.8443	0.2217	0.4889	0.7150	0.4899
4	0.4984	0.3500	0.4984	0.8258	0.1361	0.4893	0.3500	0.3063	0.1948	0.1174	0.6241	0.9037	0.1679
5	0.9597	0.1966	0.9597	0.5383	0.8693	0.3377	0.1966	0.5085	0.2259	0.2967	0.6791	0.8909	0.9787
6	0.3404	0.2511	0.3404	0.9961	0.5797	0.9001	0.2511	0.5108	0.1707	0.3188	0.3955	0.3342	0.7127
7	0.5853	0.6160	0.5853	0.0782	0.5499	0.3692	0.6160	0.8176	0.2277	0.4242	0.3674	0.6987	0.5005
8	0.2238	0.4733	0.2238	0.4427	0.1450	0.1112	0.4733	0.7948	0.4357	0.5079	0.9880	0.1978	0.4711
9	0.7513	0.3517	0.7513	0.1067	0.8530	0.7803	0.3517	0.6443	0.3111	0.0855	0.0377	0.0305	0.0596
10	0.2551	0.8308	0.2551	0.9619	0.6221	0.3897	0.8308	0.3786	0.9234	0.2625	0.8852	0.7441	0.6820
11	0.5060	0.5853	0.5060	0.0046	0.3510	0.2417	0.5853	0.8116	0.4302	0.8010	0.9133	0.5000	0.0424
12	0.6991	0.5497	0.6991	0.7749	0.5132	0.4039	0.5497	0.5328	0.1848	0.0292	0.7962	0.4799	0.0714
13	0.8909	0.9172	0.8909	0.8173	0.4018	0.0965	0.9172	0.3507	0.9049	0.9289	0.0987	0.9047	0.5216
14	0.9593	0.2858	0.9593	0.8687	0.0760	0.1320	0.2858	0.9390	0.9797	0.7303	0.6099	0.6099	0.0967
15	0.5472	0.7572	0.5472	0.0844	0.2399	0.9421	0.7572	0.8759	0.4389	0.4886	0.3354	0.6177	0.8181
16	0.1386	0.7537	0.1386	0.3998	0.1233	0.9561	0.7537	0.5502	0.1111	0.5785	0.6797	0.8594	0.8175
17	0.1493	0.3804	0.1493	0.2599	0.1839	0.5752	0.3804	0.6225	0.2581	0.2373	0.1366	0.8055	0.7224
18	0.2575	0.5678	0.2575	0.8001	0.2400	0.0598	0.5678	0.5870	0.4087	0.4588	0.7212	0.5767	0.1499
19	0.8407	0.0759	0.8407	0.4314	0.4173	0.2348	0.0759	0.2077	0.5949	0.9631	0.1068	0.1829	0.6596
20	0.2543	0.0540	0.2543	0.9106	0.0497	0.3532	0.0540	0.3012	0.2622	0.5468	0.6538	0.2399	0.5186

冗余列

图 8.7　矩阵中的信息冗余

主成分分析（Principal Component Analysis，PCA）能够以原始数据集作为输入，生成一组最大程度上互不相关的特征值作为新的特征矩阵。这些新生成的特征值称为原始矩阵的**主成分**。每个主成分都是原始数据集中所有特征值的线性组合。由于各个主成分之间是两两正交的（主成分之间完全互不相关），因此新生成的矩阵不存在任何信息冗余。主成分矩阵可以看作原始矩阵的一组正交基。**PCA** 的目标就是使用最少个数的主成分来最大程度地解释原始矩阵。因此主成分分析本质上是一种多元线性变换，它将高维矩阵映射到低维矩阵，同时期望造成最小程度的信息损失。记住，主成分仅是原矩阵中全部特征值的一个线性组合。

在 MATLAB 中，可以使用函数 pca() 完成主成分分析。它将返回计算主成分的系数（线性组合的权重）——称为**载荷**（loading）。对于一个大小为 $n \times m$ 的原始特征矩阵而言，行数 n 表示样本个数，列数 m 表示特征值个数，返回的权重系数矩阵 coeff 大小为 $m \times m$，其中 coeff 的每一列系数对应在计算一个主成分所需的线性组合时原始特征值的全部权重，同时每列是按照主成分的重要性进行排序的。函数 pca() 默认使用**奇异值分解**（Singular Value Decomposition，SVD）算法来计算主成分系数矩阵。

下面使用加州大学尔湾分校机器学习数据集中的实际数据集学习主成分分析。

这里使用一个著名的种子数据集，它包含来自 3 种不同种属小麦的种子的几何学数据。网站上有简要介绍，这 3 种小麦的名称为 Kama、Rosa 和 Canadian，每个种属都选取了 70 粒种子，并从中随机抽取一些作为样本。采集过程中使用有高分辨率 X 射线的柯达照相机拍摄了大小为 13cm×18cm 的图片。实验中所用到的种子是从波兰卢布林省的波兰科学院农业研究所的试验田中得到的。

这个种子数据集包含 210 个样本数据，每个样本具有 7 个特征值。这些特征值包括。

面积 A、周长 P、密度 $C=4*pi*A/P^2$、长度、宽度、不对称系数和种子槽长度等参数。

之前提到，这 210 粒种子来自于 3 个种属，每个种属选取了 70 个样本。

在开始之前，我们先从加州大学尔湾分校机器学习数据集下载数据并将其保存到当前文件夹。MATLAB 提供了函数 websave() 帮助我们完成这个工作，它能够访问用户指定的 URL 地址，下载数据，新建并保存到当前文件夹中的文件。

将下载好的数据保存在名为 seeds_dataset.csv 的文件中：

```
>> websave('seeds_dataset.csv',url);
```

按照上文提到的特征值顺序对这些特征值进行命名：

```
>> varnames = {'Area'; 'Perimeter'; 'Compactness'; 'LengthK';
'WidthK';'AsymCoef';'LengthKG';'Seeds'};
```

读取数据至 MATLAB，并将数据保存为 table 类型的变量：

```
>> Seeds_dataset = readtable('seeds_dataset.csv');
>> Seeds_dataset.Properties.VariableNames = varnames;
```

现在，之前下载好的数据已经加载到 MATLAB 的工作空间中，并保存为 table 类型的变量，我们可以使用这些数据研究主成分分析了。我们曾在介绍分步回归时提到处理缺失数据的方法。这里再次遇到了相同的数据缺失问题：

```
>> MissingValue = ismissing(Seeds_dataset);
```

上述代码将返回一组逻辑类型的向量，以表示对应行数是否出现了缺失值。我们可以使用如下代码从中提取出只包含缺失值的样本：

```
>> RowsMissValue = find(any(MissingValue==1,2));
```

上述代码将返回一个大小为 22×1 向量，其数值代表包含缺失值的样本在 Seeds_dataset 中的行数。为了避免缺失值对算法产生潜在影响，我们将其剔除出数据集。我们可以使用函数 rmmissing() 完成这项工作（这个函数适用于任意 array 或者 matrix 类型的变量）：

```
>> Seeds_dataset = rmmissing(Seeds_dataset);
```

从结果可以看出，原本大小为221×8的矩阵，现在变成了大小199×8的矩阵。其中前15行样本确实不包含任何缺失值，结果如图8.8所示。

	1 Area	2 Perimeter	3 Compactness	4 LengthK	5 WidthK	6 AsymCoef	7 LengthKG	8 Seeds	9
1	15.2600	14.8400	0.8710	5.7630	3.3120	2.2210	5.2200	1	
2	14.8800	14.5700	0.8811	5.5540	3.3330	1.0180	4.9560	1	
3	14.2900	14.0900	0.9050	5.2910	3.3370	2.6990	4.8250	1	
4	13.8400	13.9400	0.8955	5.3240	3.3790	2.2590	4.8050	1	
5	16.1400	14.9900	0.9034	5.6580	3.5620	1.3550	5.1750	1	
6	14.3800	14.2100	0.8951	5.3860	3.3120	2.4620	4.9560	1	
7	14.6900	14.4900	0.8799	5.5630	3.2590	3.5860	5.2190	1	
8	16.6300	15.4600	0.8747	6.0530	3.4650	2.0400	5.8770	1	
9	16.4400	15.2500	0.8880	5.8840	3.5050	1.9690	5.5330	1	
10	15.2600	14.8500	0.8696	5.7140	3.2420	4.5430	5.3140	1	
11	14.0300	14.1600	0.8796	5.4380	3.2010	1.7170	5.0010	1	
12	13.8900	14.0200	0.8880	5.4390	3.1990	3.9860	4.7380	1	
13	13.7800	14.0600	0.8759	5.4790	3.1560	3.1360	4.8720	1	
14	13.7400	14.0500	0.8744	5.4820	3.1140	2.9320	4.8250	1	
15	14.5900	14.2800	0.8993	5.3510	3.3330	4.1850	4.7810	1	

图 8.8 种子表格中的前 15 行数据（其中不包含缺失值）

在将数据集输入到函数 pca() 之前，我们需要先粗略观察数据集。数据集中的前 7 列数据是样本的特征值向量，第 8 列保存的是样本类别标签，即样本属于哪个种属。首先观察特征值间的相关性。使用函数 plotmatrix() 能够构建一个 MATLAB 散点图矩阵。因为现在使用的是 table 类型的变量，所以在绘制前需要先对其类型进行转换：

```
>> VarMeas = table2array((Seeds_dataset(:,1:7)));
>> SeedClass = table2array((Seeds_dataset(:,8)));
```

接着使用函数 plotmatrix() 绘制散点图矩阵：

```
>> plotmatrix(VarMeas)
```

其中对角线上的箱形图绘制对应的是列数特征值的箱形图。剩余的散点图则绘制的是两两特征值之间的关系（第 i 行第 j 列图形是使用原数据集中第 i 列和第 j 列特征值绘制的），结果如图 8.9 所示。

从图 8.9 可以看出，散点图矩阵是一种可视化特征矩阵，是发现特征值间线性相关性非常好的方法。通过对散点图矩阵的观察，我们能够定位哪几组特征值间具备相关性，并可初步判断特征值矩阵中信息冗余度的大小。之前提到，对角线上的箱形图是使用特征值绘制的，能够让我们大体了解特征值的分布状况。其余图形都是使用一对特征值绘制的散点图。具体而言，第 i 行第 j 列图形是使用原数据集中的第 i 列和第 j 列特征值绘制的。

我们初步观察图 8.9 即可发现，在特征矩阵中多对特征值存在高度相关性。例如，使用代码中名为特征值 Area 和 Perimeter 以及 Perimeter 和 LengthK 绘制的散点图中，散点基本围绕在一条从原点出发斜向上的直线周围，这说明这些指标存在正向相关。另外一些散点图则非常散乱，观察不到明显规律，这说明两个指标间的相关度很低，例如，LengthKG 这个指标跟所有其他特征值间都观察不到明显的变化规律。

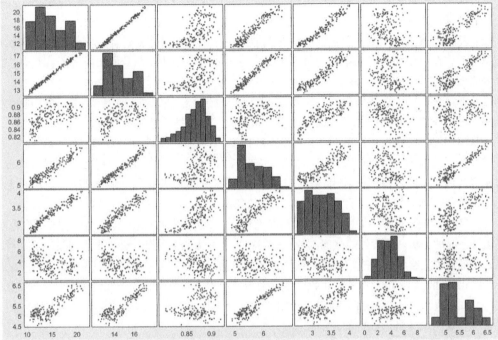

图 8.9 由特征矩阵绘制的散点图矩阵

除了从视觉角度观察得出结论，我们也可以使用量化方法对上述推测予以确认。这里使用函数 corr() 来计算矩阵的相关性系数，使用 r 命名这个函数返回的矩阵类型的变量：

```
>> r = corr(VarMeas)
r =
    1.0000    0.9944    0.6099    0.9511    0.9710   -0.2228    0.8627
    0.9944    1.0000    0.5318    0.9729    0.9455   -0.2110    0.8895
    0.6099    0.5318    1.0000    0.3740    0.7622   -0.3294    0.2270
    0.9511    0.9729    0.3740    1.0000    0.8627   -0.1697    0.9321
    0.9710    0.9455    0.7622    0.8627    1.0000   -0.2531    0.7482
   -0.2228   -0.2110   -0.3294   -0.1697   -0.2531    1.0000   -0.0033
    0.8627    0.8895    0.2270    0.9321    0.7482   -0.0033    1.0000
```

相关性系数的取值范围是 -1～1，其中 -1 表示完全负相关；0 表示两个特征值是正交的，完全不相关；1 表示完全正相关（相关性矩阵的算法非常基础、关键，读者应查阅相关算法，熟练掌握）。为了更好地理解散点图矩阵并学习相关性系数的用法，我们以第一个特征值 Area 和其他特征值绘制的散点图为例，将其相关性系数绘制在散点图下方，如图 8.10 所示。

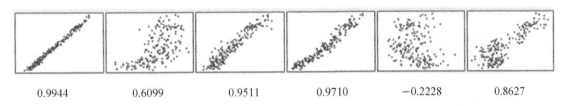

| 0.9944 | 0.6099 | 0.9511 | 0.9710 | −0.2228 | 0.8627 |

图 8.10 根据 Area 特征值绘制的标注有相关性系数的，与其他特征值绘制的散点图

通过分析图 8.10，我们能够得出以下结论。

（1）在第一幅图中，散点紧密围绕在一条从原点出发斜向上的直线周围，这说明两个指标的相关度非常高，相关性系数也几乎为 1（0.9944）。

（2）在第二幅图中，尽管散点图的分布貌似有二次函数的关系，但还是比较凌乱、随机的。这证明两者存在一定相关度但不是非常高。我们也可以通过相关性系数看出两者确实存在中等偏上程度的相关性（0.6099）。

（3）在第三幅图中，我们再次观察到几乎成为一条直线的分布情况，但与第一幅图相比要分散一些，因此我们判断此相关度应该不如第一幅图高，相关性系数也验证了此点（0.9511）。

（4）相似的情况也发生在第四幅图中（0.9710）。

（5）在第五幅图中，我们看到了完全不同的分布情况。与之前的图形相比，散点的分布状况非常随机，这表示两个特征值几乎不存在相关性。仔细观察图形发现，还是存在一些从左上到右下的分布趋势，相关性系数也印证了此点（−0.2228）。

（6）最后，第六幅图又是呈斜向上的直线分布状态，尽管它更为松散（0.8627），但相关度也很高。

通过上面的分析，读者可能会问，散点图与相关性系数的关系是什么。在一些情况下，散点图能够通过视觉传达给我们一些相关性系数所不包含的信息。事实上，如果我们通过散点图不能观察到明显的相关性，那么一般相关性系数的绝对值也不会很大，所以我们一般会遇到以下两种情况。

（1）如果通过散点图观察不到明显的相关性，那么计算相关性系数的意义不大，因为相关性系数只能反映两个特征值线性相关的强度。

（2）如果通过散点图观察到明显的相关性但不是线性相关的，那么相关性系数会产生误导，因为高次（如第二幅图中的二次相关性）相关性也是相关性。

这就是散点图矩阵要比相关性系数矩阵重要的原因。正如我们看到的，在相关性系数矩阵中，一些特征值的线性相关度在 0.9 以上，这表示两者高度线性相关，即数据集中存在大量冗余信息。可以通过 MATLAB 提供的函数 pca() 来消除这种冗余性，从而实现降维：

```
>> [coeff,score,latent,tsquared,explained,mu] = pca(VarMeas);
```

这个函数会返回如下计算结果。

（1）coeff：主成分权重。

（2）score：主成分得分。

（3）latent：主成分方差。

（4）tsquared：每个样本的霍特林 T 平方分布值。

（5）explained：每个主成分解释的方差在总方差中所占比例。

（6）mu：每个特征值的均值。

前文提到，当特征矩阵中的特征值量纲（即计量单位）不同时，对数据执行去量纲、标准化操作非常重要。这里 pca() 函数在进行主成分分析运算或者奇异值分解求取主成分矩阵之前，将会默认对特征值矩阵进行标准化运算，以去除特征值量纲不同而造成的影响。

MATLAB 提供了 3 种算法用于计算主成分。

（1）奇异值分解算法（'sub'）。

（2）协方差矩阵特征值分解算法（'eig'）[1]。

---

[1]　译者注：这里特征值指的是在线性代数概念中矩阵的特征值，英文为 eigenvalue。机器学习中所说的特征值英文为 feature，指的是样本的一个衡量指标

（3）最小二乘法（'als'）。

函数 pca() 默认使用奇异值分解算法计算主成分。

现在我们来仔细分析函数 pca() 返回的计算结果。首先查看变量 coeff，这个变量包含了从原始特征矩阵线性变换到主成分矩阵所使用的权重向量：

```
>> coeff
coeff =
 0.8852    0.0936   -0.2625    0.2034    0.1394   -0.2780   -0.0254
 0.3958    0.0532    0.2779   -0.5884   -0.5721    0.2922    0.0659
 0.0043   -0.0030   -0.0578    0.0581    0.0524    0.0452    0.9942
 0.1286    0.0285    0.3967   -0.4293    0.7905    0.1267    0.0003
 0.1110    0.0008   -0.3168    0.2392    0.1268    0.8986   -0.0804
-0.1195    0.9903   -0.0659   -0.0262    0.0030   -0.0027    0.0011
 0.1290    0.0832    0.7671    0.6057   -0.0973    0.1078    0.0092
```

coeff 中的每一列代表主成分的一个权重向量，每一列中的每一行按顺序对应 VarMeas 矩阵（即原始特征值矩阵）中每个特征值的权重。其中主成分从左到右的排列是按照其重要程度降序排列的，即 coeff(:,1) 包含的是最重要的主成分的权重向量，以此类推。从线性代数的角度来说，权重矩阵 coeff 是对原始特征值矩阵 VarMeas 的一个线性变换，coeff 中的每一列都是一个以 VarMeas 的每一行作为输入数据的线性方程的权重。coeff 中的 7 列表示的是 7 个相互正交的线性方程。

这里用公式对主成分算法进行进一步表述。每个主成分都是原始特征值向量的线性组合。假设原始特征矩阵大小为 $n \times m$（即包含 n 个样本和 m 个特征值），那么每个样本的每个主成分指标就是这 m 个特征值的线性组合。由于 MATLAB 在返回的结果中按照重要程度将主成分排序了，因此第一个主成分具有最大的方差；第二个主成分在保持与第一个主成分正交的前提下，拥有第二大的方差，以此类推。我们可以使用如下方程（向量化表达）对全部样本计算第一个主成分向量：

PC1=0.8852*Area+0.3958*Perimeter+0.0043*Compactness+0.1286*LengthK+0.1110*WidthK-0.1195*AsymCoef+0.1290*LengthKG

第一个主成分向量 $PC1$ 的大小为 $n \times 1$，即有多少个样本，每个主成分的长度就是多少。向量中的每个值都是对应样本在原始特征矩阵中以特征值向量作为输入参数、以 coeff 为权重的线性组合。第二个主成分同理。主成分之间全部是正交的，且其重要程度（方差）按顺序递减。

函数 pca() 的第二个输出参数 score 包含的正是原始特征矩阵根据权重矩阵 coeff 进行线性加权计算后得到的，每个样本中的 7 个主成分值是按照上面公式中的算法得到的 $PC1 \sim PC7$。因为 pca() 返回了有 7 个主成分的权重矩阵，所以矩阵 VarMeas 和矩阵 score 的大小相同。

```
>> size(VarMeas)
ans =
   199     7
>> size(score)
ans =
   199     7
```

我们的目标是使用更小维度的矩阵来代替原有特征值矩阵。这里得到的降维后的主成分矩阵 score 与原特征值矩阵大小相同，显然这没有起到降维作用，不过这是因为我们还没有从主成分中进行挑选。实践中，往往前一两个主成分对整个原始特征矩阵就有 90% 以上的解释作用。这里首先绘制前两个主成分的散点图以进行观察。

 score 矩阵包含的就是每个样本的每个主成分的数值。

为了让图形更易于理解，我们对散点图按其所属的小麦种属（类别标签）用颜色形状加以区分：

```
>> gscatter(score(:,1),score(:,2),SeedClass,'brg','xo^')
```

仅使用前两个主成分对全部样本点绘制散点图，如图 8.11 所示。

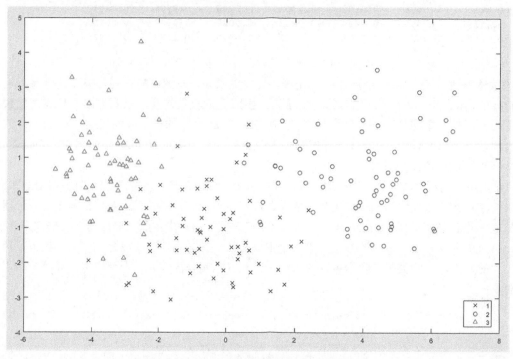

图 8.11　仅使用前两个主成分绘制的散点图

很容易看出，图 8.11 清晰地将 3 类样本点分在了 3 个区间中。属于不同种属的小麦散点聚集在不同区域，区域之间仅有很少样本重叠。可以使用函数 gname() 定位这些样本点。这个函数将弹出一个绘图窗口，并等待用户用鼠标点击操作。移动鼠标，光标将会变成叉号。如果将光标叉号放在靠近某个样本点的位置，并单击鼠标，那么 MATLAB 会自动在散点图上标注出该样本点的标签（在这里将会标记样本点的行号）。完成标注后，可以按 Enter 或 E 键退出。

鉴于当前已经绘制好了图形，所以可以直接在命令窗口中输入以下命令：

```
>> gname
```

通过单击相邻区域上的貌似类别标签重叠的样本点，我们能够将该样本点在矩阵中的行号标注在散点图中，结果如图 8.12 所示。

从图 8.12 中，我们可以看到那些用肉眼观察到的貌似分类不准确的样本点在主成分矩阵中的行号是多少，也就是在原始特征矩阵中是第几个样本。通过这种方法，我们能够非常精确地定位问题所在，并进一步分析这些有问题的样本，试图找出解决方法。

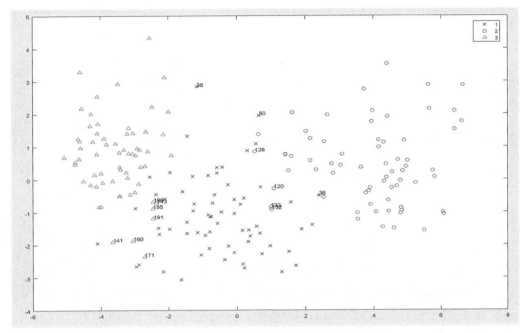

图 8.12　标注后的散点图

现在继续学习函数 pca() 的输出。第三个输出变量 latent 是一个长度与主成分个数相同的向量，表示了这 7 个主成分中的每一个分别对原始特征矩阵的解释程度，即每一行的数值就是 score 主成分矩阵中对应列的主成分的方差值。之前提到，主成分是按照降序排列的，因此 latent 同样也是按降序排列：

```
>> latent
latent =
   10.8516
    2.0483
    0.0738
    0.0127
    0.0028
    0.0016
    0.0000
```

可以将其绘制成曲线图以帮助理解：

```
>> plot(latent)
>> xlabel('Principal Component')
>> ylabel('Variance Explained ')
```

将 latent 矩阵绘制成折线图，并对两个坐标轴进行标注，其中横坐标是主成分的序号，纵坐标是每个主成分的方差，如图 8.13 所示。我们可以通过这幅折线图很容易地看出每个主成分对原始数据集的解释程度。

一般而言，多数经过主成分分析后的结果都有十分陡峭的折线图。这意味着前几个主成分就已经能在绝大程度上解释（代表）了原有数据集，其余的主成分对原有数据集仅有非常小的解释力度。在图 8.13 中，最大的变化出现在第二个和第三个主成分之间，因此我们选择由前两个主成分组成的矩阵来代替原有包含 7 个特征值的特征矩阵。

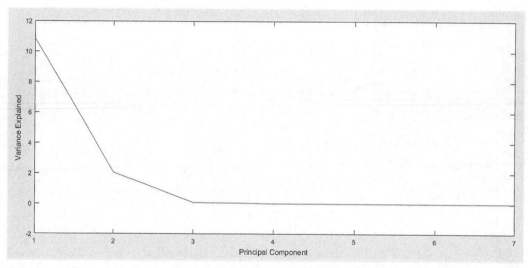

图 8.13　每个主成分对原数据集的解释程度（方差）

为了更好地理解给出这种选择的原因，我们可以绘制每个主成分解释的方差在总方差中所占的比例。这个比例已经包含在函数 pca() 返回的结果 explained 中。接下来我们对 explained 变量绘制帕累托图，如图 8.14 所示：

```
>> figure()
>> pareto(explained(1:2))
>> xlabel('Principal Component')
>> ylabel('Variance Explained (%)')
```

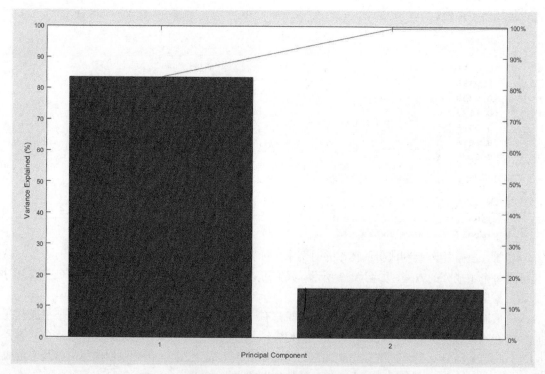

图 8.14　前两个主成分对总数据集解释能力的比例图

在图 8.14 中，我们看到了两个图形，其中柱状图代表每个主成分对原有数据集的解释比例（纵轴为百分比），上面的折线则表示两个主成分（即两个柱状图）的累积和是多少。通过观察，我们能够确认之前的选择是正确的，因为前两个主成分就已经能够对原数据集中 99% 以上的信息进行解释了。

最后，将两个主成分对每个原始特征值的权重进行可视化，并将由每个样本点计算所得的这两个主成分的值绘制在同一张散点图上。这种散点图被称为主成分的 biplot。

 biplot 同时将两组信息表示在一幅图上。一组是将每个特征值在每个主成分的权重系数（coeff 的第一行前两列是图中 Area 向量的坐标）表示成的向量绘制在图中；另一组数据以 score（即全部样本点）的主成分为坐标表示成散点绘制在图中。

```
>>biplot(coeff(:,1:2),'scores',score(:,1:2),'varlabels',varnames(1:7));
```

全部 7 个特征值在计算两个主成分时所使用的权重都以向量形式表示在了图 8.15 中。通过观察这些向量的方向和长度，我们能够判断每个特征值对这个主成分的贡献。例如，对第一个主成分而言（即横坐标轴表示的主成分），通过观察 coeff 我们看到有 6 个特征值都在第一个主成分上有正的权重，唯独特征值 AsymCoef 的权重为负数。与此对应，有 6 个向量都在第一象限，只有一个向量 AsymCoef 在第二象限。同时我们还可以看到，在横坐标方向上，Area 的向量长度最长，相应地，它在 coeff 中的权重最大。

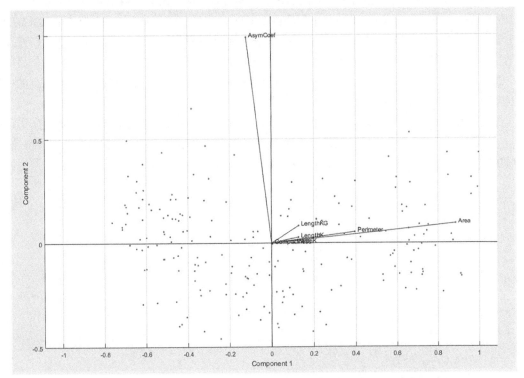

图 8.15　根据权重矩阵 coeff 和主成分矩阵 score 绘制的前两个主成分的 biplot 图

对第二个主成分而言（即纵坐标轴表示的主成分），同样在 coeff 中我们看到有 6 个特征值都在第二个主成分上有正的权重，唯独特征值 Compactness 的权重非常接近 0。与此对应，Compactness 在横坐标方向上的长度非常短，几乎不可见。因此我们可以看出，图 8.15 中的向量坐标就表示了每个向量所对应的特征值对每个主成分的影响力。可以很清晰地看出，对于第一个主成分，指标 Area 具有最大的影响力；指标 AsymCoef 则对第二个主成分影响力最大。

8.3　总结

在本章中，我们学习了如何通过降维方法使用最少的数据量最大程度地代表原有数据集。我们先介绍了降维的基本概念及其需要面对的问题，接着学习了如何使用特征选择进行降维，并使用分步回归进行了举例，最后介绍了当允许使用原有特征值生成新特征值的情境下，如何使用主成分分析方法从原特征矩阵中提取主成分。

我们学习了在 MATLAB 中如何使用函数 stepwiselm() 创建一个可用于分步回归的线性方程，以及如何进行特征加入、剔除变量。接着比对了 3 种方式的计算结果，先创建一个空的线性方程，逐渐向其中加入变量；创建一个包含全部特征值的方程，逐步从中剔除变量；最后边加入边剔除变量。此外，我们还回顾了 MATLAB 中剔除空值的方法。

接着，我们学习了特征提取的算法，具体而言是学习了主成分分析（PCA）。PCA 是这类降维方法中最著名、最常用的一种。它通过对原特征矩阵进行线性变换，产生一组称为主成分的新矩阵，其中每个主成分值都是对原始特征矩阵进行线性变换的结果。由于所有主成分都是互相正交的，因此主成分矩阵中不存在信息冗余。整个主成分矩阵可以看作一组原数据空间中的正交基。

然后我们学习了如何在 MATLAB 中使用函数 pca() 实现主成分分析，又学习了这个函数的输出变量（如权重系数矩阵、主成分矩阵、方差矩阵）的实际意义。另外，我们学习了如何通过可视化的方法挑选最显著的几个主成分，并将其作为原始特征值矩阵的代表，以实现降维的目的。在实践中我们发现，往往前几个（在我们的例子中是前两个）主成分就足以解释 99% 以上的原始数据集。最后介绍了如何绘制 biplot 以及其作用。

在了解和学习了多种机器学习算法后，我们将在下一章中系统地应用这些算法解决实际问题。作为最后一章，笔者希望尽量精简地介绍几种最主要的机器学习算法是如何解决实际问题的，以期帮助读者学会如何把回归、分类、聚类算法应用到实际数据集上。

第 9 章

机器学习实战

本章主要内容

- 拟合数据
- 模式识别
- 聚类分析

我们在第 1 章中谈到，最基础的机器学习算法是通过人工标注的样本进行学习的。例如，对于分类问题，研究人员在数据集中已经就每个样本属于哪个类别标注了分类标签，机器学习算法通过学习这些样本，从中拟合出相应的分类边界，即识别出每种类型的模式。这与最直观的人类学习方法是相同的，粗略地讲，人们也是通过不断重复学习样例来从中总结归纳经验知识的。

在前面的 8 章中，我们研究了多种机器学习算法，现在是时候将它们应用到实际数据集上了。最后一章作为本书的总结，我们会以非常简炼的语言带领大家应用目前学习到的多种机器学习技术，并展示如何使用回归、分类、聚类等算法解决实际问题。我们将把之前学到的诸多概念应用于实际当中。当需要强化、回忆这些概念时，我们会作简要回顾。我们将试图尽可能多地采取各种方法，对真实数据集进行最大程度的学习。

在本章中，我们将解决真实世界中的问题，引导读者学习如何使用人工神经网络解决分类问题，并在最后进行聚类分析。通过这种方式，我们能够同时回顾之前学习过的监督学习方法和非监督学习方法。

在本章结尾，我们将理解如何针对一系列问题的具体情景和数据集的具体特征，选用合适的拟合、模式识别和聚类分析算法，将会学习如何为 MATLAB 的机器学习工具箱进行数据预处理。我们将看到在 MATLAB 中提供了哪些拟合、模式识别和聚类分析工具，以及如何使用这些工具完成数据预处理、模型建立、模型拟合、模型评估、结果可视化和提高算法的计算效率。

9.1 用于预测混凝土质量的数据拟合

在土木工程中，混凝土是构筑建筑物最基本的材料。混凝土可承受的强度与其寿命、制造所使用的材料、测试时的温度等因素息息相关。混凝土的制造过程十分复杂，涉及水泥、熔炉产出的煤渣和灰烬、水、强度塑化剂、粗聚合剂、细聚合剂等多种化工原料。我们用一个压力达 2000kN 的液压测试机采集混凝土承重能力的指标，对混凝土方块或圆柱体进行压力测试。这个测试是破坏性的，并且可能会持续很长时间，因此如果我们能够脱离实际测试，直接使用制作原料对其承重能力进行预测，则将具备非常高的商业价值。图 9.1 显示了一次承重能力测试。

图 9.1 承重能力测试

在本次研究中，我们希望能够建立出一个以混凝土制作配方为输入数据，能够预测其承重能力的模型。首先需要从加州大学尔湾分校机器学习数据集中获取数据集。

 从加州大学尔湾分校机器学习数据集中下载数据集及其简短描述。

为了通过混凝土配方预测其成品的承重强度，我们向数据集中采集了大量的样本数据。每个样本都包含 8 个特征值作为输入数据，其输出值就是指标承重强度。

本数据集包含了如下指标（按照数据集中特征值的顺序进行排列），其中输入指标包括以下内容。

（1）`Cement` 单位：kg/m^3。

（2）`Blast Furnace Slag` 单位：kg/m^3。

（3）`Fly Ash` 单位：kg/m^3。

（4）`Water` 单位：kg/m^3。

（5）`Superplasticizer` 单位：kg/m^3。

（6）`Coarse Aggregate` 单位：kg/m^3。

（7）`Fine Aggregate` 单位：kg/m^3。

（8）`Age` 单位：kg/m^3。

（9）输出指标包括 `Concrete compressive strength` 单位：MPa。

下载 `Concrete_Data.xls` 文件后，应确保这个文件保存在 MATLAB 的当前工作文件夹下，否则函数会找不到它。现在通过 MATLAB 提供的数据处理组件导入向导将原始数据集导入 MATLAB。对于初学者而言，它非常有用，能够通过对数据进行可视化，大大简化导入数据、定义数据格式的流程，并提供了多种导入方法。这个工具能够一步步地引导我们完成数据的导入流程。通过这个工具，我们能够导入多种格式的数据集。这个工具同时具备强大的可视化功能，不仅能够展示数据集中的具体数值，还允许选择导入哪些变量、变量名是什么、哪些变量不予导入等。

我们通过如下步骤导入 `Concrete_Data.xls`。

（1）单击 Import Data 按钮，打开 Import Wizard 对话框。

（2）选择要导入的数据文件后（这里选择 `Concrete_Data.xls`），打开 Import Tool 新对话框。图 9.2 显示了需要单击的 Import Data 按钮和 Import Tool 窗口。

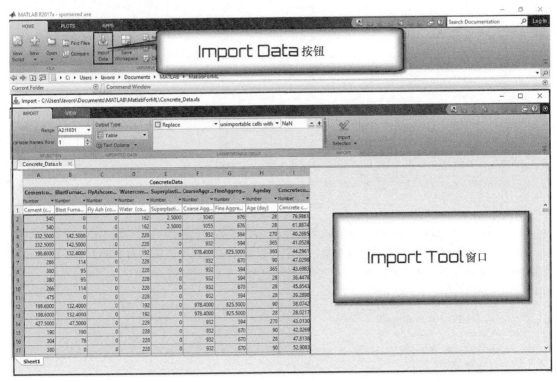

图 9.2　数据导入窗口

（3）图 9.2 中的 Import Tool 窗口对 `Concrete_Data.xls` 文件中的数据进行了可视化处理。通过这个界面，我们能够告诉数据导入工具，需要导入哪些变量，不需要导入哪些变量，或者直接导入全部数据。

（4）在 Import Data 区域的 Output Type 选项卡下有一个下拉菜单，我们可以从中选择所要保存的数据的变量类型。可选项有 Table、Column vectors、Numeric Matrix、String Array 和 Cell。

（5）这里选择 Column vectors。

（6）单击图 9.2 中的 Import Selection 按钮，现在全部数据都会被这个非常好用的工具导入到工作空间中了。

在第四步中，我们选择了 Table 类型作为导入数据的类型，现在看看会有怎样的数据结果被导入。重复之前的操作并选择 Table 作为导入类型，我们可以看到一个名为 `ConcreteData` 类型为 `table` 的变量已经存在于工作空间中。可以通过鼠标打开这个变量的预览表格。如我们所期望的，这个变量的大小是 1030×9，即其中包含了 1030 个样本和 9 个变量（9 列）。每个样本有 8 个混凝土原料配方作为输入特征值（前 8 列）及 1 个目标值（最后一列，承重能力）。数据集如图 9.3 所示。

Variables - ConcreteData

ConcreteData

1030x9 table

	1 Cementcompo	2 BlastFurnaceSlag	3 FlyAshcomponen	4 Watercomponent4k	5 Superplasticizercon	6 CoarseAggregate	7 FineAggregatecor	8 Ageday	9 Concretecompressivest	10	11	12
1	540	0	0	162	2.5000	1040	676	28	79.9861			
2	540	0	0	162	2.5000	1055	676	28	61.8874			
3	332.5000	142.5000	0	228	0	932	594	270	40.2695			
4	332.5000	142.5000	0	228	0	932	594	365	41.0528			
5	198.6000	132.4000	0	192	0	978.4000	825.5000	360	44.2961			
6	266	114	0	228	0	932	670	90	47.0298			
7	380	95	0	228	0	932	594	365	43.6983			
8	380	95	0	228	0	932	594	28	36.4478			
9	266	114	0	228	0	932	670	28	45.8543			
10	475	0	0	228	0	932	594	28	39.2898			
11	198.6000	132.4000	0	192	0	978.4000	825.5000	90	38.0742			
12	198.6000	132.4000	0	192	0	978.4000	825.5000	28	28.0217			
13	427.5000	47.5000	0	228	0	932	594	270	43.0130			
14	190	190	0	228	0	932	670	90	42.3269			
15	304	76	0	228	0	932	670	28	47.8138			
16	380	0	0	228	0	932	670	90	52.9083			
17	139.6000	209.4000	0	192	0	1047	806.9000	90	39.3580			
18	342	38	0	228	0	932	670	365	56.1420			
19	380	95	0	228	0	932	594	90	40.5633			
20	475	0	0	228	0	932	594	180	42.6206			
21	427.5000	47.5000	0	228	0	932	594	180	41.8367			
22	139.6000	209.4000	0	192	0	1047	806.9000	28	28.2375			
23	139.6000	209.4000	0	192	0	1047	806.9000	3	8.0634			
24	139.6000	209.4000	0	192	0	1047	806.9000	180	44.2078			
25	380	0	0	228	0	932	670	365	52.5167			

图 9.3 ConcreteData 数据集展示

导入工具同时为这些特征值和目标值创建了列名，这些列名使用的就是原 Excel 文件中的表头名称。与之前预期相同，通过粗略观察，我们可以看到混凝土承重能力与其配方中的原料比例呈高度的非线性关系。我们来具体看一下这个数据集的基本统计指标，可以对 table 类型的变量直接使用函数 summary() 完成这项工作：

```
>> summary(ConcreteData)
Variables:
    Cementcomponent1kginam3mixture: 1030×1 double
        Values:
            Min          102
            Median     272.9
            Max          540
    BlastFurnaceSlagcomponent2kginam3mixture: 1030×1 double
        Values:
            Min            0
            Median        22
            Max        359.4
    FlyAshcomponent3kginam3mixture: 1030×1 double
        Values:
            Min            0
            Median         0
            Max        200.1
    Watercomponent4kginam3mixture: 1030×1 double
        Values:
            Min       121.75
            Median       185
            Max          247
    Superplasticizercomponent5kginam3mixture: 1030×1 double
        Values:
            Min            0
            Median      6.35
```

```
            Max          32.2
   CoarseAggregatecomponent6kginam3mixture: 1030×1 double
        Values:
            Min          801
            Median       968
            Max          1145
   FineAggregatecomponent7kginam3mixture: 1030×1 double
        Values:
            Min          594
            Median    779.51
            Max         992.6
   Ageday: 1030×1 double
        Values:
            Min            1
            Median        28
            Max          365
   ConcretecompressivestrengthMPamegapascals: 1030×1 double
        Values:
            Min       2.3318
            Median    34.443
            Max       82.599
```

　　首先注意到与之前数据集不同，这个数据集没有缺失值，因此可以跳过对缺失值进行预处理的步骤，直接进行第二步。接着对数据集进行可视化处理，这一步在整个机器学习算法的应用流程中非常重要。通过选择合适的图表类型进行绘制并对数据集进行粗略观察，我们得到对数据本身和数据间相关性的粗略认识。这可以更好地帮助我们判断数据集的特性、其可能适应的模型，甚至可能选取的参数范围。这些知识在相当大的程度上帮助我们简化建模流程、提高模型的准确率。对于混凝土数据集，我们首先以承重能力作为纵轴，以特征值作为横轴，绘制每个样本中 8 个特征值的散点图矩阵。我们需要将 table 类型的变量转化为 array 类型然后再进行绘制：

```
>> X = table2array(ConcreteData(:,1:8));
>> Y = table2array(ConcreteData(:,9));
>> plotmatrix(X,Y)
```

　　图 9.4 显示了以承重能力作为纵轴，以特征值作为横轴，绘制每个样本中 8 个特征值的散点图矩阵。

　　可以看到，目前这个阶段还很难从散点图中获得有用的信息，所以我们被迫先使用一些简单的机器学习方法对数据进行处理。虽然目前无法从中获得明显的模式，但它启发我们应该使用一种最适合处理高度非线性的模型（即人工神经网络）对数据集进行拟合。

　　正如第 7 章所讲述的，数据拟合就是找到一个能以最高精度实现从输入数据到输出数据映射的数学函数。数据拟合具有诸多应用场景，例如数据处理中应对缺失值的插值法、处理奇异值的平滑方法，以及回归分析等。在这里，数据拟合的目的是建立一个最小化拟合误差最大程度地克服样本中的随机噪声，实现从输入数据到输出数据映射的回归方程。从数据集中拟合出的方程能够帮助可视化数据、预测混凝土承重能力、发现不同配方原料与承重能力间的潜在关系。

　　本章与第 7 章不同，鉴于我们已经系统地学习过神经网络工具箱，这里将脱离 GUI，直接通过工具箱函数编写程序脚本来调用神经网络。首先对数据集进行定义。之前已经将原始数据集导入了工作空间中，并将特征矩阵（前 8 列，混凝土配方使用的 8 种原料）与目标值（混凝土强度）分离出来，将其保存在两个矩阵中（分别是 X 和 Y 矩阵）。但是这里需要重复强调一下在第 7 章强调过的内容，原始数据集中保存数据的方式是每行代表一个样本，每列代表一个特征值。但是神经网络工具箱中的函数恰好相反，默认输入数据的每列代表一个样本，每行代表一个特征值。下面的代码仅仅因为这个工具箱的特殊性质对矩阵进行了转置，不存在其他模型建立上的特殊意义：

```
>> X = X';
>> Y = Y';
```

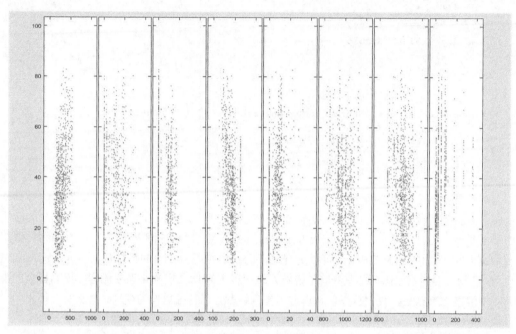

图 9.4　以承重能力作为纵轴，特征值作为横轴，绘制每个样本中 8 个特征值的散点图矩阵

现在 X 仍然表示特征矩阵，Y 仍然表示目标向量。接下来确定神经网络的训练算法。我们可以通过设置 net.trainFcn 属性更改神经网络默认的训练算法，MATLAB 提供了 3 种常用算法。

（1）Levenberg-Marquardt（'trainlm'）：适用于绝大多数神经网络。

（2）Bayesian Regularization（'trainbr'）：适用于小数据集、噪声较多的数据集，但训练时间更长。

（3）Scaled Conjugate Gradient（'trainscg'）：适用于大数据集。这个算法以梯度作为神经网络更新权重的依据，而非雅克比矩阵，因此在内存使用上更具效率。

可以使用如下命令获得 MATLAB 提供的全部训练算法：

```
>> help nntrain;
```

这里使用默认算法 Levenberg-Marquardt 作为反向传播算法：

```
>> trainFcn = 'trainlm';
```

一旦选定训练算法，我们就可以继续对神经网络结构进行定制。这里主要对神经网络的隐含层所包含的神经元数量进行更改。选择创建一个大小为 10 的神经元隐含层：

```
>> hiddenLayerSize = 10;
```

　　为了构建回归方程，我们需要使用函数 fitnet() 建立相应的神经网络，这个神经网络将返回一个用于回归拟合的，隐藏层大小为 hiddenLayerSize 的前向传播神经网络。代码如下：

>> net = fitnet(hiddenLayerSize,trainFcn);

　　这里只是对神经网络的结构进行了定义，还没有对神经网络执行任何输入、输出、训练等运算。在此之前，我们先来看一下定义的神经网络。函数 view() 能够绘制网络结构图：

>> view(net)

从图 9.5 可以看到，输入和输出层的大小都是 0。

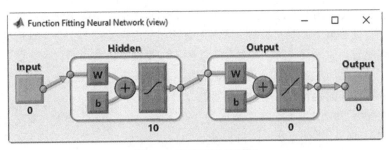

图 9.5　神经网络结构图

　　之前提到，在正式执行任何机器学习模型运算前，首先要对原始数据集进行预处理，以避免缺失值、奇异值等问题对模型产生的不良影响。这里对数据集进行去量纲化，即标准化、正则化处理。神经网络工具箱提供了以下函数，可用于完成此项任务。

（1）fixunknowns：保留数据集中的缺失值。

（2）mapminmax：将特征值矩阵标准化到[−1,1] 的区间内。

（3）mapstd：将特征值标准化到正态分布。

（4）processpca：使用主成分分析进行数据预处理。

（5）removeconstantrows：删除包含常量的行。

（6）removerows：删除制订行数的行。

　　例如，我们可以删除任何输入、输出矩阵中是常数的行。因为是常数特征值对任何机器学习算法而言都不具备学习意义，并且可能会因为某些数值计算方法而产生问题（除数为 0 等）：

>> net.input.processFcns = {'removeconstantrows','mapminmax'};
>> net.output.processFcns = {'removeconstantrows','mapminmax'};

　　在创建神经网络并对神经网络制订了数据预处理方案后，我们现在需要划分数据集。还记得数据集是如何划分和每个子数据集所承担的作用吗？一般而言，拟合算法，甚至可以说大部分机器学习算法，都通过有限的数据集对问题进行拟合，并从中学习潜在的模式。在训练阶段，模型的精度是通过计算模型的输出结果与真实值的误差得到的。任何机器学习模型的最终应用都是输入模型在训练阶段通过没有见过的样本的特征向量，对目标值给出预测的。模型在这个过程中的表现体现了模型的泛化能力，即模型通过学习历史数据对未知数据进行预测的能力。过拟合问题指的是模型在训练集上具有极高的拟合精度，但在测试集（即新样本）的预测上表现极差的现象。

　　为了避免模型在训练阶段出现过拟合，研究者设计了一套分阶段、分数据集的训练方法，以便能在出现过拟合现象时及时识别，甚至在过拟合前预先停止训练。这套方法的核心概念在于将整个原始数据集划分为 3 个数据集：训练集、验证集和测试集。下面我们对这 3 个数据集的划分方法及其作用进行简要回顾。

（1）训练集：训练集中的样本用于求解模型参数。对神经网络，它意味着权重参数和偏置项。

（2）验证集：在训练完毕后，验证集中的样本将作为输入参数，模型在验证集上的表现用于衡量模型对训练集的拟合能力。如果验证集表现不足，则证明当前模型不具备拟合数据集的能力，需要重新设计模型以进行训练、验证。

（3）测试集：模型在训练集样本上的表现被视为对模型泛化能力的最终测试。通过观察测试集误差，我们能够观察到过拟合、拟合不足等问题。测试集的表现是评估模型好坏、挑选最终模型的标准。

通常在训练过程中，前几个迭代是在训练集、验证集上误差下降最快的迭代。如果出现过拟合现象，往往只有训练集上的误差不断下降，而验证集上的误差反而上升。算法返回的参数是模型在验证集上误差最小时迭代求解出的参数。实际上，测试集上的误差与验证集上的误差应当基本上是同步变化的。然而如果出现验证集与测试集在相差很大的迭代次数下分别达到最小值，这往往意味着 3 个数据集的划分有问题，需要重新划分。

MATLAB 提供了如下 4 种划分 3 个数据集（训练集、验证集和测试集）的方法。

（1）dividerand：默认方法，随机划分。

（2）divideblock：将样本按照原始数据集中的顺序连续地分为 3 块。

（3）divideint：运用插入法对数据集进行划分。

（4）divideind：按照样本行数进行划分。

神经网络对象 net 有诸多属性，通过改变这些属性我们可以深度定制模型、算法等参数。例如，可以通过如下属性改变数据集的划分：

```
net.divideFcn
```

除了选择划分算法，我们还可以对每个算法使用的参数进行定制：

```
net.divideParam
```

最后可以定制算法划分目标向量时所使用的方法：

```
net.divideMode
```

默认的划分方法是 sample。这是对静态网络使用的，将按照样本数量成比例地对数据集进行划分（如前向传播神经网络）。对于动态神经网络，如果数据集中设置有时间戳，我们可以将其设置为 time，这样将按照时间戳的粒度进行划分。我们还可以将其设置为 sampletime，来同时针对样本个数和时间序列进行划分。如果设置为 all，则将按照数值对目标向量进行划分；如果设置成 none 则不进行划分（这个选项只对训练集的划分方法起作用，而不影响验证集和测试集）。

这里用 dividerand 作为划分方法：

```
>> net.divideFcn = 'dividerand';
```

并且按照每个子数据集中样本数量占总数据集的比例进行划分：

```
>> net.divideMode = 'sample';
```

划分 3 个数据集所使用的比例如下所示：

```
>> net.divideParam.trainRatio = 70/100;
>> net.divideParam.valRatio = 15/100;
```

```
>> net.divideParam.testRatio = 15/100;
```

现在我们来设置衡量神经网络拟合精度的指标。MATLAB 提供了如下指标以供选择。

（1）mae：绝对均值误差。

（2）mse：均方误差。

（3）sae：绝对误差和。

（4）sse：平方误差和。

（5）crossentropy：交叉熵。

（6）msesparse：使用 2 范数作为误差函数且使用 1 范数作为正则化项，以保证稀疏性的均方误差（1 范数作为正则项会导致稀疏的求解结果，即大部分参数接近 0，只有小部分参数不为 0，这样可以增强模型的可解释性）。

这里我们使用均方误差作为衡量指标：

```
>> net.performFcn = 'mse';
```

下面将对模型训练过程中用到的可视化结果的相关参数进行设置。有许多用于可视化模型训练过程的图表，可以通过如下命令查看这些图表：

```
>> help nnplot
```

选择下列图表对前向传播神经网络的训练过程进行可视化：

```
>> net.plotFcns = {'plotperform','plottrainstate','ploterrhist',
'plotregression', 'plotfit'};
```

完成诸多设置后，我们终于可以使用函数 train()训练神经网络了。这个函数将使用 net.trainFcn 和 net.trainParam 中的设置对网络进行训练：

```
>> [net,tr] = train(net,X,Y);
```

函数 train()的输入数据有以下内容。

（1）net：神经网络对象。

（2）X：神经网络输入矩阵。

（3）Y：神经网络目标向量。

这个函数将返回以下内容。

（1）net：训练后的神经网络对象。

（2）tr：训练记录，也是每个 epoch（训练集中全部样本被学习一次，标为一个 epoch。整个训练过程需要反复对全部训练集学习多次，直至达到停止条件）的表现指标。

在训练神经网络时，系统会自动弹出一个可视化窗口，其中显示与训练有关的各种数据。在这个窗口中，总共显示 4 类数据：神经网络结构、训练算法、训练过程以及根据各种指标绘制的图表。每类数据都对理解训练过程至关重要。

神经网络结构区域显示了正在训练的神经网络结构图。将这幅图与图 9.5 进行比较，可以看到，当前的神经网络输入层和输出层具有正确的神经元数量（8 个输入神经元，1 个输出神经元）。

训练算法区域显示了训练过程中一些非常重要的参数，如数据集的划分方法（dividerand）、选用的训练算法（trainlm）和衡量模型表现的指标（mse）。在训练过程区域，我们能够看见训练的实时进展。在最后的绘图区域，列出了可绘制的所有图片类型及其对应的按钮。通过单击这些按钮，我们能够在新弹出的窗口中查看这些图片。Neural Network Training 窗口如图 9.6 所示。

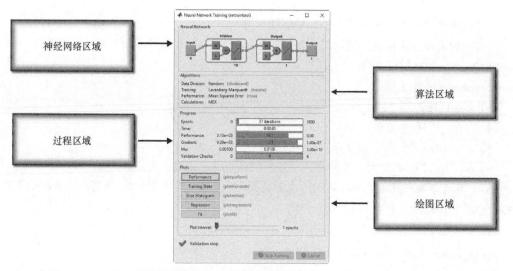

图 9.6　Neural Network Training 窗口

之前提到，函数 train() 会返回 net 和 tr 这两个变量。第一个是神经网络对象，第二个则记录了整个训练过程中的各种指标。我们可以通过函数 plotperform() 查看训练过程中衡量神经网络表现的各个指标的变化过程。这也是 Neural Network Training 窗口绘制图形部分的第一个图。代码如下：

```
>> figure, plotperform(tr)
```

在整个训练过程中，函数 plotperform() 绘制了神经网络精度（这里是均方误差）在各个数据集上的变化过程。神经网络训练窗口的绘图区域中第二个图是训练状态图（对应函数为 plottrainstate()）。这个函数将展示整个训练过程中函数 train() 产生的数据：

```
>> figure, plottrainstate(tr)
```

图 9.7 所示的两幅图都对之前训练神经网络的整个过程提供了非常重要的信息。

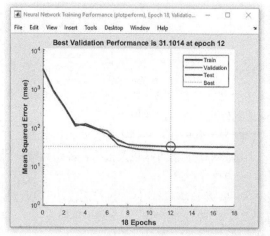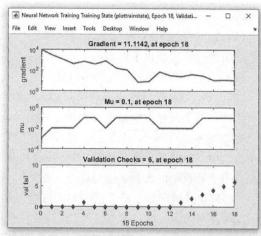

图 9.7　神经网络训练表现图（左侧）；神经网络训练状态图（右侧）

至此，神经网络已经训练完毕，我们可以将其应用到实际数据集中了。我们之所以训练神经网络，是为了构建一个模型，用于通过混凝土的制作配方预测混凝土的承受能力。为了检验模型的预测效果，我们可以先把已有的数据集重新输入神经网络，对已有数据集进行预测，并将预测结果与这些数据集的真实指标进行比较。通过这种比较，我们就能得出神经网络预测能力的初步结果，代码如下：

```
>> Ytest = net(X);
>> e = gsubtract(Y,Ytest);
>> performance = perform(net, Y,Ytest);
```

第一行代码用刚刚训练好的神经网络对象 net 对整个数据集 X 进行预测，并将输出结果保存成变量 Ytest。第二行代码则用函数 gsubtract() 计算神经网络预测结果 Ytest 和真实目标向量 Y 之间的差值，并将其作为神经网络的预测误差向量 e。通过这种方法，我们得到了神经网络对每个样本的预测误差值。最后一行代码通过使用函数 perform()，根据之前定义的指标 net.performFcn（在这里我们使用的是均方误差'mse'）对模型表现进行衡量。

我们有诸多工具来评估神经网络的性能，前面提到的预测误差只是其中一种。更直观的方法是绘制神经网络预测误差 e 向量的箱形图，来对误差在样本间的分布状况进行可视化：

```
>> figure, ploterrhist(e)
```

最后，我们可以用函数 plotregression() 来评估神经网络对目标向量拟合结果的好坏。这个函数使用线性函数以神经网络预测结果为输入向量，对真实目标向量进行线性拟合。下面的代码首先从数据集中按照划分方法分别提取了训练集、验证集和测试集的计算结果，并将其和总数据集一起绘制成线性回归图，如图 9.8 所示。

```
>> trOut = Ytest(tr.trainInd);
>> vOut = Ytest(tr.valInd);
>> tsOut = Ytest(tr.testInd);
>> trTarg = Y(tr.trainInd);
>> vTarg = Y(tr.valInd);
>> tsTarg = Y(tr.testInd);
>> plotregression(trTarg, trOut, 'Train', vTarg, vOut, 'Validation',
tsTarg, tsOut, 'Testing',Y,Ytest,'All')
```

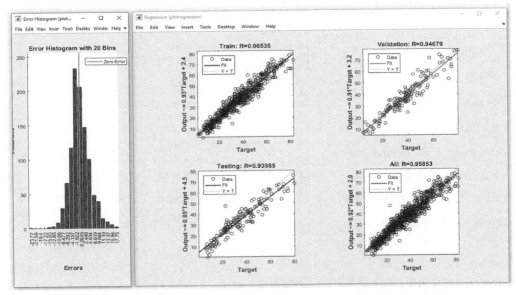

图 9.8　预测误差箱形图（左侧）；预测结果对目标向量线性回归图（右侧）

9.2 使用神经网络诊断甲状腺疾病

甲状腺是人体非常重要的一个器官。它能够调节人体的新陈代谢，而且对心率、神经系统、身体成长、肌肉力量、性功能等诸多身体功能起着控制作用。正因如此，所以当这个腺体出现问题时，患者会非常痛苦。

甲状腺功能异常会造成许多症状，例如，甲状腺会加快或减慢身体的某些代谢过程，分泌过多的或过少的荷尔蒙激素。这些现象称作甲状腺机能亢进（甲状腺分泌的激素过多）或者甲状腺机能减退（甲状腺分泌的激素过少）。

在本节中，我们将构建一个依据患者的生理数据对其甲状腺功能进行诊断的分类模型。首先我们需要准备数据集，这次直接使用 MATLAB 自带的数据集。之前在介绍 MATLAB 运行环境时提到，许多工具箱都自带了以学习、演示为目的的数据集。我们可以通过制订数据集名称的方式，使用 load 命令将数据集导入工作空间。这里将使用命令 thyroid_dataset：

```
>> load thyroid_dataset;
```

现在 MATLAB 的工作空间中将载入以下两个变量。

（1）thyroidInputs：一个大小为 21×7200 的矩阵，其中包含了 7200 个病人的生理指标，包括 15 个二元指标（0 或 1）和 6 个连续值指标。

（2）thyroidTargets：大小为 3×7200 的矩阵，其中包含了 7200 个病人的诊断结果。

在 thyroidTargets 矩阵中，类别标签使用 1 在 3 行中进行标注。如果 1 出现在第一行，则表示诊断结果正常；如果 1 出现在第二行，则表示病人被诊断为甲亢；如果 1 出现在第三行，病人则被诊断为甲减。

目前的困难在于如何识别甲减病人，因为数据集中只有 8% 的病人被诊断为甲亢，所以一个具有优秀性能的分类模型必须能够成功诊断出甲减。

现在先对输入、输出变量进行定义：

```
>> InputData = thyroidInputs;
>> TargetData= thyroidTargets;
```

接下来选择训练算法。我们可以使用 net.trainFcn 对神经网络训练算法进行修改。通过以下命令能够查看全部可用的算法：

```
>> help nntrain
```

这里选择共轭梯度下降算法：

```
>> trainFcn = 'trainscg';
```

设置好训练算法后，我们可以对创建好的神经网络结构进行进一步定制。这里仅修改隐藏层中包含的神经元数量。我们将创建一个包含 10 个神经元、1 个隐含层的前向传播神经网络：

```
>> hiddenLayerSize = 10;
```

这里的问题变为分类问题，因此需要使用函数 patternnet() 创建分类神经网络。分类神经网络同样是前向传播神经网络，但它的输出层可以有任意多个神经元，用于满足多分类问题（数据集中有多个分类标签）。神经网络的目标向量是每个样本（之前提到，在神经网络工具箱的输入数据中，它对应于每列）的对应类别标签为 1，其余元素取值为 0 的矩阵。这个函数接收以下输入变量。

（1）hiddenSizes：行向量，长度与隐藏层数相同，每个元素的数值代表对应隐含层包含的神经元数量（default=10）。

（2）trainFcn：训练算法（default='trainscg'）。

（3）performFcn：衡量指标（default='crossentropy'）。

函数的返回值是一个神经网络对象：

```
>> net = patternnet(hiddenLayerSize, trainFcn);
```

创建神经网络后，我们需要对训练集、验证集、测试集进行划分：

```
>> net.divideFcn = 'dividerand';
>> net.divideMode = 'sample';
>> net.divideParam.trainRatio = 70/100;
>> net.divideParam.valRatio = 15/100;
>> net.divideParam.testRatio = 15/100;
```

这里不再详细介绍每行代码的意义，因为上一节已经介绍过。如果读者对此存有疑问，则可以返回上一节进行复习。

这里选取交叉熵对神经网络的计算结果进行衡量。这个指标是分类和模式识别问题的默认指标，它使用神经网络的预测结果和真实值计算两者的交叉熵：

```
>> net.performFcn = 'crossentropy';
```

这里选择绘制如下图表对训练过程进行可视化：

```
>> net.plotFcns = {'plotperform','plottrainstate','ploterrhist',
'plotconfusion', 'plotroc'};
```

现在可以对神经网络进行训练了：

```
>> [net,tr] = train(net,InputData,TargetData);
```

在训练神经网络时，系统会自动打开 Neural Network Training 窗口，它将显示与训练有关的各种数据。在这个窗口中，总共显示 4 类数据：神经网络结构、训练算法、训练过程以及根据各种指标绘制的图表。这 4 类数据分别显示在 Neural Network、Algorithms、Progress 和 Plots 区域中。每类数据都对理解训练过程中发生了什么至关重要，如图 9.9 所示。

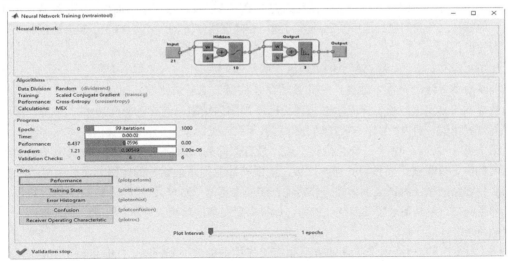

图 9.9 模式识别的神经网络训练窗口

为了评估训练后神经网络的预测能力，我们可以使用训练后的神经网络对数据集进行预测，再将预测结果与真实目标矩阵进行比较：

```
>> OutputData = net(InputData);
>> e = gsubtract(TargetData, OutputData);
>> performance = perform(net, TargetData, OutputData);
>> TargetInd = vec2ind(TargetData);
>> OutputInd = vec2ind(OutputData);
>> percentErrors = sum(TargetInd ~= OutputInd)/numel(TargetInd);
```

前 3 行代码与上一节中的作用完全相同。函数 vec2ind() 的作用与之前提到的使用 1 在三行中作为标记以表示样本属于哪个类别标签的目标矩阵 TargetData 相同，它转化为一个以数字 1、2、3 作为标签的向量。前一种矩阵更适用于神经网络拟合，后一种向量更适用于计算神经网络预测能力指标。最后一行代码则计算了以百分制衡量的分类误差。

接下来将提取 3 个数据集（训练集、验证集、测试集）的预测结果和真实结果，以区分下面数据集的模型表现衡量：

```
>> trOut = OutputData(:,tr.trainInd);
>> vOut = OutputData (:,tr.valInd);
>> tsOut = OutputData (:,tr.testInd);
>> trTarg = TargetData(:,tr.trainInd);
>> vTarg = TargetData(:,tr.valInd);
>> tsTarg = TargetData (:,tr.testInd);
```

下面的代码将对 3 个数据集和总数据集的混淆矩阵绘制图像：

```
>> figure, plotconfusion(trTarg, trOut, 'Train', vTarg, vOut, 'Validation',
tsTarg, tsOut, 'Testing', TargetData,OutputData,'All')
```

通过混淆矩阵，我们能够评估神经网络对真实数据集的预测能力。前面章节对混淆矩阵进行了详细介绍，这种矩阵能够显示模型所犯的各种类型错误的细节。在这个矩阵中，对角线上的元素显示的是预测正确的样本数量，其余元素是错误分类的样本数量。

在理想情况下，机器学习能够对健康、生病两种状态进行精确预测，即没有样本会被错分到另一类别中。然而，现实情况是经常有生病的患者被预测成健康、健康的人被预测成生病。

图 9.10 显示了训练集、验证集、预测集的混淆矩阵以及总数据集的混淆矩阵（注意，之前我们解决的都是二分类问题，这里是三分类问题，因此混淆矩阵的大小是3×3，多余的行和列是对应行列的求和）。

在图 9.10 中，右侧、底部蓝色的方块现实的是，左侧、上方绿色方框中，每部分的加总数值。这里面绝对值显示的是样本数量，百分数是在总数据集中所占比例。在混淆矩阵中，横坐标表示的是样本的真实值，纵坐标表示的是神经网络预测的结果。例如在图 9.10 左上角第一幅图的第一列告诉我们，有 91 个样本被正确分类为第一类（正常），15 个第一类的样本被神经网络分类到第二类（甲亢），14 个被分类到第三类。最右侧的列（即蓝色列），对预测结果进行总结，上面的数值是每类被正确预测的样本比例，下面的数值则是被错分的比例。通过观察图 9.10，我们看到神经网络在测试集上仍然有非常优秀的分类精度（93.6%的正确分类率），因此可以认为这个神经网络已经具备了很好的泛化能力。如果需要更高的精度，则可以修改之前的参数，重新训练神经网络。

除了混淆矩阵，另一个衡量标准是**受试者工作特征曲线**（Receiver Operating Characteristic，ROC）。为每个数据集及总数据集绘制了受试者工作特征曲线，如图9.11所示。

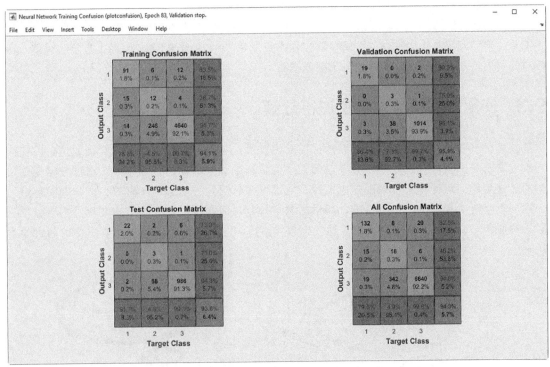

图 9.10 分数据集显示的混淆矩阵和总混淆矩阵

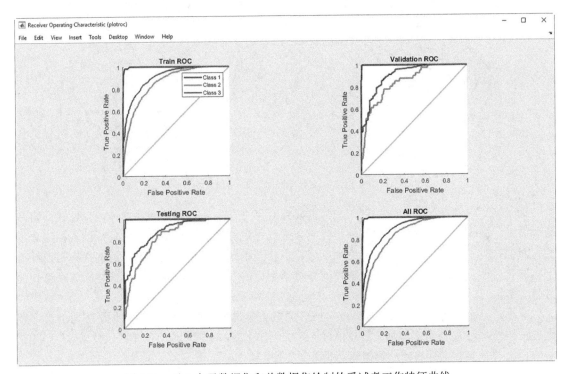

图 9.11 对 3 个子数据集和总数据集绘制的受试者工作特征曲线

```
>> figure, plotroc(trTarg, trOut, 'Train', vTarg, vOut, 'Validation',
```

```
tsTarg, tsOut, 'Testing', TargetData,OutputData,'All')
```

MATLAB 对不同类别的曲线使用不同颜色进行标注。ROC 曲线绘制了 TP（True Positive，若不熟悉，请回顾第 5 章中讲述的混淆矩阵）样本数量对 FP（False Positive）样本数量的比值。曲线越向左上角凸，说明对该类别的分类精度越高。

9.3　使用模糊聚类对学生进行分簇

要进行有效的教学活动，需要教师提前给出精准、科学的教学规划。教学规划是指以安排一系列逻辑严密且以提高教学质量和学习效率为目标的教学活动的规划方法。通过教学规划，教师能够避免出现针对突发情况即兴发挥、效率低等状况，并能够科学有效、逻辑严密地组织一系列教学活动和考试。一个精准、科学的教学规划，需要根据不同学生的文化、情绪、学习努力程度和知识水平，具体有针对性地提出教学措施。图 9.12 显示了同一个教室中的两种学习状态。

图 9.12　一个教室中的两种学习状态

为了制订科学有效的教学规划，教师需要针对每个学生和不同的学生群体，个性化地定制教学方案。教学方案能够执行的前提是我们必须具有足够多能描述每个学生特征的数据集。为此，我们针对不同学生的水平和努力程度计算了相关指标并收集了数据集。这些指标提前经过了标准化处理。数据集的目标是使教师能够将学生分成各个群体，并对不同群体制订个性化的教学方案。

现在，我们用名为 ClusterData.dat 的数据集进行举例。可以直接使用 load 命令将 ClusterData.dat 数据集加载到 MATLAB 的工作空间中。需要注意的是，该数据文件必须在 MATLAB 当前工作文件夹中，否则将会找不到文件：

```
>> load ClusterData.dat
```

首先对数据集绘制散点图：

```
>> scatter(ClusterData(:,1),ClusterData(:,2))
```

图 9.13 显示了使用数据集 ClusterData.dat 绘制的散点图。

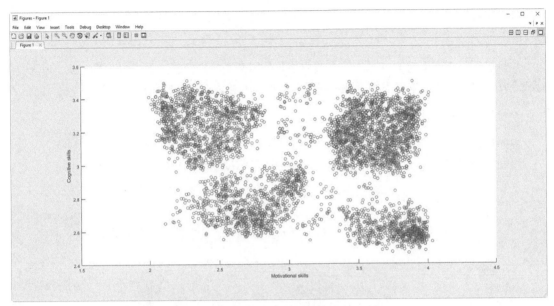

图 9.13　学生数据集散点图

在图 9.13 中，根据学生的努力程度和学习能力绘制了散点图。

我们的目标是从样本数据集中识别出潜在的分组，以根据不同类别的学生制订授课方案。这里使用模糊逻辑工具箱对数据集使用模糊 C 聚类（FCM）方法对数据集中的样本进行聚类分析。

通过分析图 9.13，我们可以看出，所有样本点大概可划分为 4 个区域，因此在这里首先设置聚类中心个数 $k = 4$。如果通过散点图我们不能清楚估计出可能的聚类中心个数，则可以使用模糊递减聚类算法，从较多聚类中心个数开始尝试，逐步缩减聚类中心个数，试验出最佳结果。这种方法能够快速估计出数据集中潜在的聚类中心个数。通过这种方法估计出的聚类中心，可以用来初始化模糊 C 聚类的聚类中心。这里我们使用函数 subclust() 进行模糊递减聚类算法。

模糊递减聚类算法假设每个样本点都是一个聚类中心，为了得到更精确的聚类结果，算法迭代地执行以下 5 步。

（1）根据样本点周围的样本点，计算这个样本点是一个聚类中心的概率。

（2）使用具有最高概率的样本点作为第一个聚类中心。

（3）将第一个聚类中心范围内的所有样本点剔除出数据集，其范围用 clusterInfluenceRange 属性定义的指标加以衡量。

（4）在剩余样本中，选取概率最高的样本点作为聚类中心。

（5）不断重复步骤 3 和步骤 4，直到所有样本点都有所属的聚类中心。

函数 subclust() 接收需要聚类的数据集以及每次剔除范围的阈值这两个变量，并返回聚类中心作为计算结果。模糊递减算法能够自动估计出输入数据集中潜在的聚类中心数量。剔除范围的阈值是一个在[0,1]范围内的数值。阈值选择得小，则会产生较多的聚类中心，且每个聚类中心较小。这里我们将阈值设为 0.6：

```
>> C = subclust(ClusterData,0.6);
```

现在通过查看聚类中心矩阵的大小，来显示自动估计的聚类中心数量：

```
>> size(C)
ans =
       4        2
```

这里返回一个大小为 4×2 的矩阵，其中 2 是使用两个特征值作为聚类中心的坐标。矩阵有 4 行代表算法找到了 4 个聚类中心。现在我们将聚类中心标注在之前绘制的散点图中：

```
>> hold on
>>
plot(C(:,1),C(:,2),'x','LineWidth',4,'MarkerEdgeColor','k','MarkerSize',25)
```

图 9.14 显示了原始数据集中的样本点，并标注了模糊递减算法确认的聚类中心。

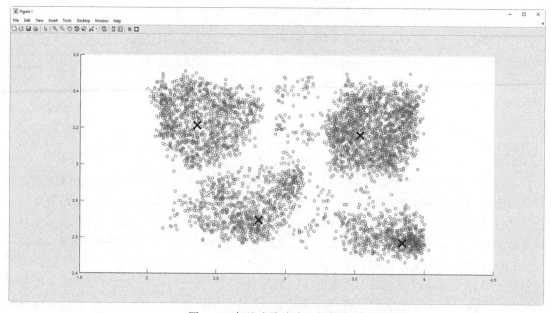

图 9.14　标注有聚类中心的散点图

现在得到了模糊递减聚类算法自动估计的聚类中心数量，这与我们最初从图形中得到的数量 4 是一致的。现在我们可以正式使用**模糊 C 聚类**（fuzzy c-means）进行聚类分析了。这个算法是由吉姆·贝兹德克（Jim Bezdek）在 1981 年发明的，可用于计算每个样本属于各个计算中心的归属度。贝兹德克发明这个算法的目的是对当时最先进的聚类算法进行改进。模糊 C 聚类是一个能够将每个样本归属到不同聚类中心的聚类算法。

在 MATLAB 中，模糊 C 聚类算法可以使用函数 fcm() 进行计算。这个算法会根据用户指定的聚类中心数量，随机初始化相应数量的聚类中心，同时计算每个样本对各个初始化聚类中心的归属度。初始化后聚类中心的位置可能是完全错误的。与 k 均值聚类算法类似，FCM 算法同样采取迭代的方式，逐步对聚类中心的位置进行优化。每次迭代的优化目标是最小化每个样本到所属聚类中心的距离，其中函数所使用的目标函数和距离的衡量指标都可由用户进行定制。函数 fcm() 最终返回聚类中心的坐标，以及每个样本对各个聚类中心的归属度。

从之前的分析中我们已经知道，数据集中可能存在 4 个聚类中心。接下来，我们通过 fcm()

算法来计算这些聚类中心的具体坐标，这个算法将在目标函数不再下降时停止：

```
>> [center,U,objFcn] = fcm(ClusterData,4);
Iteration count = 1, obj. fcn = 639.087543
Iteration count = 2, obj. fcn = 486.601783
Iteration count = 3, obj. fcn = 480.554758
Iteration count = 4, obj. fcn = 439.805998
Iteration count = 5, obj. fcn = 330.894442
Iteration count = 6, obj. fcn = 255.239315
Iteration count = 7, obj. fcn = 226.771134
Iteration count = 8, obj. fcn = 215.201692
Iteration count = 9, obj. fcn = 209.017026
Iteration count = 10, obj. fcn = 203.135041
Iteration count = 11, obj. fcn = 194.039521
Iteration count = 12, obj. fcn = 182.176261
Iteration count = 13, obj. fcn = 174.674374
Iteration count = 14, obj. fcn = 172.526911
Iteration count = 15, obj. fcn = 172.100916
Iteration count = 16, obj. fcn = 172.021407
Iteration count = 17, obj. fcn = 172.006325
Iteration count = 18, obj. fcn = 172.003342
Iteration count = 19, obj. fcn = 172.002717
Iteration count = 20, obj. fcn = 172.002576
Iteration count = 21, obj. fcn = 172.002542
Iteration count = 22, obj. fcn = 172.002533
```

这个函数将会返回 3 个变量。

（1）centers：算法收敛后聚类中心的坐标，其中每行代表一个聚类中心，每列是对应原数据集中特征值的聚类中心坐标。

（2）U：模糊分块矩阵，其行数与聚类中心数量相同，列数与特征值数量相同。其中 U(i,j) 表示的是数据集中第 j 个样本点对第 i 个聚类中心的归属度。每个样本点对所有聚类中心的归属度之和为 1。

（3）objFunc：每次迭代的目标函数值。

之前提到，FCM 算法通过多次迭代可逐渐优化聚类结果。我们可以通过绘制目标函数的变化过程进一步查看算法是如何聚类的：

```
>> figure
>> plot(objFcn)
>> title('Objective Function Values')
>> xlabel('Iteration Count')
>> ylabel('Objective Function Value')
```

图 9.15 显示了目标函数值的变化过程。

从图 9.15 可以看出，在这幅图的前几个迭代中，目标函数的数值下降得非常快，这说明算法聚类结果朝着目标快速优化，当目标函数曲线逐渐平稳时，意味着算法开始逐渐收敛。现在绘制使用函数 fcm() 聚类后的所有样本点使用 4 个聚类进行标注的散点图。图中使用一些特殊记号对聚类中心进行标注。

第一步首先获得每个样本所属的聚类中心 ID。之前提到，变量 U 保存的是由函数 fcm() 衡量的每个样本到各个聚类中心的归属程度。对于每个聚类中心，样本点的归属度是[0,1]内的数值。我们选取拥有最大数值的聚类中心作为该样本点所属聚类中心。首先获得每个样本最大归属度的数值，并将其保存在向量 maxU 中：

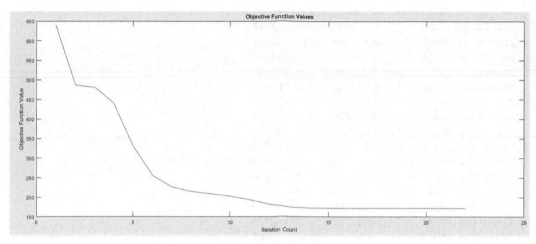

图 9.15　目标函数值

```
>> maxU = max(U);
```

接下来计算出每个样本所属的聚类中心 ID。可以通过查找每个样本的第几列数值与其最大值相等，并输出该列的列号来实现此功能。这里可以使用函数 find() 来获取非零元素的行号：

```
>> index1 = find(U(1,:) == maxU);
>> index2 = find(U(2,:) == maxU);
>> index3 = find(U(3,:) == maxU);
>> index4 = find(U(4,:) == maxU);
```

现在我们已经获得了绘制散点图需要的所有信息，可以开始绘制散点图了。首先对样本点进行绘制（样本点的坐标就是每个学生学习努力程度和知识水平的得分，即特征值）。这些点将根据其所属的聚类中心被渲染成不同的颜色，并用不同的形状予以显示：

```
>> figure
>>
line(ClusterData(index1,1),ClusterData(index1,2),'linestyle','none','marker
','o','color','g')
>>
line(ClusterData(index2,1),ClusterData(index2,2),'linestyle','none','marker
','x','color','b')
>>
line(ClusterData(index3,1),ClusterData(index3,2),'linestyle','none','marker
','^','color','m')
>>
line(ClusterData(index4,1),ClusterData(index4,2),'linestyle','none','marker
','*','color','r')
```

接下来将函数 fcm() 计算的聚类中心在散点图中标注出来，这些聚类中心将使用不同的颜色和特殊标记予以区分：

```
>> hold on
>> plot(center(1,1),center(1,2),'ko','markersize',15,'LineWidth',2)
>> plot(center(2,1),center(2,2),'kx','markersize',15,'LineWidth',2)
>> plot(center(3,1),center(3,2),'k^','markersize',15,'LineWidth',2)
```

```
>> plot(center(4,1),center(4,2),'k*','markersize',15,'LineWidth',2)
```

我们对散点图添加标题和横纵坐标注释：

```
>> title('Student groupings')
>> xlabel('Motivational skills')
>> ylabel('Cognitive skills')
```

图 9.16 显示了样本点聚类结果即聚类中心。

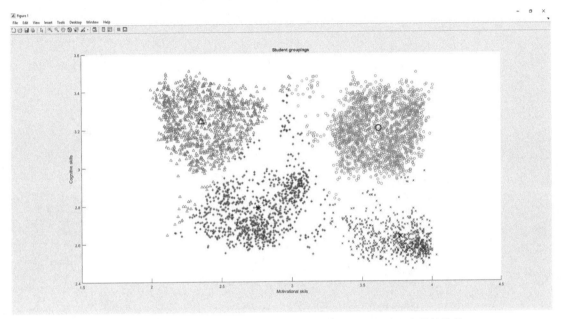

图 9.16　根据学生努力程度和学习能力使用模糊 C 聚类进行聚类的结果

从图 9.16 看出，聚类算法给出的 3 个聚类的划分方式在视觉效果上非常明显。模糊 C 聚类返回的聚类中心与使用模糊递减聚类算法得到的聚类中心非常相近。现在我们对每个学生所属的聚类都进行了标注，可以根据不同类别的学生实施个性化教学方案了。显然，对于学习不努力的学生与学习能力有缺陷的学生，我们需要使用完全不同的教学方法来对待。

与之前的聚类算法相同，FCM 返回的聚类结果在聚类的边界处仍然会有一些混乱。对于这些所属类别不明显的学生，教师可能需要花费更多精力去不断尝试，以制订出最符合其特点的教学方案。

9.4　总结

在本书的结尾，我们综合了之前章节介绍的各种模型，并且将这些模型应用到了实际数据集中，以解决实际问题。简略地对这些模型进行了回顾，着重回顾应用机器学习解决问题的流程，以及分析、解决问题的方法、思路上。

我们首先解决了一个回归问题，建立了一个神经网络模型，从而能够通过分析混凝土配方，对混凝土承重能力进行预测的在这部分，我们使用了 MATLAB 提供的数据导入工具对原始数据进行预处理，并使用神经网络工具箱对回归问题进行数学建模。

　　接着我们使用神经网络解决了一个多分类问题，构建了能够通过生化指标判断患者甲状腺是否异常的分类器。在这部分，我们使用了 MATLAB 自带的数据集，同时学习了如何理解多分类的混淆矩阵和受试者工作特征曲线。

　　最后我们进行了聚类分析，以期根据不同学生的努力程度和学习能力的不同，将学生聚类成几组，并针对属于不同样组的学生制订个性化的教学方案。在这部分，我们使用了两种模糊聚类算法：模糊递减聚类和模糊 C 聚类。这两种算法都已经封装在模糊逻辑工具箱中，可供用户直接调用。